西安建筑科技大学建筑学院
XIAN UNIVERSITY OF ARCHITECTURE &TECHNOLOGY COLLEGE OF ARCHITECTURE

建筑设计作业评析

主　　编：马纯立
编著人员：王芙蓉　陈景衡　陈静　张群　王涛

中国建材工业出版社

图书在版编目（CIP）数据

建筑设计作业评析／马纯立等编著.
——北京：中国建材工业出版社，2005.1

ISBN 7-80159-792-3
Ⅰ.建… Ⅱ.马… Ⅲ.建筑设计－高等学校－教学
参考资料 Ⅳ.TU2

中国版本图书馆 CIP 数据核字（2004）第 137909 号

建筑设计作业评析

马纯立／主编

出版发行：中国建材工业出版社
地址：北京市西城区车公庄大街 6 号
邮编：100044
经销：全国各地新华书店
印刷：北京印刷集团有限责任公司印刷二厂
开本：787mm × 1092mm 1/12
印张：15
字数：274 千字
版次：2005 年 1 月第一版
印次：2006 年 7 月第二次

定价：34.00 元

导 言
Introduction

本书结合近年来西安建筑科技大学建筑学院低年级的设计基础课，总结了教学小组多年积累的教学经验，简要介绍了课程的设置内容、相关的教学方法和教学步骤，并将设计作业进行评析，围绕学生在设计中出现的具体问题进行梳理，用文字说明与草图提示相结合的形式来深入剖析设计的得失，反思建筑设计的方法与理念，为初学者提供了一条深入浅出的认识和学习设计的途径。

本书是一本有助于学生掌握建筑设计及其表达的基本方法和技能的图书，贴近建筑设计基础教学，内容尤其适用于初学设计者。在章节编排和内容组织上力求简明扼要，有别于已出版的其他实例图集及学生作品集，归纳起来有以下特点：

内容围绕建筑学低年级建筑设计基础课的教学目的和教学过程展开，以设计图例为主，文字为辅。

选登的设计作业按照设计课不同阶段的具体要求进行编排，反映了建筑设计基础训练的典型过程，为初学者提供了模仿的样本和参考的图例。

对优秀的学生作业进行评析，以提升学生对设计的认知能力。

针对学生图纸的内容和存在的问题加以文字点评，运用草图对原设计的不足之处进行改进，以便学生理解和学习。

目 录

Contents

建筑设计入门课的教学实践

建筑设计入门课的教学实践

创造性建筑思维的培养

学生创造力的培养不仅是建筑教育的要求，同时也是我国教育面临的重要问题。江泽民主席在1998年2月的一次讲话中指出："创新是一个民族进步的灵魂，是国家兴旺发达的不竭动力。……一个没有创新能力的民族难以屹立于世界民族之林。"1999年6月在全国第三次教育工作会议上又进一步指出："面对世界科技飞速发展的挑战，我们必须把增强民族创新能力提到关系中华民族兴衰存亡的高度来认识。"并强调"教育在培育创新精神和培养创造性人材方面，肩负着特殊的使命。"如何培养大批具有创新能力的人材是教育战线面临的至关重要的问题。

创造力的关键是创造性思维。心理学家吉弗尔德将思维分为两大类，一类是求异的发散性思维，另一类是求同的集中性思维。创造性思维属于发散性思维。发散性思维需要想象与联想、直觉和经验。发散与集中思维密切配合，发散度高，集中性好，创造性思维的水平才会提高。

建筑设计既是为营造建筑实体提供依据，也是一种创造性活动。建筑设计中的创造性思维是指发现建筑要素的新的关系和产生出新的组合的思维。建筑设计者依据系统、科学的方法和手段，解决建筑设计中出现的各种矛盾：需要和可能的矛盾；投资者、使用者、施工制作、城市规划之间的矛盾；建筑之间、建筑内部和外部的矛盾；各技术工种之间的矛盾；建筑的适用、经济、美观之间的矛盾。建筑设计的核心，就是要求建筑设计者运用能动的创造思维寻找解决上述各种矛盾的最佳方案。建筑创造思维的实质和其他学科的创造思维一样，也表现为选择、突破和重新建构。选择是指对建筑信息、建筑知识的吸收和选取，它是建筑设计活动得以展开的第一步；突破是对已有的建筑知识秩序的超越或否定，这要求设计者不仅要有足够的建筑知识和相关知识，还需要勇气和质疑问题的精神，提出问题等于解决了问题的一半。重新建构是指建筑设计作为产品的完成过程，建筑创造思维的特点在于可以超越建筑实体和实际建设过程，而用符号来代替。就建筑设计的一般过程来看，建筑设计的创造思维包含三方面内容：一是通过对建筑知识的分割和组合，促使新的建筑设想的形成；二是定向分析，对创作设想进行简化、转化和分解，进行判断和可行性分析，确定设计思路和设计方法；三是运用建筑知识从理论上证明创造预测是否正确。要做一位合格的建筑设计者，应具备较好的观察力、注意力和记忆力，还必须具备很好的创造性的思维能力、知觉能力、猜测能力、预见能力、捕捉机遇的能力，其中最重要的应为创造思维能力和知觉能力，能够打破感觉定式，从不同角度、不同侧面感知对象；能够突破思维定式，多方位、多角度、多侧面的思考问题。

对于创造性思维的培养，在建筑设计基础课程中可以围绕两个主题进行，建筑知识的积累和建筑知觉的培养。

建筑知识的积累

创造性地解决问题离不开知识和经验的积累，建筑学专业需要广博的知识，包括建筑法规、专业知识、设计手法、设计表现技法、建筑体验等方面，建筑学本身也和很多学科有着千丝万缕的联系，学好建筑学必须从一点一滴的积累入手。读书笔记和建筑解析速写是积累建筑知识的有效手段，配合教学课程安排，初学设计者可以为自己做一个计划，解读著名建筑实例和学习设计手法同步进行。比如在独院住宅课程设计阶段，通过查阅资料对世界优秀的独院住宅设计有一个全面的了解，尤其是对设计住宅的当代有影响的建筑师要有所了解，通过了解建成的实例和建筑师的设计思想，明白独院住宅的发展脉落和发展趋势，为自己的设计奠定理论基础。光有理论基础还不够，还应有意识的对设计手法进行总结、整理、记录，建筑的平面布局、建筑的体型处理、建筑的门窗形式、门廊做法、台阶做法、材料运用等等，都可通过速写的形式记录下来，作为自己设计的素材。

建筑知觉的培养

爱因斯坦曾说“真正可贵的因素是知觉。”从经验材料到提出新思想之间没有“逻辑的桥梁”，必须诉诸灵感和直觉。灵感与直觉在建筑设计中起到非常重要的作用。灵感与直觉的培养是通过对环境、建筑、空间、材料、形式等的感知力的培养，以及对艺术、美学的熏陶来完成的。就如同画家必须具有审美能力一样，建筑师也必须具备判断建筑优缺点的能力。必须指出的是，因为缺乏宏观判断能力和实际经验，一些学生容易对另类的建筑造型和特别的建筑细节感兴趣，这往往使学生进入歧途，被一些缺乏实质内涵的建筑的表象所吸引，而忽视了建筑的经济、使用、美观的基本要求。

要有效的提高学生的建筑设计水平，向他们传授设计知识的同时为他们分析一些典型的设计范例，二者紧密结合，方能取得较为明显的效果。在对挑选的建筑范例进行分析时，应重点分析“为何”和“如何”两方面问题，不能把二者割裂开来理解，而应该把它们作为一个有机的整体来对待，任何事物有因必有果，学生在阅读建筑资料时，往往只重视建筑的结果，而忽略了这些结果是如何得来的，这就导致了很多学生反映说对一些建筑看不懂。比如在对赖特的流水别墅进行分析时，同学多能领悟它的好，但却说不出好在哪里。在分析实例前如果我们先问几个“为何”：为什么说流水别墅是赖特的代表作，赖特是在什么背景下接手流水别墅设计的，为什么会选择有流水和瀑布的建筑基地并设计成现在的样子？在这些“为何”的驱使下查阅一些有关赖特本人和建筑理论的背景资料，为理解流水别墅的建筑创作准备一些背景知识，接下来就是学习“如何”做的问题，赖特是如何通过流水别墅的设计来体现他的有机建筑理论的？是如何充分利用现状环境的？是如何使用当地材料的？是如何设计空间的？是如何借景的、如何对景的？带着这些问题再分析实例，就能更多地理解建筑深层的东西，对建筑设计的理解就更全面一些，接下来再反思一下，流水别墅的经验对你有哪些借鉴作用，如果你设计又会如何去做，通过这样的解析练习，能使自己很快的进入设计者的角色。

建筑设计入门的基本方法

建筑设计是一种创造性活动，但是任何创造都是在不断学习和积累中形成的，在还不具备创造或创新能力的时候，从模仿入手的建筑设计方法和理性推理的建筑设计方法比较适合初学者。

理性推理的建筑设计方法

理性推理是建筑设计的基本方法，它是从已知条件"任务要求、建筑知识、相关经验"出发进行建筑设计的方法，通过分析、整理、剖析已知条件，推知设计结果。建筑设计的展开一般按三步进行：前期分析和整理资料、设计构思、设计综合。

这种方法往往运用以下的步骤：拿到任务书后，通过对基地条件、建筑功能、建筑需要具备的空间特点进行分析，结合对建筑形式的构想初步确定建筑概念，进而反复推敲空间形态与尺度，以确定令人满意的结果。

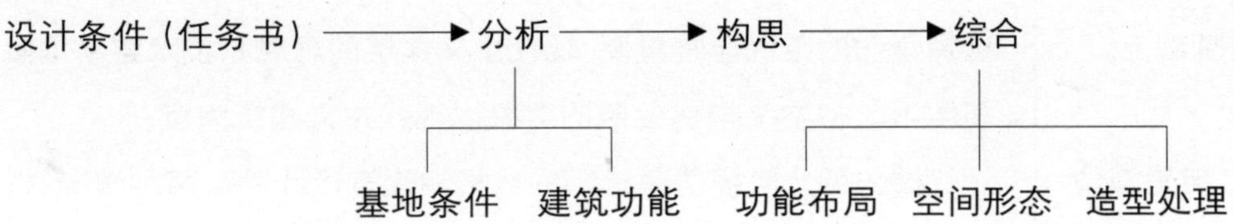

实际调研和现场参观是核实任务书内容的最直接的方法。

对于初学者，功能分析应结合使用功能和空间流线绘制功能分析图，整理各功能的组合关系及空间的组织关系。例如：独院式住宅的功能组成可以分为四类：以起居室为中心的公共圈、以卧室为中心的个人圈、以厨房为中心的劳动圈及交通空间。公共圈由起居室、家庭室、餐厅组成，它包容了主要的日常活动，使用频率高，气氛活跃，要求空间开放；个人圈包括主次卧室、书房等，需保持安静、私密的气氛；劳动圈包括厨房、洗衣房、佣人房等，厨房通常与公共部分紧密相连，并与辅助入口直接联系，佣人房常位于附近；交通空间将这三部分联系成为一个有机的整体。通过这样的功能分析图解，设计者很容易找出任务书所列不同功能空间的联系，并作为建筑设计的基本依据。对初学设计者来讲，功能分析图解也用来检验设计方案的合理性，因而更显得重要。

在前期分析过程中，针对不同性质、不同复杂程度的工程应做不同程度的分析研究，忌讳对简单问题复杂化，也忌讳对复杂问题只做简单的研究。

基地条件分析包括分析基地所处的地理位置，基地的地形、地貌、景观、日照、基地的人文环境条件以及基地上及周围存在的不利因素。基地分析不是目的，在进行基地分析的过程中，建筑构思过程就已经开始了。

设计任务书的内容分析可分为两方面进行，一方面对任务书的功能要求归类：比如需要多少大空间，多少小空间，以及空间的基本尺度，哪些房间应放在南面，哪些房间应有好的视野景观等。另一方面在对任务书的具体要求进行分析的同时，应有意识地查阅相关资料，对任务书中所列面积分配或功能需求进行核实分析，以更好的理解任务书内容的现实意义。在缺乏实际经验的时候，

在对建筑进行了合理的功能分区之后，设计者应对建筑平面布局有一个比较清晰的概念，可用1：500的草图形式表达出来。然后逐渐放大比例（如1：200），进一步处理各功能空间的相对位置及空间限定方式，明确交通组织方式。如果不止一层平面，还应画出上面几层平面，以检验结构是否合理、上下层卫生间位置是否对应、楼梯位置是否恰当等。如果进行多方案比较，设计者本身应明确不同方案的特点。一般说来，优点和不足会同时存在于一个方案中，对初学者来说，能准确的判断出自己方案的优点固然好，能明白方案中的缺点在什么地方更显可贵。好的方案优点是占绝对优势的，只有通过设计的优化，减少方案中的缺点

或减弱缺点，才能完成一种好的设计。多方案比较阶段设计草图比例可小一些，勾画草图与改动图纸中不满意的地方都较容易。在初步确定构思的方向后，图纸的比例可再次放大（如1：100），结合对空间的构思来完善平面设计。图纸的表达内容也逐渐从粗到细，从设想到具体，如房间是单层还是两层通高，是完全封闭还是开敞流通，是坡顶还是平顶，都要斟酌确定，平面与空间的细部处理也要基本完成。

对建筑外观和风格的考虑，应贯穿于设计的整个过程，在平面设计的同时就应通盘考虑到建筑的空间体量组织、立面形态塑造等问题，使平面、立面、空间、造型设计交织在一起。初学者常在整个平面设计和空间组织完成之后，才开始考虑外观造型问题，这是不对的。一个好的造型设计，通常建立在熟知造型原理、构成手法和形式法则及对风格样式多年积累和思考的基础上。

从模仿入手的建筑设计方法

就如学画先摹画一样，设计建筑也可从模仿入手，但是模仿应和抄袭分清界限，抄袭意味着照猫画虎，不加分析，而模仿则要求领悟对象的精神实质。建筑设计的知识和理论并不是哪个建筑师自己编造出来的，它是千百年来设计者和建设者血汗和智慧的结晶。在今天，我们不会用或忌讳用这血汗智慧的结晶，却凭着盲目的自我揣摩去悟出建筑设计的方法，这岂不是舍本求末？所以，对于学习设计大可不必忌讳模仿，从模仿入手能在学生的大脑里展现出建筑设计的基本模式来。单纯的理论指导并不能使学生做出设计来，有“理”还需有“据”，“理”是建筑理论知识，“据”一方面指样板，另一方面也包括建筑经验。在低年级建筑入门教育过程中，设计指导教师要为学生选出一些典型例子来，所谓“典型”，就是指学生能理解，易借鉴的建筑设计实例。建筑设计有各种样式，建筑理论有各种流派，但可作为建筑设计入门学习借鉴的并不是很多，设计指导教师就应善于把它们选出来，让它们真正起到样板的作用。学生本身在学习建筑设计的初步阶段，也应有意识地根据自己的实际理解能力挑选一些建筑设计范例，可以是不同时期的建筑，不同流派的设计作品，但是不应好高骛远。在以往的教学实践中，有学生特别钟情非常前沿的建筑设计和建筑技术，解构主义建筑、后现代派建筑等给人的印象深刻，我们并不是反对学生对新事物的好奇心和求知欲，但一般说来，建筑学二年级的学生还不具备能正确的理解这些建筑的背景、建造方法及设计理论的建筑知识，即使是花了很大的代价，很多的时间，模仿起来非常费力，即使照猫画虎地做完设计，也不能学到系统的设计方法，最后的结果往往不合人意，学生本身也是知其然却不知其所以然，达不到学习的目的。正确合理的选择模仿的范例非常重要，现代主义建筑的思想和技术容易理解和学习，初学者模仿参照的对象以现代主义建筑为宜。

模仿可分为模仿建筑师的风格和建筑设计手法两种情况。模仿建筑师的风格意味着求神似，设计应能体现出模仿对象的典型特点。比如说有学生非常喜欢阿尔托的建筑，设计时以阿尔托的建筑作为样板，这就要比较全面的领悟阿尔托的建筑设计哲学、解决问题的途径以及典型的设计手法，对照自己设计过程中涌现的问题，看看前人是用什么方法解决的，哪些设计手法非常巧妙，哪些手法还可改进，只有通过系统的学习，有意识的模仿和借鉴，才能增进设计技巧。设计手法的模仿意味着求形似，但并不意味着生搬硬套，也不意味着对一个建筑设计的整体模仿，而是对你已经理解的设计部分模仿和重构。平面的功能组织、立面的造型手法、空间的序列秩序、材料的运用、尺度的划分、台阶的处理、建筑与环境的关系等等，不同的建筑师有不同的设计观，也有对问题不同的解决办法和设计手法，你可以从不同的建筑范例中吸取设计养分，通过不断积累的设计手法来解决你设计中遇到的问题，才能充实自己的设计内容。

古人说过“和实生物”，意思是非常和谐融洽就能产生一个新事物，这也适应于建筑创作，用你熟知的设计手法或其他建筑师的设计手法和构思方法，去完成自己的建筑构想。如果每一个设计都有意识地运用几种比较成熟的建筑设计手法，并且清楚利用这些建筑手法能解决什么样的建筑问题，就能积少成多，为自己的建筑创作积累充足的素材。

建筑的设计方法多种多样，因人而异，因项目而异。从一个设计过程来看，不同的设计求解方法是互为补充的。这里所说的理性推理的设计方法和从模仿入手的设计方法也并不是相互分离的，对初学者来说两种方法都应给予充分的重视，才能不断的在设计训练过程中提高自己的理论水平和专业技能。

设计表达

设计构思的图示表述。

建筑设计图示是最传统但又最常用、最简单的设计构思、推敲、交流与表达的手段，图示包括概念分解图、构思草图、设计综合表达图等。建筑设计草图是建筑师将他们的意见、想法和概念表达在纸上的最有效的方法。一幅成功的构思草图，必须要有主题，以体现它的特殊概念和建筑内涵。绘制构思草图的方法可以不拘一格，往往在同一页纸上既有透视又有平面图、剖面和细部详图，甚至全景图，表达许多不同的设想，可能在一个设计主题上连续的作深入的技术与体形研究，也可能是跳跃式的思维过程。建筑设计的思考应该是探索型和开放式的，表达构思的草图可以是片断的、轻松的和随意的，设想出多种变化和开扩思路的可能性。设计从构思、深化到成型是一种连贯的过程，设计草图真实地记录着这一过程，初学设计者更应珍视，在每次设计结束后，可以把不同阶段的设计草图拿出来加以比较，反思一下每次草图设计都解决了哪些问题，什么问题是先出现的，有什么构思中间放弃了，什么问题值得再深入探讨，这样做会对以后的设计大有裨益。建筑师的思想是随着时间的推移和经验的积累不断完善的，有很多建筑大师在工程完工很多年后还在不断的反思当时设计的得失，提出设计新的解决办法，就是在不断的提高自己的设计素养。

建筑制图是为建筑设计服务的，在建筑设计的不同阶段，要绘制不同内容的设计图。在建筑设计的方案阶段和初步设计阶段绘制初步设计图，在技术设计阶段绘制技术设计图，在施工图阶段绘制施工图。建筑院校学生的建筑设计方案阶段的设计综合表达图通常要画出建筑总平面图、建筑平面图、建筑立面图、建筑剖面图和建筑透视图或建筑鸟瞰图，同时也应通过一些适当的建筑图解来明确建筑的特点、建筑的构思过程等内容。建筑制图的主角是建筑设计本身，平面、立面、剖面图的设计是重点，图面的构图、色彩的运用和绘制方法都应围绕设计本身展开。一份好的设计图纸应做到条理清楚，设计概念明确 ，忌讳不同的内容重叠绘制，图和地不分，也忌讳靠构图来弥补设计的苍白无物。

在教学过程中，不少初学者对剖面图不够重视，常常在设计结束后才匆匆忙忙补画上剖面图，未能发挥其推敲空间的作用。其实剖面图能直接展示建筑的空间变化，包括空间的高度和组织、地面的抬高或降低、屋顶的处理、墙体的虚实关系等，都应在剖面图中详细表述。剖面分析图一方面能表现设计者的构思过程，也能直接将设计方案的特点展现出来。在设计过程中随时画一些剖面分析图，能有效地提高设计能力。

透视图和模型是推敲和表现建筑空间的有力手段，它不仅能表达室内空间的诸多细节，更是推敲建筑造型的有效方法。在设计的过程中随时制作一些工作模型，用以推敲空间与造型，往往比单纯的图示语言更直观、更有表现力，可使设计者直观地体会所设计空间的实际情况推敲改进方案。

计算机辅助设计。目前，计算机技术已成为设计思考和进行成果表达十分有效的手段，它可从任意角度形象地模拟三维空间的具体形式，生动地表现材料的质感、色彩，并可将设计结果与基地现状进行叠合以推敲建筑与基地的关系。计算机常用的建筑软件已成为设计者必须掌握的内容。

设计构思的语言表述。

能清楚明确的用语言表达设计的特点以及解决问题的方法是对初学设计者的基本要求。很多同学认为自己非常清楚自己做的设计，只要图示清楚别的人也会理解，或是认为其他人理不理解都无所谓，只要自己明白就行，这是不对的。在实践中，设计草图阶段需要与别人沟通设计思想，要让人理解你的观点，需要有强的语言表述技巧。配合每一个设计都需要有设计说明来阐述对基地的分析、设计的宗旨、方案特点、具体问题的具体解决方法、经济技术指标等，只有通过对照设计说明和设计图，才能给出一个全面系统的设计概念。有时设计师需要进行方案汇报，语言表述更要言简意赅，重点突出。初学设计者应该从开始就有意识地培养设计的语言表述，给同学或给老师介绍方案特点和方案构思时应明了，能叫别人迅速明白自己的意图是非常重要的。

构思、方案、图示的辩证关系

建筑设计的构思、方案、图示就好比议论文的论点、论证、结论的关系，论点明确、论证清晰、结论合理才能算一篇好文章，建筑设计也是一样。建筑设计构思是通过分析项目任务书及项目类型、基地情况、人文等一系列相关因素而对设计的预测和概括，可能是一段文字描述、一幅图或一种预见。要实现你的构思必须通过具体的方案，从基地如何利用、建筑如何布置、建筑空间如何组织、建筑形态如何确定等诸方面进行分析和落实，才能逐步把构思合理化，把构思变成方案。建筑方案是用完整的系统的建筑图示表达的，图示清晰易懂，方案才能被人理解和采用。建筑设计构思好比厨师制定菜谱，制定菜谱时肯定会先确定对象是什么人、口味如何、大概颜色；设计方案就如同配菜及烹调，用什么菜什么料怎样的火候怎样的烹调顺序才能制作出菜谱的需要，这是一种艰难的尝试过程，有成功也有失败。如果厨师设想有一种菜多么好吃，多么好看，如何有营养有特色，就是制做不出来，那么这种菜谱只能算空中楼阁，根本就不算菜了。烹饪的实验过程需要记录，才能完成菜谱，不实的记录或不详细的记录是没有办法叫人做出你心中的菜的，建筑方案的图示表达和这个道理也是一样的。

建筑设计基础课的教学特点

当前，以"厚基础、宽口径、高素质、强能力"为培养目标的素质教育正逐步成为我国高等教育的基本理念。西安建筑科技大学建筑学院在继承传统建筑学教育的前提下，经过十几年的教学实践和探索，逐步形成了自己的教学特点。根据培养总体目标的要求、学生的知识结构和能力结构，建筑学专业的设计基础教学分为两个阶段，建筑设计的入门教育阶段和建筑学专业的深入、强化和扩展阶段。

第一阶段主要指从建筑初步课向设计课过渡的这一阶段。对于低年级教学来讲，此阶段是学生学习设计的初始阶段，其知识体系和思维方式具有一定的局限性，学生的理论知识不完备，既缺乏设计经验又缺乏生活体验。如何使学生从心理上和行动上尽快的适应建筑设计的基本要求，尽快掌握建筑设计的一般原理，是这一阶段迫切解决的问题。

第二阶段主要是专业课学习深化阶段，按照理论教学与能力培养相结合、建筑设计与人类生存环境相结合、空间创造与工程技术相结合、建筑文脉的继承与发展相结合等几个方面，扩大知识面，强化专业技能，加强建筑师业务能力的培养。

从历年的教学实践来看，第一阶段的教学在整个建筑设计基础教育过程中很关键，为了让学生尽快的从建筑初步课向设计课过渡，尽快的掌握设计方法，西安建大建筑学院基础设计课程教学小组经过几年的教学改革与实践，探索出“分解—递进—整合”的建筑设计入门的教学方法，即围绕与建筑初步课有着紧密联系的、建筑的基本问题——功能、空间、建构、环境展开课程的安排，使学生逐步过渡到建筑设计阶段，同时安排相应的基本功训练，结合图片资料的展示解析教学，在扩大学生视野的同时培养学生的专业思维方式，为以后的建筑创作打下基础。

建筑设计基础入门课包括设计基础Ⅰ(独院式住宅设计)和设计基础Ⅱ(幼儿园设计)，内容组成图解如下：

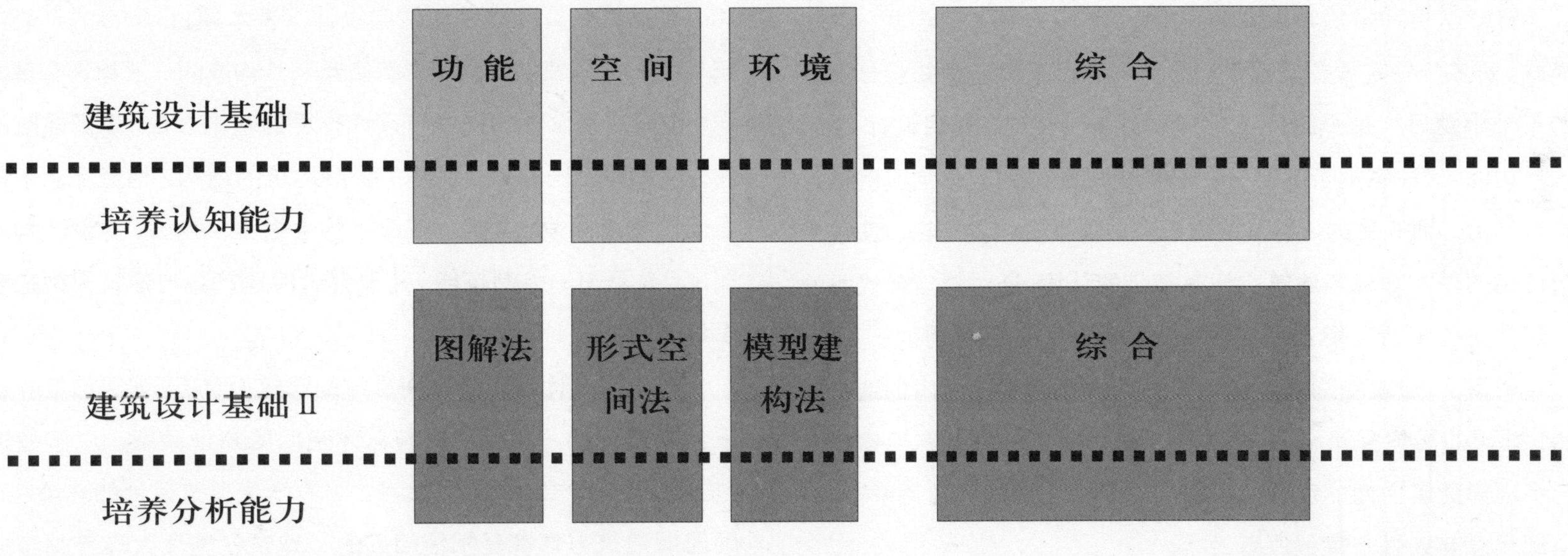

独院式住宅建筑设计首选为建筑设计的入门课程，是西安建筑科技大学建筑学院几十年来实践的结果。独院住宅建筑设计是有一定难度的功能空间单一的建筑设计，流线简单、空间变化丰富、环境处理有一定的发挥余地、造型不拘一格，能够充分开发学生的设计潜力，有助于使学生逐步掌握建筑设计的思维方法、设计程序和专业技能，循序渐进地实现从初步课向设计课的过渡，因此在建筑设计系列课程中扮演着非常重要的角色。

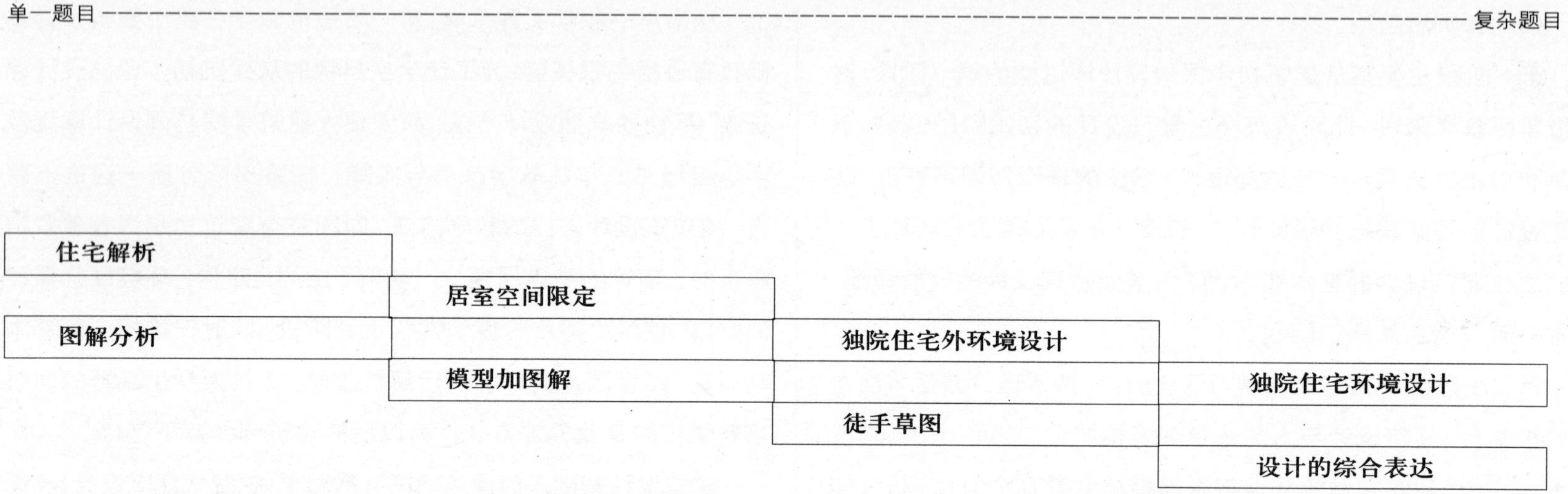

针对学生初学的特点，教学中采用 “分解－整合式” 教学模式，即在“独院式住宅设计”的基本题目下将所学知识分解成若干个小题目，每个题目针对具体问题而设置。题目设计：

功能 ：住宅解析练习——对当代优秀的独院住宅实例进行解析练习。训练目的：学习调查研究、收集资料的方法，使学生对住宅的基本功能与建筑空间有初步的认识，通过对当代优秀的独院住宅的解析了解当代居住模式和设计的发展趋势。

空间 ：居室空间限定练习——在限定基地范围内创造个性的、理想的居住空间。训练目的：通过居室空间限定练习使学生初步理解建筑空间的创造与人的活动需求之间的内在关系，理解空间尺度与人性尺度的联系。

环境 ：建筑外环境设计（快题设计），在给定基地范围内设计独院住宅的游憩花园。训练目的：使学生初步掌握建筑外部空间环境的设计方法，了解快速设计的方法与步骤，初步掌握快速表现技法。

设计综合 ：独院式住宅设计（基本题目）。目的：通过系统教学和训练使学生掌握建筑空间及其构成的一般原理和基本知识，建筑方案设计的程序与设计构思的基本方法；了解建筑的功能、技术和空间的相互关系，了解建筑的结构、构造及艺术创造之间的相互关系；了解建筑设计的全过程。初步掌握设计构思草图、工具草图的绘制技能，并学会运用建筑图与建筑模型来表达设计成果和设计观念。

幼儿园设计是功能空间重复的建筑设计，可训练和培养空间组合能力，学习单元空间与总体空间的辩证关系；了解建筑的“功能”与“形式”的互动关系；培养学生建筑设计的环境观，正确理解建筑与环境是相辅相成的，建筑是整体大环境的组成部分；初步掌握“分析→归纳→目标（观念设计）→结论（机遇与挑战）→赋形方案”的规划设计过程。使学生进一步了解建筑设计的一般原理、方法和步骤，并进一步培养学生运用工具草图、模型表达设计成果的方法。

幼儿园建筑设计是建筑专业培养第一阶段建筑设计基础的短题，是建筑学专业本科学生的一门主干型专业基础课，以培养建筑设计基础能力为主要目的。从历届该课程的教学可以看出，教学模式和相应的教学模块设置是否恰当，对学生的"入门"效果会产生很大影响。

建筑设计基础Ⅱ的设计类型是进行功能空间重复的建筑设计，而这些重复的功能空间往往又是通过走廊、厅、和厅与走廊结合的交通空间有机联系起来的，交通空间是重复空间组合的骨架，是一个链条，它的形式直接影响着概念设计中的建筑形式。因此，运用交通空间的形式变换有机地组织重复空间，能形成若干个符合环境要求的建筑方案。具体到幼儿园设计，活动单元是一个重复的空间，办公室也是一个重复的空间，这两部分是幼儿园的两个重要功能组成部分，它们通过交通空间的组织可以形成形态各异的建筑方案，也使复杂的方案设计简单化。但即使是这样，从功能空间单一的建筑设计过渡到功能空间重复的建筑设计，对大多数学生来说仍是一个"重大"的转折，他们会对突然间增多的房子、相对于上一个设计大得多的体量"不知所措"，加上空间思维能力的局限，很多学生在听完理论课后迟迟进入不了设计角色，到进入设计角色时设计课程已进行了一大半，由于是短题，这种前松后紧的情况使很多同学的设计不得不草草收场，导致建筑设计成果学生和教师双方不满意。

在以前的设计指导中，我们根据建筑设计基础Ⅱ的设计类型更多地引导同学利用徒手草图来进行多方案构思，模型仅是方案构思的一种辅助手段，大多数同学最终仅选择一个可能发展下去的方案做模型，这时模型的作用更多是用来帮助推敲可能发展下去的方案，这个阶段，模型对于方案构思的作用没有被真正发挥出来。我们重新审视幼儿园设计类型化教学的特征，认为其简单的功能分区、重复的空间模块非常适宜直接用模型来进行方案构思。同时，针对学生迟迟进入不了角色和空间想象能力的局限，决定在前期概念设计时用模型来进行方案构思。一方面，使学生想到做到，手脑并用，避免学生由于徒手能力和空间想象能力的欠缺老在脑子里做方案的情况；另一方面由于成果非常直观，易于激发学生的创作热情和积极性，使学生很快入手；再者锻炼学生的空间想象能力，最终将做好的模型翻译到图纸上，深入细化。

模型建构在概念设计实践中的探讨应重点抓住以下几个环节：

（1）选择适宜的模型材料

由于是概念设计过程中的模型，模型材料要易于折叠和裁剪，因材料用量多，可以选择一些便宜或废弃的硬纸，例如废弃的水彩纸、卡纸等，粘贴材料也要利于快速连接的需要，如双面胶带、胶水等，剪裁工具要适宜快速裁剪。这个过程学生由于有以往制作模型的经验和相互的信息交流，在较短的时间内即可准备就绪。

（2）模型建构中的"魔方变换"和"拓扑变换"

对于幼儿园来说，通常我们可以将活动单元、办公单元、交通空间、音体活动室看成几个魔方块，这几个魔方块可以在适应环境的情况下组成不同的平面形式和空间形式，就像变换的魔方一样，学生根据自己的分析、构思进行"魔方变换"，形成不同的方案。对有的模块学生还可以进行"拓扑变换"，非常直观地进行形体和空间的比较分析，最终形成若干个不同形式的方案。利用模型中的"魔方变换"和"拓扑变换"来构思方案，增加了学生的趣味性、积极性和创造性，使学生在听完理论课后很快地进入设计角色，一些曾因为徒手能力和空间想象能力欠缺而放弃某些构思的学生现在也可以随心所欲了。

（3）教学讨论

在过程教学中，我们安排了一定的讨论课时，同学们将自己制作的工作模型展示给大家，讲述自己的构思起点和思维过程，解答教师和其他同学提出的问题，大家也会就一些问题展开讨论。在此环节中，教师重点指导学生利用模型分析方案的各种方法，同时也锻炼学生"说"与"辨"的基本能力，学生的主观能动性得到了极大地调动，扩展和条理化了设计思维，达到了利用模型进行方案构思的目的。

（4）展示与观摩

展示与观摩是模型建构进行概念设计教学的延展环节。全年级的学生利用课余的时间展出自己的作品，很多同学将此拍成照片作为资料进行保存，形成了相互学习与交流的氛围，同学之间、师生之间、教师之间增进了解，教学过程也得到了拓展与延伸。

（5）从模型→图纸→模型→图纸的循环深化过程

模型模式的建筑概念设计方法教学的最终目的是为了获取更好的方案，模型方案最终需要用图式语言表达出来，从模型→图纸→模型→图纸是一个循环的过程，在这个过程中方案得到不断深化，学生也在此过程中学会方案构思的一种有效方法。

建筑设计分解递进式教学实践（构思+徒手+模型）

建筑设计基础——独立式住宅设计

本科二年级

时间：60+k

主题	内容	进程
独院住宅设计解析		1 STAGE

■训练目的：
学习调研、收集资料的方法，初步了解设计。
■作业要求：
收集独院住宅的平立剖面图，用适合比例记录，分析功能及空间特色，以图示的方式表达出来。
■时间安排：7学时
■作业规格：
A2(594X420)一张
■表达方式：
徒手线条图，局部可着色。表达方式自定。

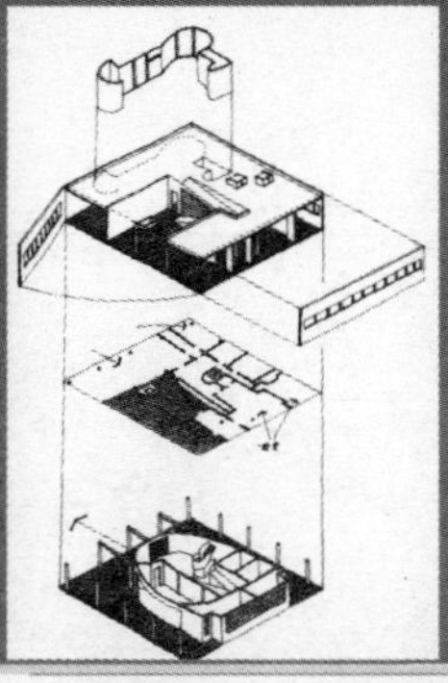

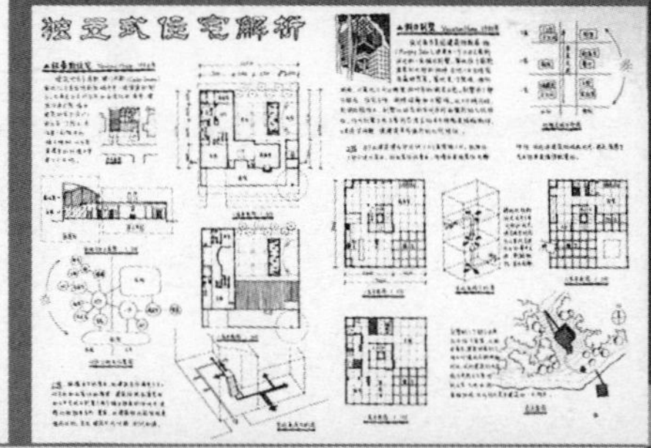

1

STAGE

可居空间构成练习

■训练目的：
理解建筑空间与人的活动和需求之间的关系。
■作业要求：
在长9M、宽9M、高5M的空间中用空间构成要素创造个性化生活空间，须考虑尺度、空间适用性。
■时间安排：16学时
■作业规格：A2一张
■表达方式：模型表达，比例：1：30。
徒手线条表达平、剖面布置及人的活动分析,须附模型照片，张数及大小自定。

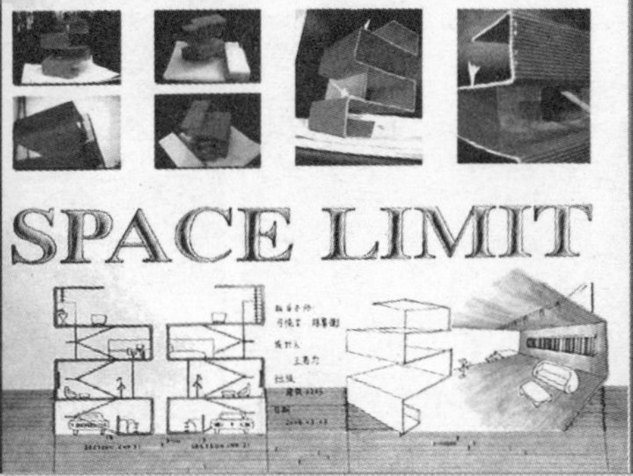

2

STAGE

住宅院落局部环境设计

■训练目的：
初步理解外部空间环境构成要素与建筑的关系。
初步掌握建筑外部空间环境的设计方法。
了解建筑快速设计的方法、手法与步骤。
时间安排：8小时快题
■作业要求：
结合自己的小住宅设计，在建设用地以内完成居住环境设计。
■作业规格：600X600，图纸类型不限。
■表达方式：
徒手线条图，局部可着色。

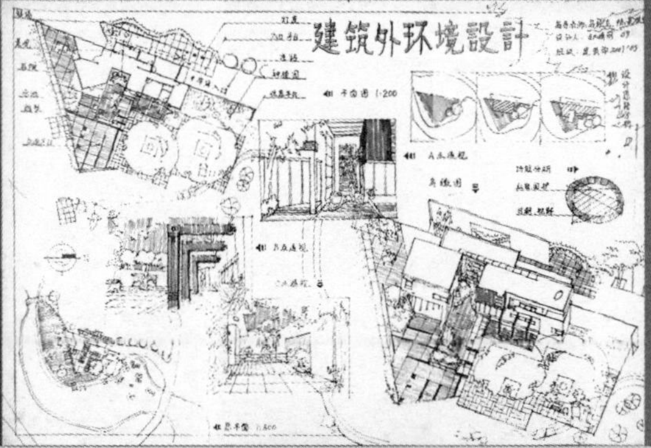

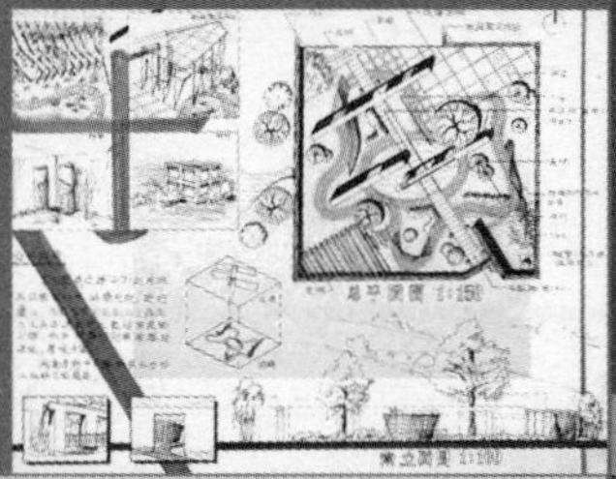

3

STAGE

独院住宅建筑设计

■训练目的：
在单项训练完成后，通过综合的独立式住宅设计，进一步达到下列教学目标：
•掌握建筑空间及其构成的一般原理和基本知识
•了解建筑方案设计的程序与设计构思基本方法
•了解建筑的功能、技术和空间艺术的相互关系
•初步掌握运用构思草图、模型推敲方案的技能
■作业要求：
在1000 m^2 用地范围内，总建筑面积250 m^2 的独院式住宅设计。
■作业规格：AI(594X841)图纸一张

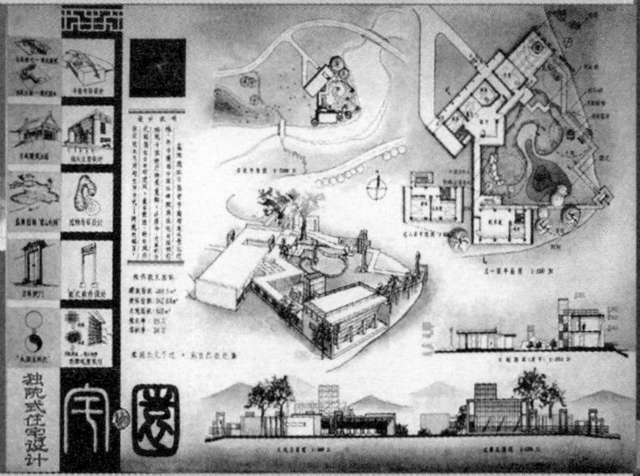

4

STAGE

建筑设计分解递进式教学实践（构思+徒手+模型）

建筑设计基础二——幼儿园建筑设计

本科二年级

时间：40+K

主题 内容

项目及基地认识

- 加强对聚居环境与可持续发展的认识，分层次理解地段环境、生计方式与社会文化＋建筑的内外空间环境的关系。
- 强调基地环境的真实性，学生现场参观、分析，进而产生设计构思、理念。

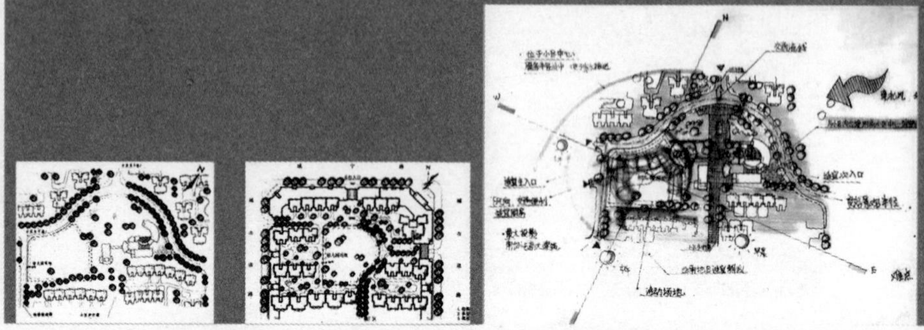

方案构思

- 完成由单一空间到重复空间的过渡，使学生逐步掌握功能空间重复的建筑设计的构思与表达方法。
- 学习并掌握多功能空间的功能分区与空间组合，强调分析草图的学习与表达。
- 了解及掌握重复的功能单元的组成与布局方法。
- 利用模型学习和掌握室内、外空间与造型的关系。

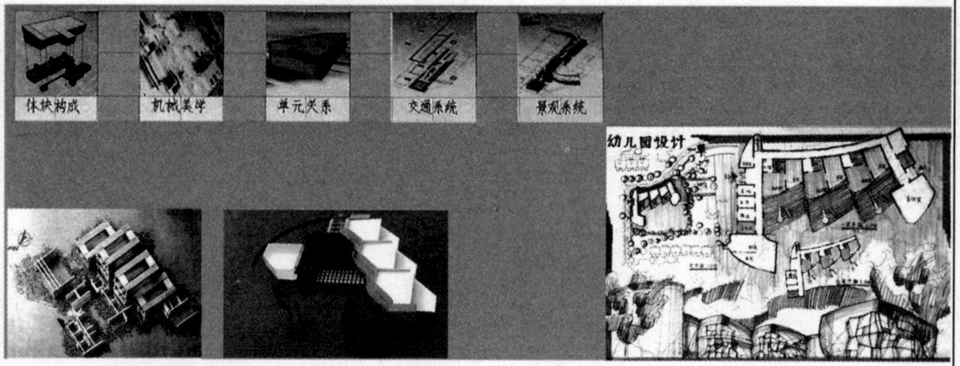

技术深化

- 小组自评、互评与教师针对性作业讲解相结合的方式，在构思及设计的各阶段分别展开。
- 培养学生根据设计阶段和目标，掌握恰当的表达方式与手段。绘图训练是培养形象思维的一种手段，同时也视为专业素质的体现。
- 强调和引导以徒手草图表达原创的设计构思与理念。
- 在各阶段成果图中强调快速的表达方法，使同学了解快速建筑设计的方法与步骤，初步掌握快速表现技法。

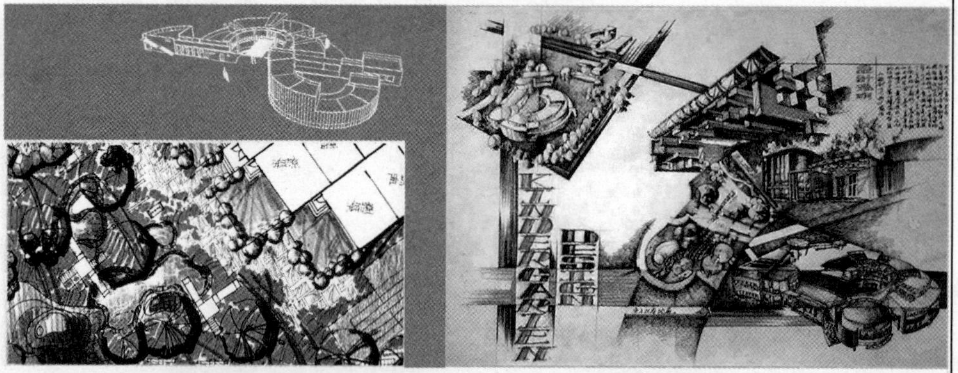

成果表达

训练目的：

- 训练和培养建筑设计构思与空间组合的能力。
- 处理功能单元与总体重复空间、空间与造型关系。
- 初步理解室内、室外环境构成要素与建筑的关系。
- 处理功能、技术、艺术等问题和组织空间的能力。

时间安排： 49+0.5(k)

作业要求： 六班幼儿园，建筑面积1800m^2，二层。

作业规格： A1(594X841)图纸二张。

表达方式： 徒手钢笔线条与模型，表达方式不限。

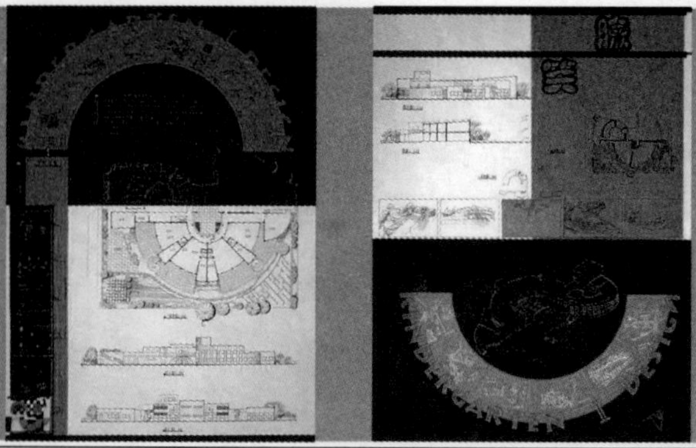

建筑设计基础 I （独院式住宅设计）
课程设计任务书

教学目的：通过系统教学和训练使学生掌握建筑空间及其构成的一般原理和基本知识，建筑方案设计的程序与设计构思的基本方法；了解建筑的功能、技术和空间的相互关系，了解建筑的结构、构造及艺术创造之间的相互关系；了解建筑设计的全过程。初步掌握设计构思草图、工具草图的绘制技能，并学会运用建筑图与建筑模型来表达设计成果和设计观念。总学时：84学时+1k

教学方式：

1.探讨分解与整合的设计教学模式——在“独院式住宅设计”的基本题目下设计若干个小题目，每个题目针对具体问题而设置。使学生循序渐进的由初步课向建筑设计课过渡。

2.突出模型在研究设计方案过程中的作用。

3.采用集中理论讲授与分班辅导相结合的授课方式。

题目设计：

作业一：住宅解析练习

作业二：居室空间限定练习

作业三：建筑外环境设计（快题设计）

作业四：独院式住宅设计（基本题目）

作业一：住宅解析练习

训练目的：学习调查研究、收集资料的方法，使学生对住宅的基本功能与建筑空间有初步的认识，通过对当代优秀的独院住宅的解析了解当代居住模式和设计的发展趋势。

时间安排：7 学时

讲课内容：

1，调查研究，收集资料的正确方法。

2，居住功能及空间解析的方法与图示。

3，安排学生介绍方案，训练方案口头描述的基本技能。

4，由班级辅导教师针对学生绘图中出现的问题进行具体讲解。

作业要求：收集具有代表性的独院住宅设计的平面图（2个），按（1：100）的比例记录下来，以图示的方式分析其功能构成及空间特色，设计特点、方案的超前性或独特性。图纸尺寸：A2（594X420）一张，白色绘图纸。表达方式：铅笔徒手线条图，局部可着色。标注两道尺寸线

作业二：居室空间限定练习

训练目的：在限定基地范围内创造个性的、理想的居住空间，通过训练使学生初步理解建筑空间的创造与人的活动需求之间的关系。

时间安排：16 学时

题目内容：在 12mXm 米基地范围内运用空间的构成要素（墙、板、柱）创作或探讨理想化、个性化的居住空间（外环境设计略、室内家具略），建筑使用面积：150m²。设计重点探讨居

住空间的多元化，兼顾考虑人的尺度、功能和空间的适用性。用模型的方式表达，模型比例：1:50，模型材质不限。

讲课内容：

1.空间的概念

2.空间限定的要素

3.建筑空间的形成及限定度

4.建筑空间的限定手法

作业要求：以徒手线条图表达设计空间的平面、剖面图及流线分析图，比例：1：100。图纸中附模型照片，张数、大小自定，图纸规格：A2 白绘图纸一张。

作业三 外环境设计（系列快题）

教学目的：

1.初步掌握建筑外部空间环境的设计方法。

2.了解快速设计的方法与步骤。

3.初步掌握快速表现技法。

内容：在 30mX30m 基地范围内（或在自己独院住宅方案设计基础上）设计独院住宅的游憩花园，花园内需设计园林路、家庭聚会阳台、花架、灯具、座椅等设施。时间安排 8 小时。

成果内容及要求：总平面图1：100，构筑物及环境设计立面图（1：50），主要小品立面图（1：30），局部环境设计效果图，构思分析图。徒手图，局部可上色。图纸规格：2# 白色绘图纸。

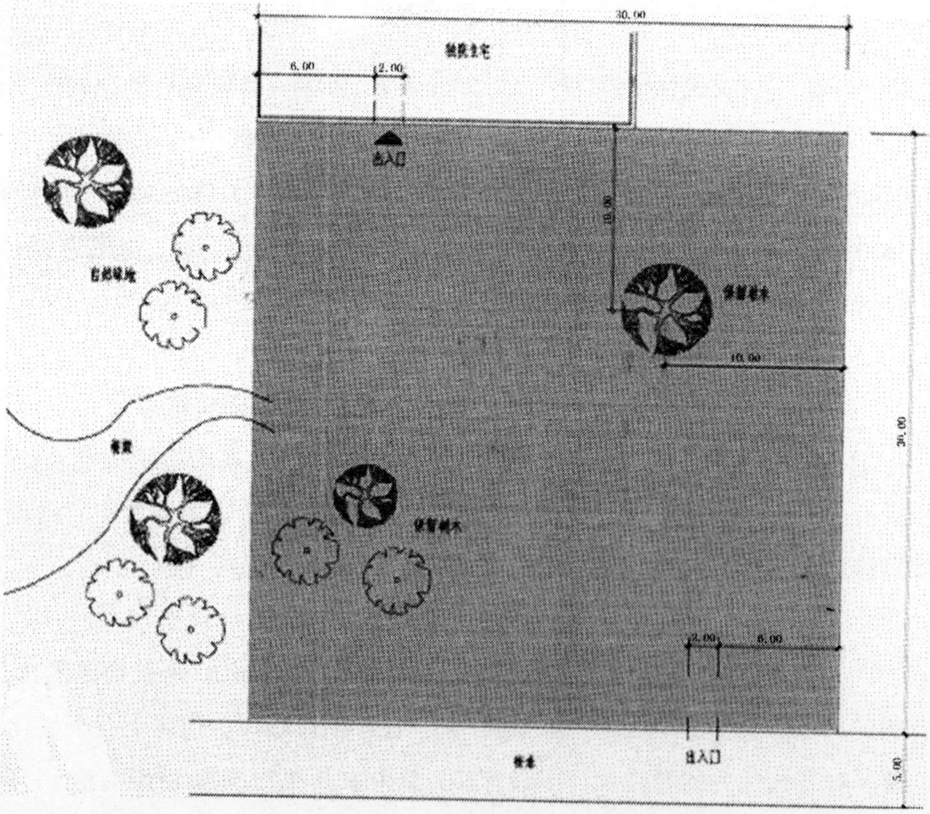

作业四 独院式住宅设计

时间安排：60+k 学时

教学目的：

1，通过设计基础一的系统教学和训练使学生掌握建筑空间及其构成的一般原理和基本知识，建筑方案设计的程序与设计构思的基本方法；了解建筑的功能、技术和空间的相互关系，了解建筑的结构、构造及艺术创造之间的相互关系；了解建筑设计的全过程。初步掌握设计构思草图、工具草图的绘制技能，并学会运用建筑图与建筑模型来表达设计成果和设计观念。

2，通过本设计课程使学生初步了解独院式住宅的发展脉络和当代独院式住宅的发展趋势，掌握独院式小住宅的功能设计与空间设计的辩证关系，使学生具备设计小型建筑外部环境的技能，学习方案设计中图纸和模型的表达方式，学习用图示和说明来阐述建筑设计的方法。

题目内容：

独院住宅（ONE——FAMILY HOUSE）是供一户单独使用，有私家庭院，周围大都不同其他建筑物毗邻的单栋住宅，又称独院式住宅或小住宅。现代建筑师设计了多种风格的独院住宅，F·L赖特、勒·柯布西耶、R·J诺依特拉等设计的独院住宅都享有国际声誉。中国有多种风格的独院住宅，四合院在北方最为常见。独院住宅包括室内空间和室外空间。室内部分包括居住部分、辅助部分、交通部分、工作部分（现代独院住宅尤其重视工作部分的设计）。

居住部分：起居室、卧室、餐室、会客厅等部分。

辅助部分：厨房、卫生间、库房、化妆间、车库、佣人房、花房、工具房等部分。

交通部分：走廊、楼梯、室外花廊、花园路等部分。

工作部分：工作部分的设计视居住者的工作性质不同有很大区别，也包括琴房、书房、健身房、娱乐室等。

建筑规模：

建筑使用面积：240m^2（±5%）

1.居住部分：总计120m^2，其中大卧室一间，小卧室两间，客人卧室一间，卧室面积分配及起居厅、会客厅、餐厅等各部分面积根据需要结合独院住宅发展趋势自行分配。

2. 辅助部分：总计75m^2，辅助部分内容根据设计内容自行取舍，各部分面积自定。

3.交通部分及工作部分：总计45m^2。

讲课内容：

独院式住宅设计原理、建筑设计基本原理、小建筑外环境设计基本原理

作业要求：

1.图纸规格： 1# 水彩纸（594x841）

2.表达方式：徒手钢笔线条图，水彩设色，建筑模型照片

3.图纸内容：

图纸内容	比　例	表达内容
平面图	1:100	明确表示建筑结构、各房间门、窗位置及大小，厅廊、阳台、楼梯、雨棚等；图示室内固定设备、家具、装饰绿化。标示室内外高差、铺面及边界界定及周边绿化。标注各房间名称。
立面图	1:100（两个）	表示入口立面或沿街立面，要求画出景观设计的立面。
剖面图	1:100（1—2个）	
总平面图	1:500	表示出地段周围环境与建筑物关系、周边道路、主要出入口、大门、围墙，建筑物周围的活动场地、铺面、绿化小品，标注主要构筑物及景观区的名称。
透视图	自定	视点及视角自选
平面图	视点及视角自选	
设计说明		图示说明本方案的意图和特点
技术指标		总建筑面积、建筑占地面积、主要房间使用面积，K值

附：地形图

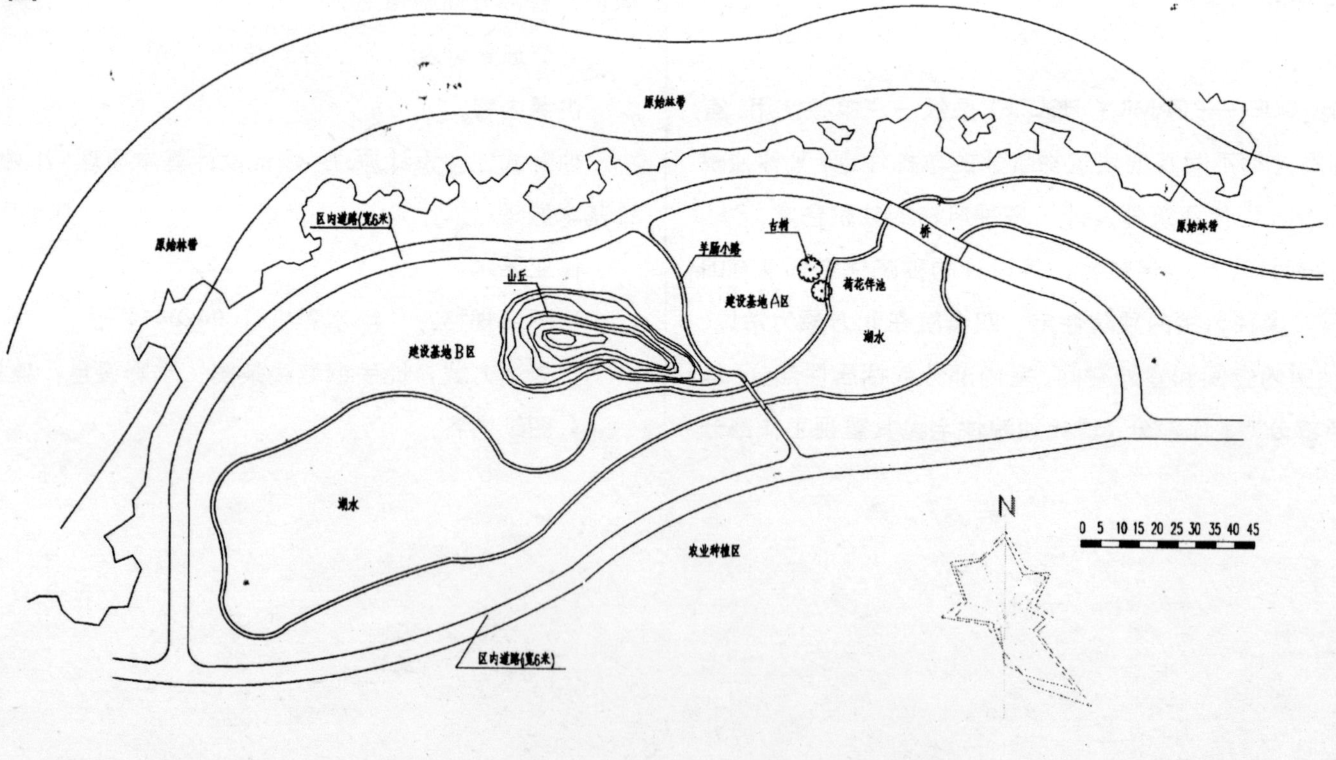

建筑设计基础 I

（独院住宅系列设计作业赏析）

建筑实例解析

建筑实例解析是建筑设计基础教学的一部分内容，是学习建筑设计很好的训练手段。学生通过对优秀建筑的系统剖析，可以逐步认识正确的设计的思想和掌握成熟的设计手法，使学生掌握一种分析建筑案例的学习方法。

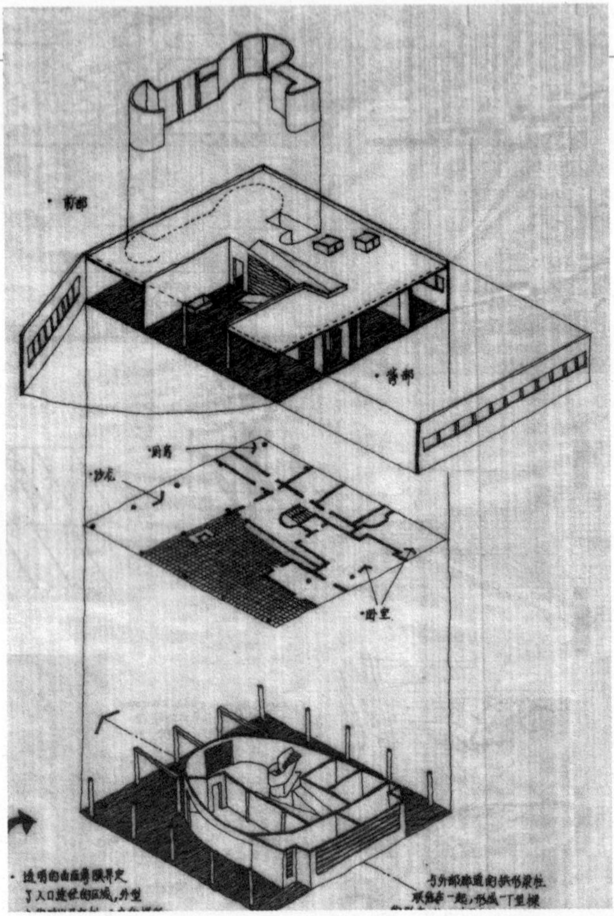

空间构成分解图

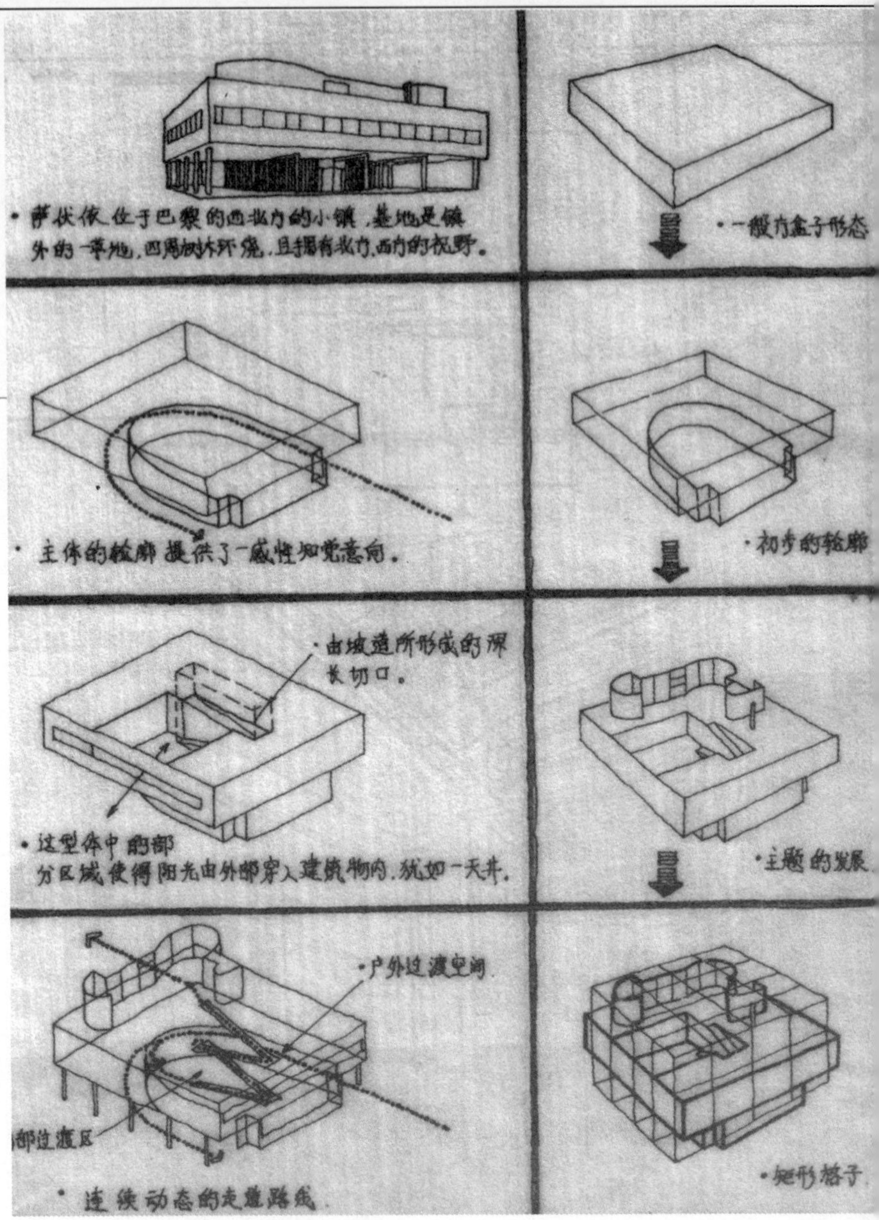

概念示意图

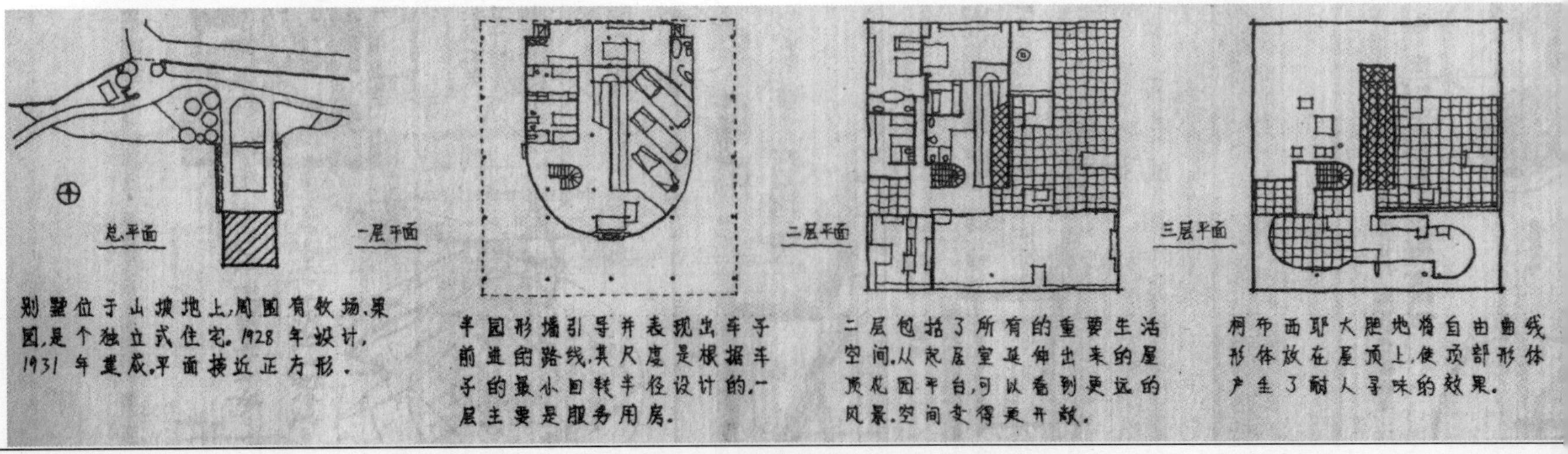

图示配合文字说明进行系统剖析的平面图

独立式住宅解析

▲纽豪斯住宅 Neuhaus House 1994年

建筑师为卡洛斯·捷门内斯（Carlos Jimenez）基地位于美国休斯敦城市中一块密集的街区。为满足业主对自然和私密性的渴望，建筑师通过院墙和建筑的围合设计了前后各一个院子，并保留了前院中的一棵大橡树，以在密集嘈杂的环境中塑造了小天地。

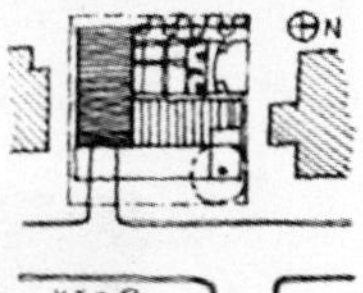

总平面图

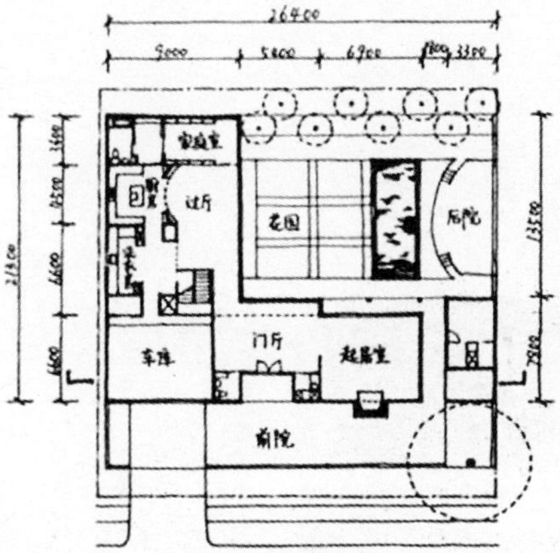

一层平面图 1:300

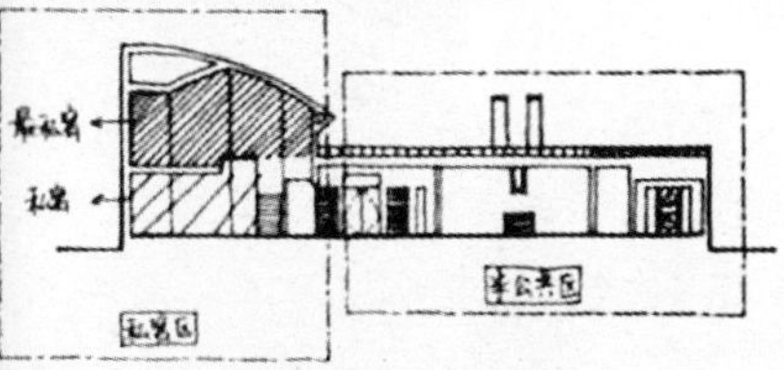

剖面分区示意图 1:300

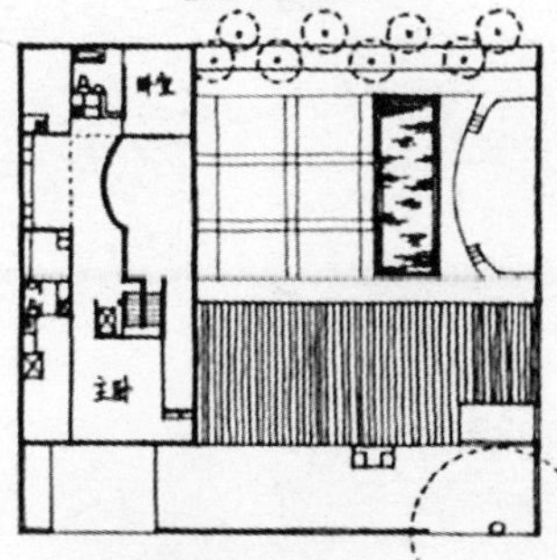

二层平面图 1:300

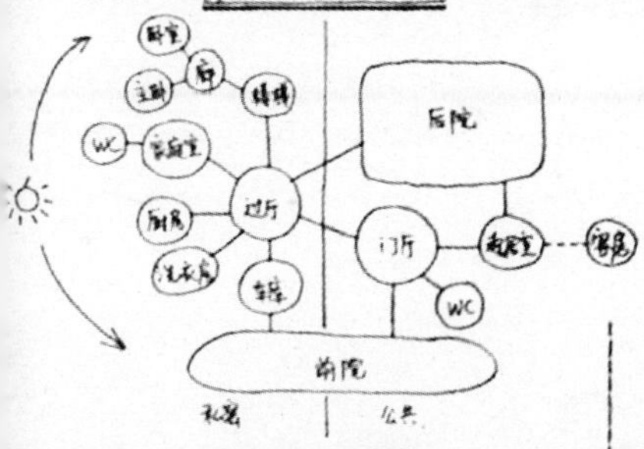

功能分析及位置图

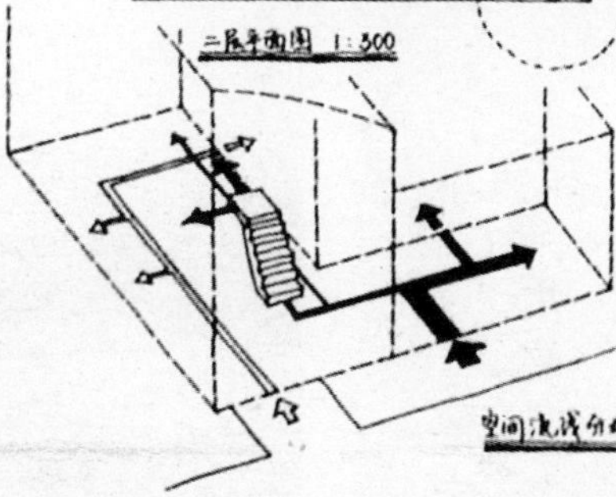

空间流线分析图

小结：根据业主的需求，此建筑充分满足了主人对自然和私密性的渴望。建筑师把私密空间和公共空间分别置于两个相互联系的体块中，使得功能联系自然、紧密。此建筑的功能体现是很成功的。其次建筑外形优雅，比例和谐。

▲假日别墅 Vacation Home 1980年

设计者为美国建筑师默菲·扬（Murphy John）。这是为一个三口之家所设计的一座假日别墅。基地位于威斯康星州北部的湖畔，占地1.4公顷，周围森林茂密。基地是一个陡坡，坡向湖面，从基地上可以眺望湖对岸的湖光山色。别墅由三部分组成：住宅主体、湖畔游廊和小船坞。从入口桥开始，到湖边船坞止，别墅以动态的空间序列和强烈的几何特征。作为别墅立面主要形态语言的木方格既是结构构件，又是造型母题，使建筑具有强烈的几何特征。

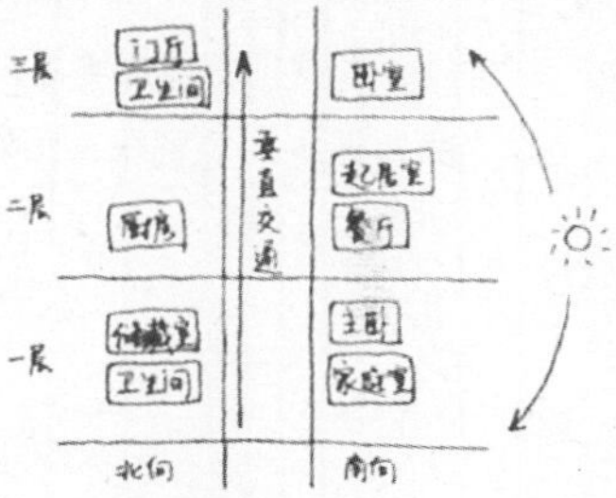

功能空间分布图

小结：由于此建筑建在郊外供三口之家度假之用，故降低了部分使用要求，如私密性的要求，而增加其观赏性及趣味性。因此该建筑的结构形式、彩色、质感了艺术效果是值得欣赏的。

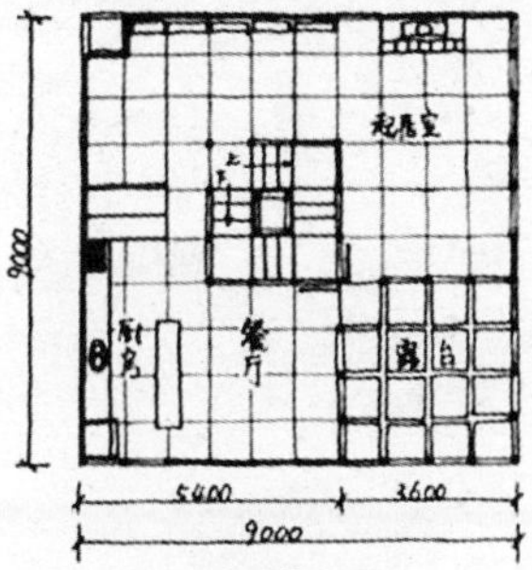

二层平面图 1:100

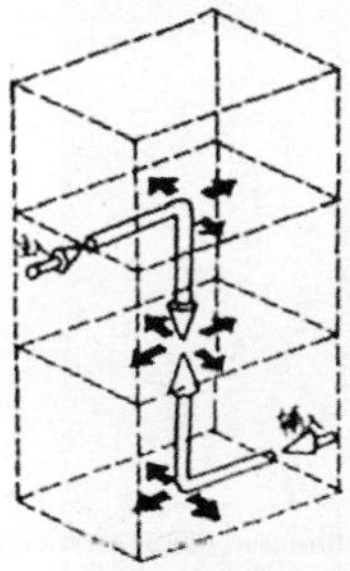

鲜明的结构形式决定了空间组织形式，使交通空间成为以竖向交通为主的串式交通，新颖独特，甚为有趣。

空间流线分析图

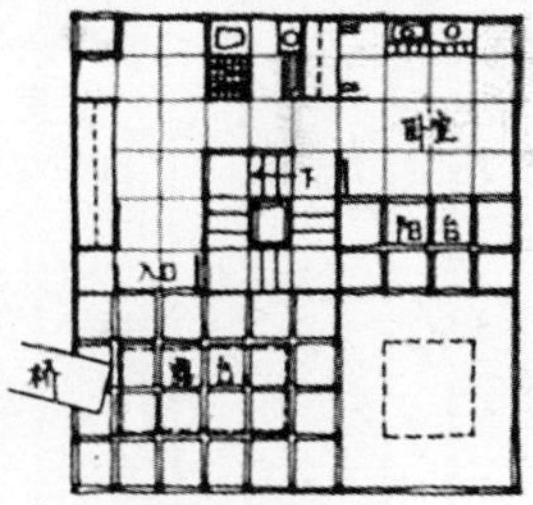

三层平面图 1:100

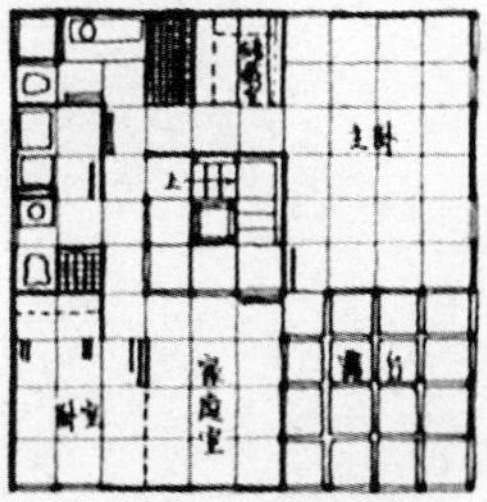

一层平面图 1:100

别墅的三个部分由南向北依次座落，从湖边看去，建筑抽象的立体与环境形成鲜明的对比，同时建筑的木结构与色彩又与基地的天空、大地和湖面相协调，外形特点是本建筑的一大特点。

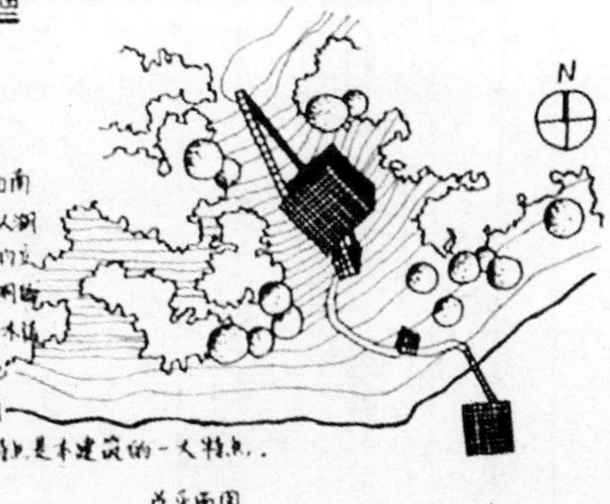

总平面图

建筑实例解析

我们的思考：

1.从图书馆，资料室，网络收集资料，根据平面，立面，刨面图建立起最初的印象和理解。

2.我们希望能够更进一步的接近它，感受它的每一寸的变化与呼吸，深入的了解建筑师对材料，空间和功能的理解和把握。

3.于是，我们决定走近马达思班的首席设计师马清运的代表作"father′s house"，并以它作为这次解析作业的主题。

传统的院落:几乎每家门前都有院落,家禽,家畜饲养其中,或堆放桔梗草料,成为人们工作休息的场所.

无数次在杂志上读到的"Father's house"就这样突然出现在眼前,与黄土青山一色,静静的,遗世独立.

柴玉山镇延河村是这次行程的目的地.
男耕女织是这个偏僻山村传统的生活方式.

Father's house与村落

南立面

思考一：

1.在穿越村落的同时，我们注意到庭院在当地人生活中的作用，它成为人们一天生活的起止点。人们在这里工作：饲养牲畜，家禽，晒谷，唠嗑……

2."Father' s house"的庭院，做为一个内庭，它保持了大叔大妈的生活习性，但同时，也隔绝了老人家与人交流的渴望。大叔对我们说："离村子太远了，在院子里啥都看不到……"

泳池:右侧的两个门,第一个通往厅,第二个通向桑拿间.马大妈说:"夏天可以来游泳啊."

庭院,水井,石鼓……

正立面

思考二：

马大妈带我们参观了崭新的厨房，其中设备一应俱全，但是却从未被使用，做饭都是在厨房后面狭窄的锅炉房里。是大妈舍不得用，还是操作困难？

但是，同时我们也在第一时间看到，在这栋吸引人眼光的现代建筑上，却挂了两把老式大锁，漂亮的玻璃窗上的插销也是八九十年代的那种在这里居住者的生活习惯被尊重着。

室内空间的组织

1.壁炉,为就餐者分割出一方闲散与自由.
2.楼梯位于厅的正西面,侧有连通泳池的门.
3.厅北面的墙,隐藏了后面的厨房,卫生间,储藏室等,并且墙上的小格也可以作为柜的使用.

入口

学生通过对建筑实例的现场调研，正确理解建筑所处的环境及其特征对领悟建筑设计的本质有积极的促进作用。这份建筑解析作业体现出作者细致的观察能力和深入的思考能力。

材料的选用

建筑实例解析

有意识的收集与设计有关的建筑实例是进行建筑设计必须的前期工作。通过分析整理优秀建筑实例，可以从宏观上掌握类型建筑的各种可能性和构成规律，为自己的设计打下扎实的基础。下图是某同学收集的独院住宅平面类型，具有很强的典型性。

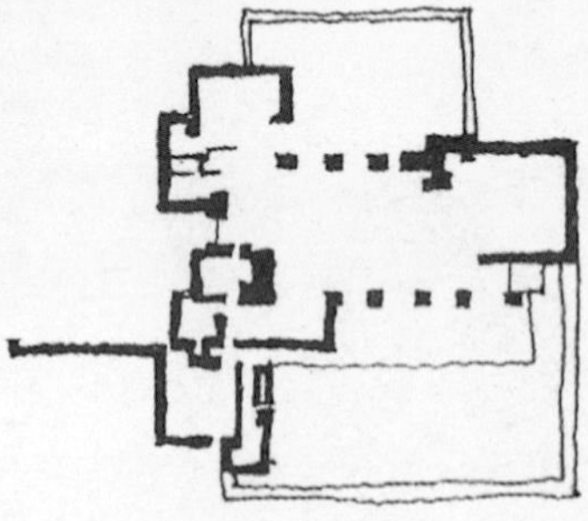
相似形

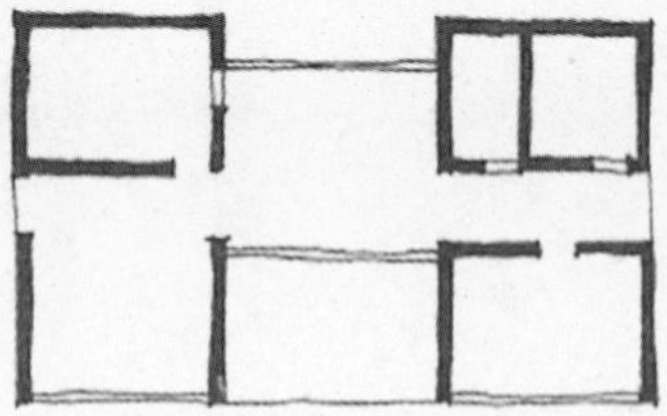
盒式变化

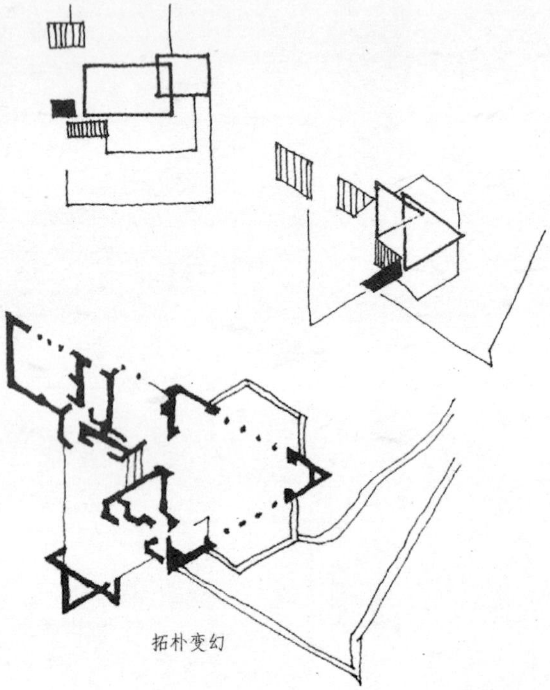
拓朴变幻

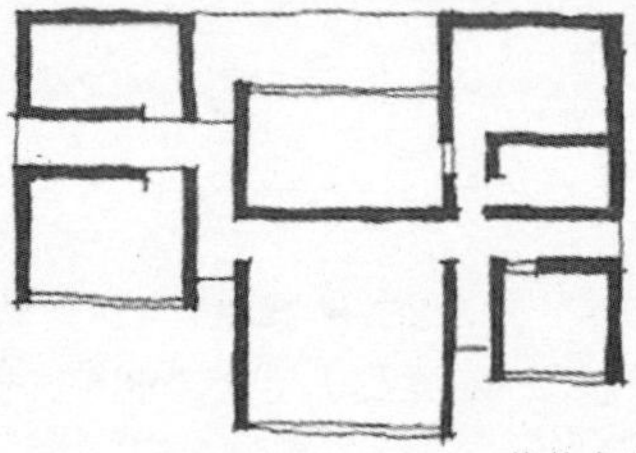
推拉变化

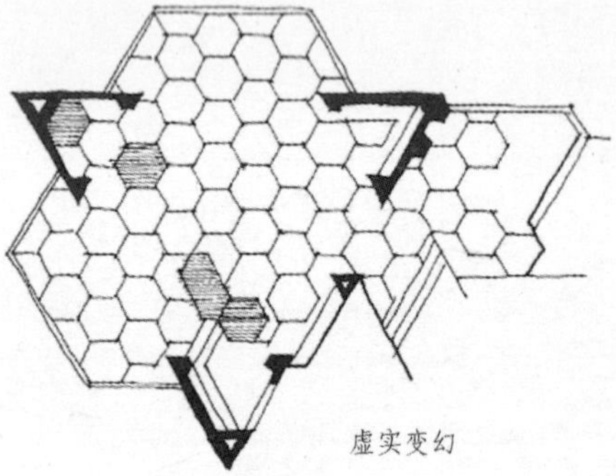
虚实变幻

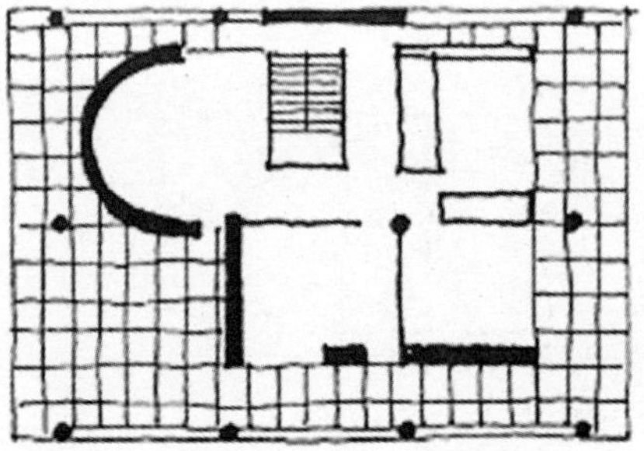
虚实变幻

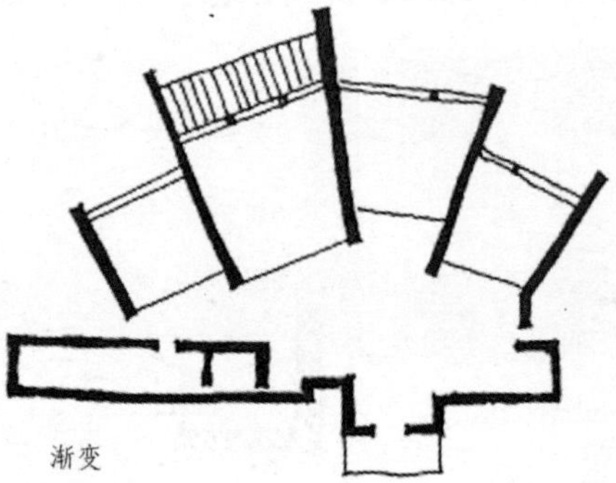
渐变

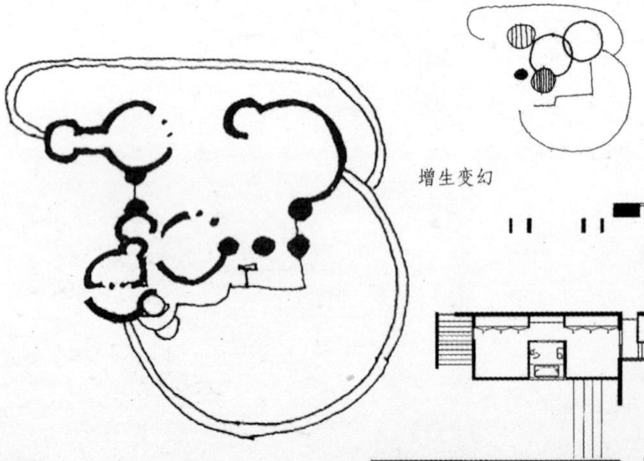
增生变幻

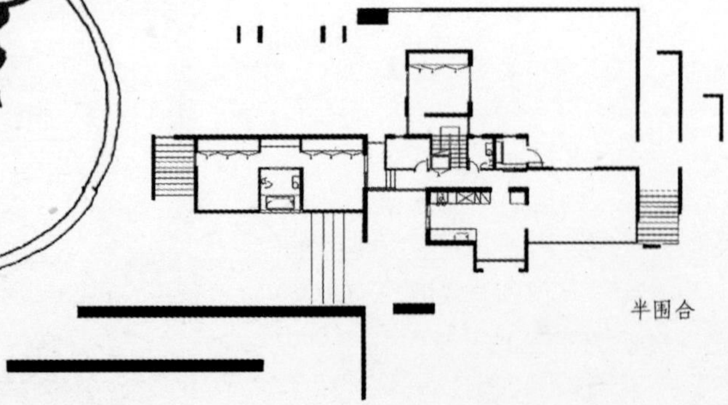
半围合

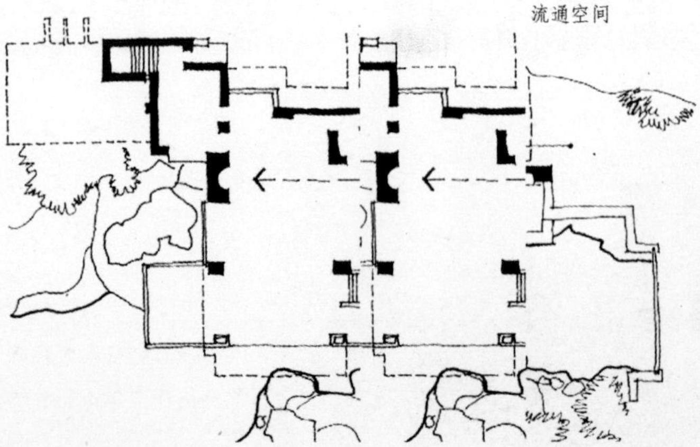
流通空间

空间限定作业赏析

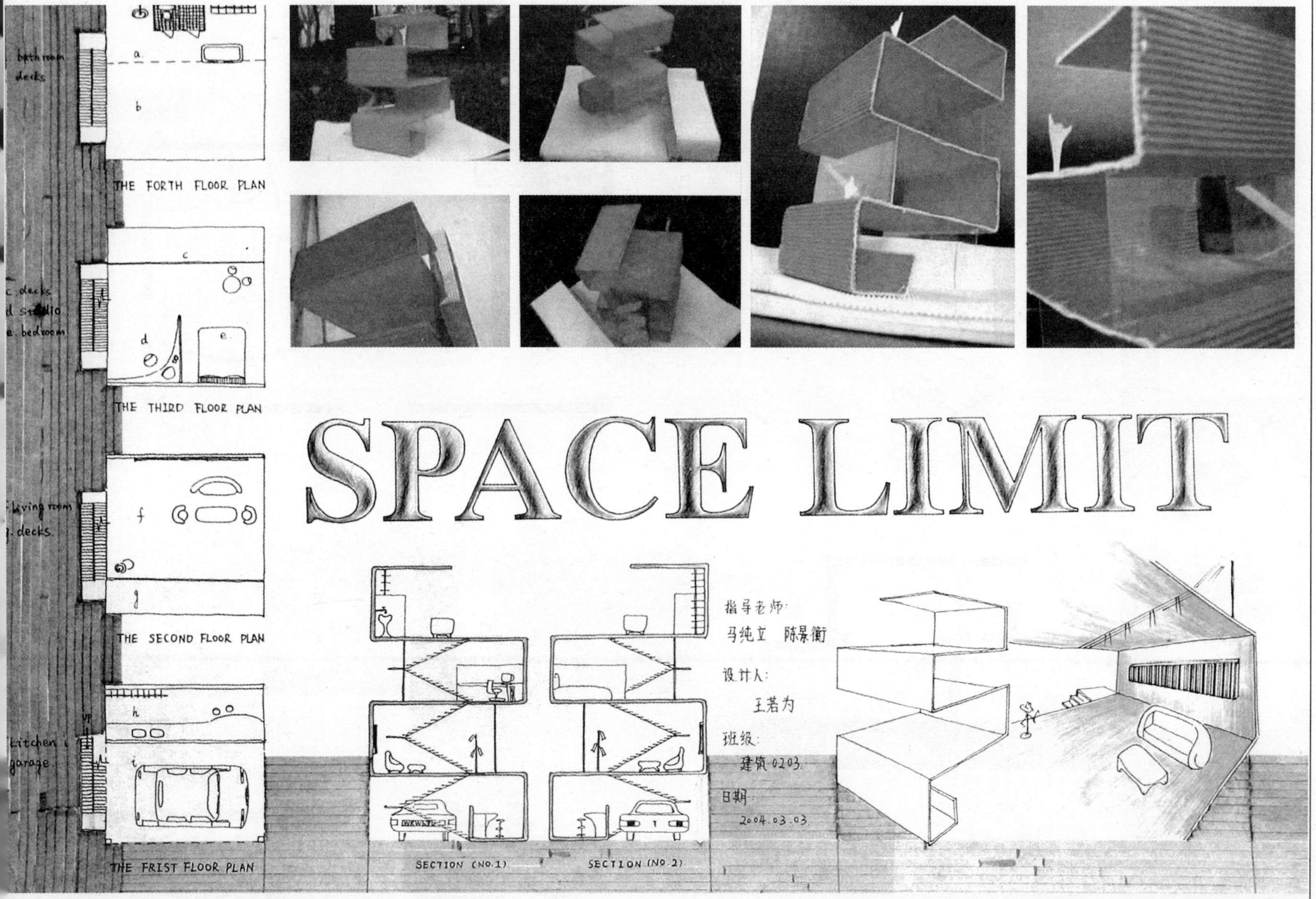

思想与表述的契合是这份作业打动人的关键。

空间限定作业赏析

这份空间限定设计尝试在有限的空间范围内，通过理性的要素重组取得丰富的空间效果，从最后结果来看，这种设想确实被完美地实现了。

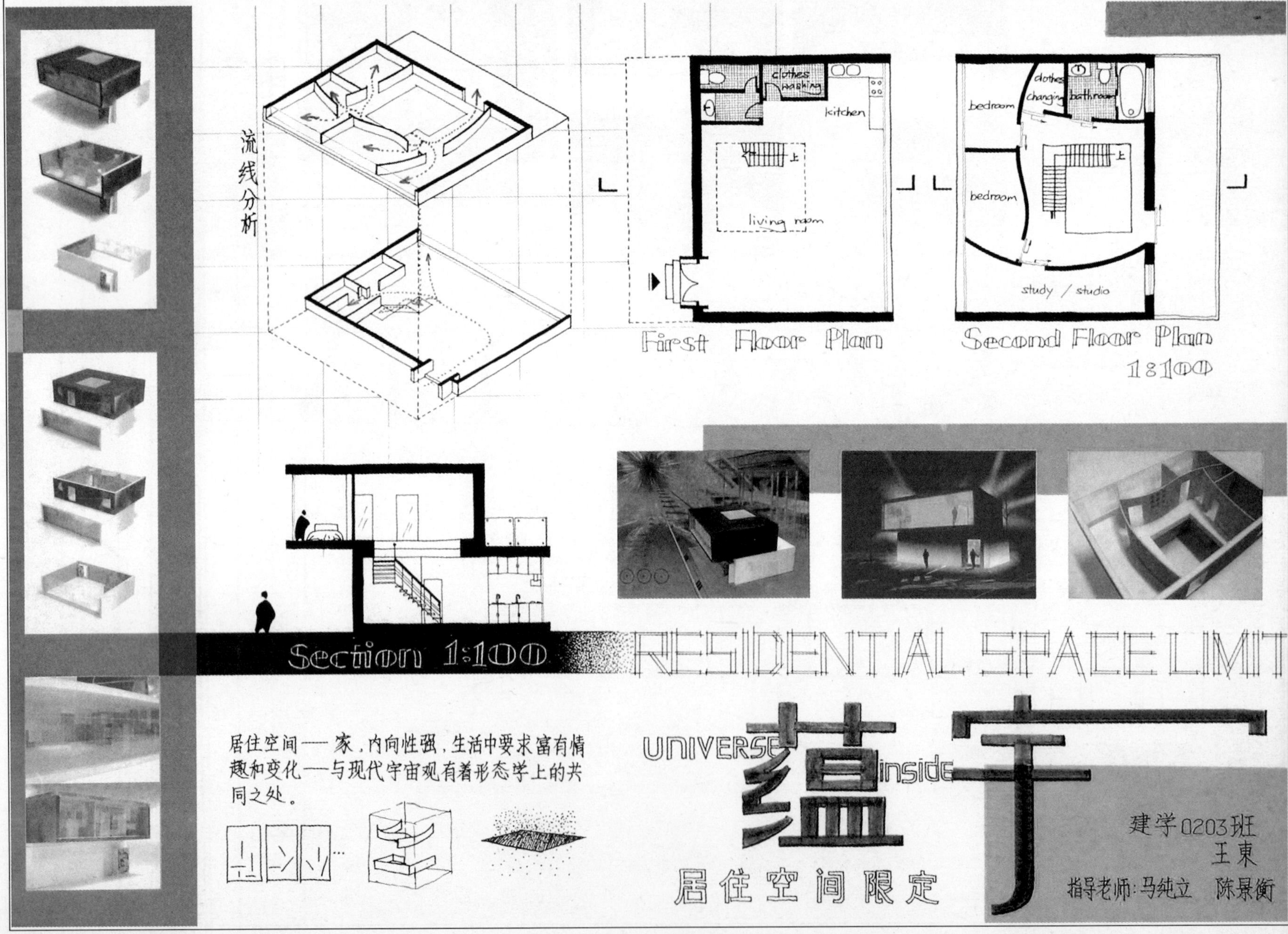

空间限定作业赏析

不怕你想不到，就怕你做不到，执着的追求使一个很难的设想变成了现实。

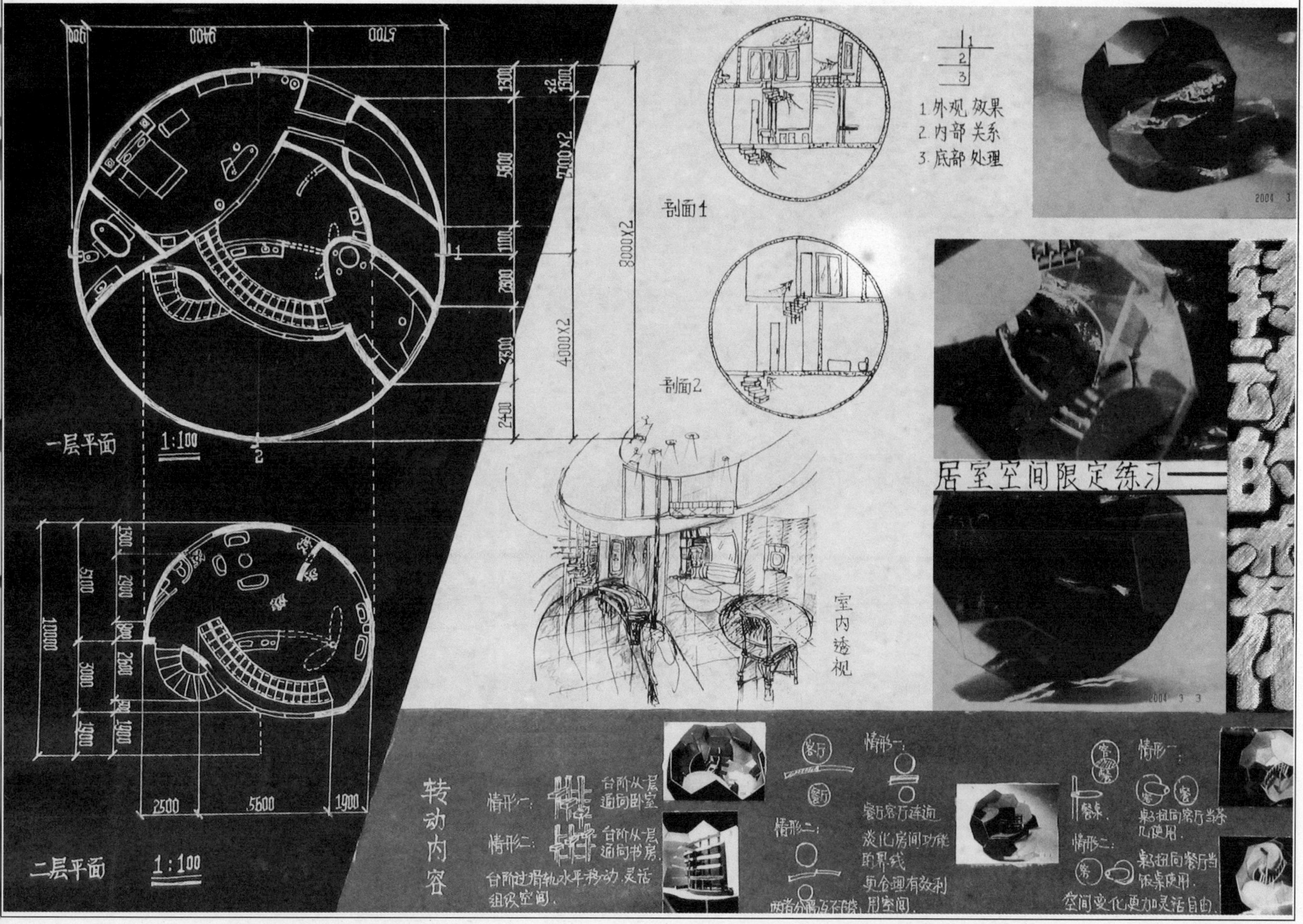

空间限定作业赏析

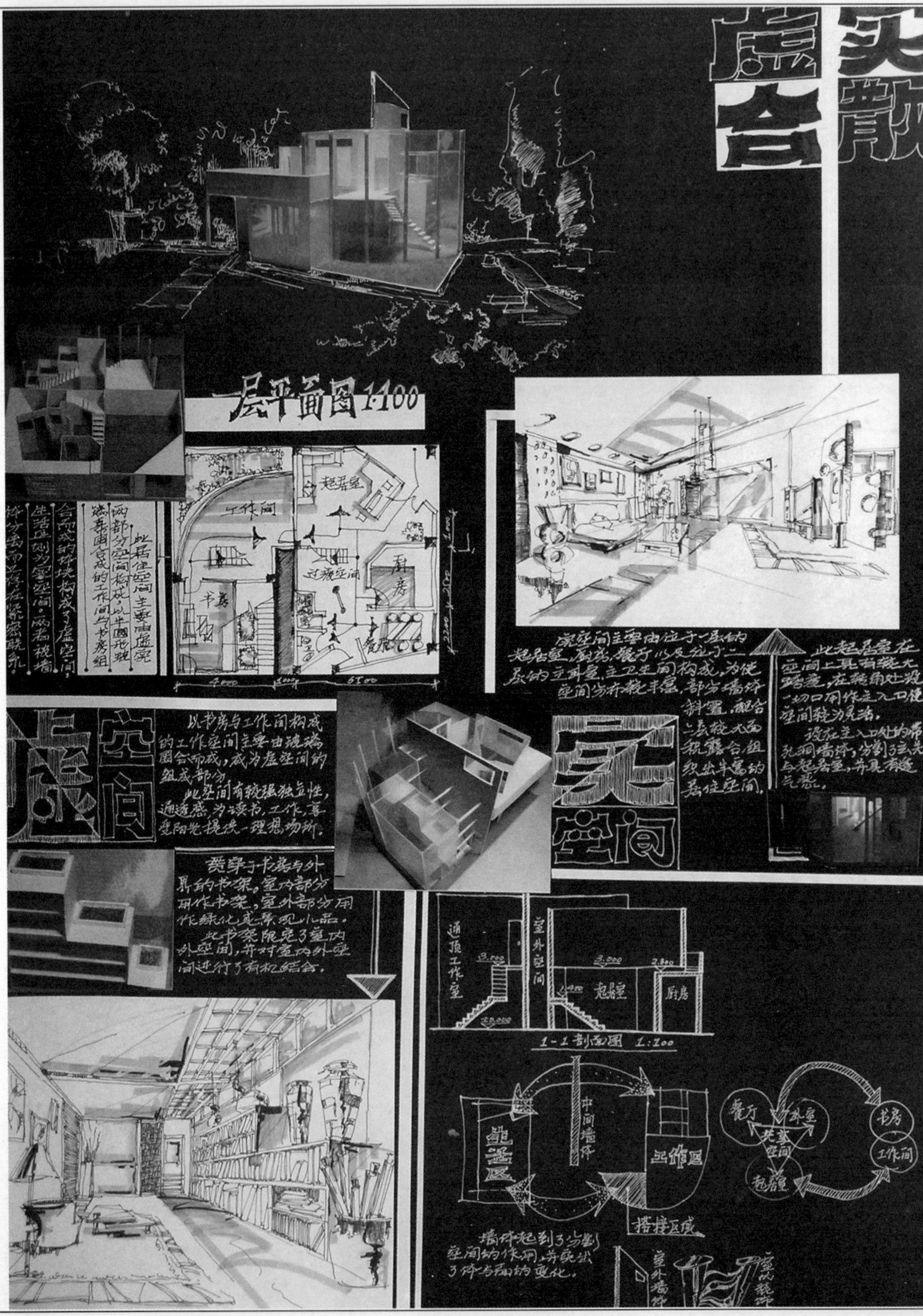

空间限定作业赏析

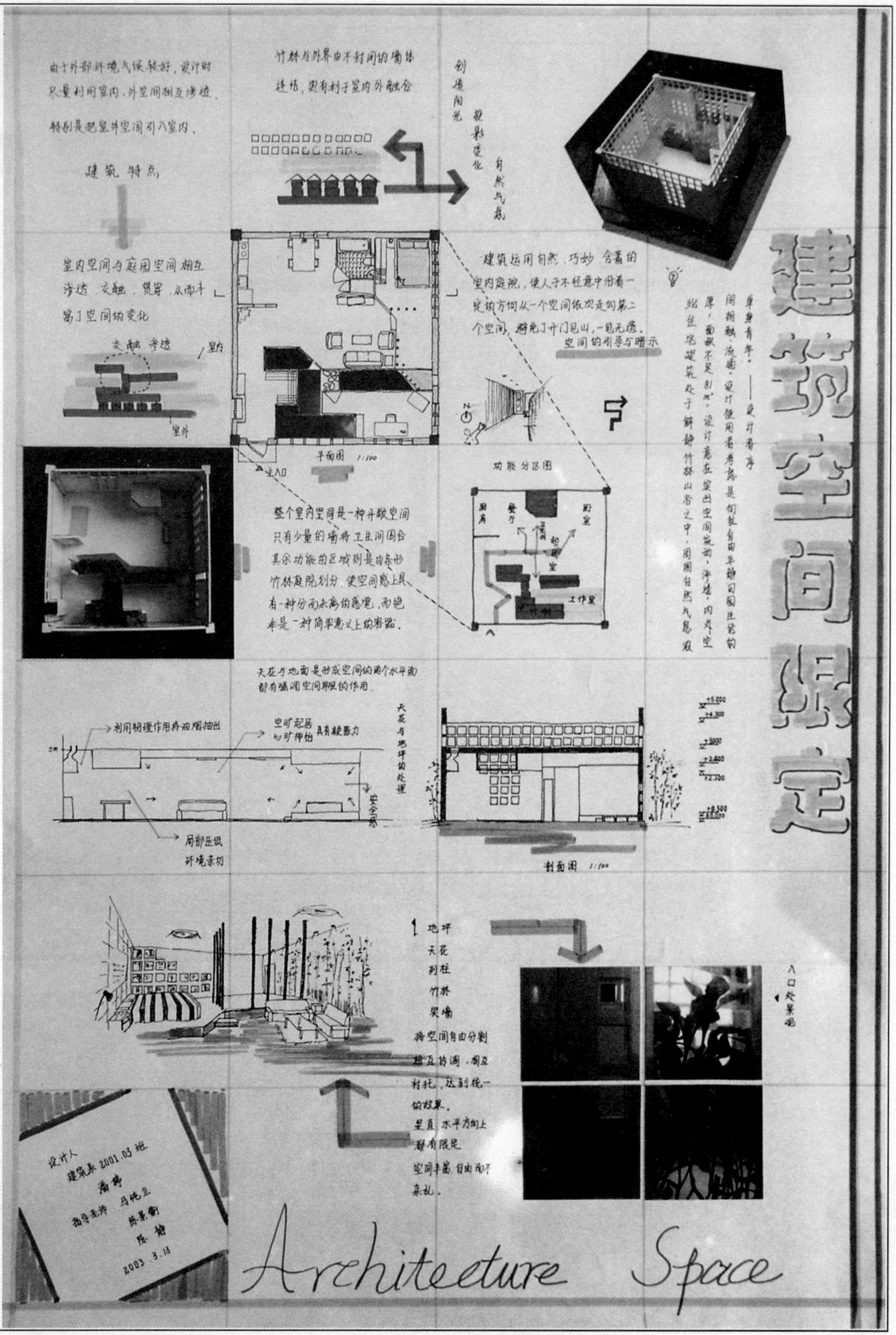

由于外部环境气候较好，设计时尽量利用室内、外空间相互渗透。特别是把室外空间引入室内。
建筑特点
竹林与外界由不封闭的墙体连接，更有利于室内外融合
创造阳光
投影变化
自然气氛
室内空间与庭园空间相互渗透、交融、贯穿，从而丰富了空间的变化
交融 渗透
室内
室外
建筑运用自然、巧妙、含蓄的室内庭院，使人于不经意中由着一定的方向从一个空间依次走向第二个空间，避免了开门见山，一览无遗。
空间的引导与暗示
平面图 1:100
主入口
功能分区图
厨房
餐厅
卧室
起居室
工作室
整个室内空间是一种开敞空间，只有少量的墙将卫生间围合，其余功能的区域则是由条形竹林庭院划分，使空间既具有一种分而未离的感觉，而绝非是一种简单意义上的容器。
建筑空间限定
天花与地面是形成空间的两个水平面，都有强调空间界限的作用。
利用物理作用将油烟抽出
空可起居 可旷神怡
具有凝聚力
局部压低 环境亲切
安全感
天花与地坪的处理
剖面图 1:100
地坪
天花
列柱
竹林
实墙
将空间自由分割，相互协调，相互衬托，达到统一的效果。
垂直、水平方向上都有限定，空间平面自由而不杂乱。
入口处景观
设计人
建筑系 2001.03 班
指导老师
2003.3.13
Architecture Space

空间限定作业赏析

通过单一形体的积聚，探索空间的本质。

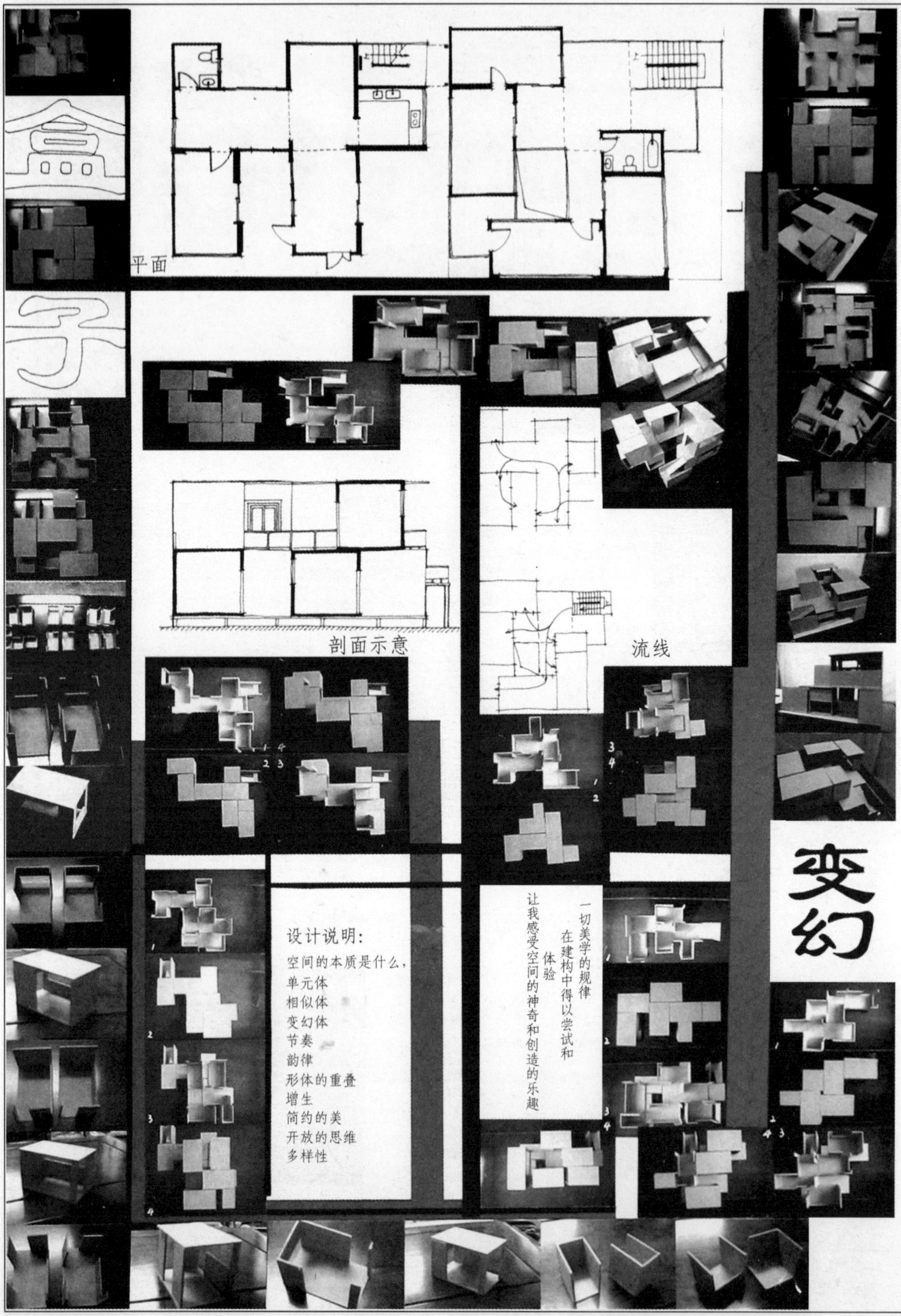

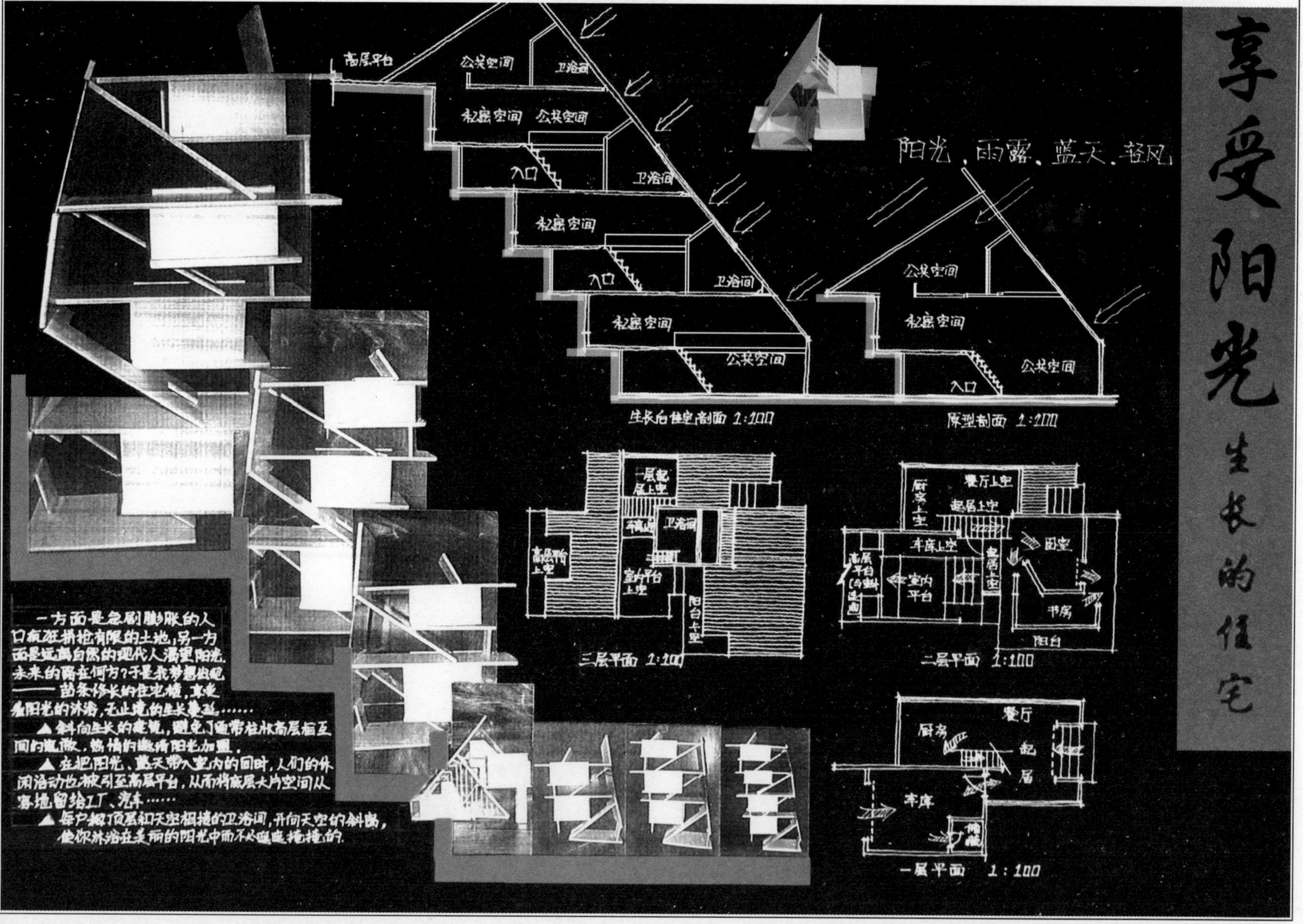
享受阳光
生长的住宅
阳光、雨露、蓝天、轻风
高层平台
公共空间
卫浴间
私密空间
入口
生长的住宅剖面 1:100
原型剖面 1:100
一层起居上空
卫浴间
高层平台上空
室内平台上空
阳台上空
三层平面 1:100
厨房上空
餐厅上空
起居上空
车库上空
室内平台
卧室
书房
阳台
二层平面 1:100
厨房
餐厅
起居
车库
储藏
一层平面 1:100
一方面是急剧膨胀的人口疯狂掠抢有限的土地，另一方面是远离自然的现代人渴望阳光。未来的路在何方？于是我梦想出这——一条条修长的住宅楼，享受着阳光的沐浴，无止境的生长蔓延……
▲斜向生长的建筑，避免了通常林立高层相互间的遮挡，楼栋间的阳光加盟。
▲在把阳光、蓝天带入室内的同时，人们的休闲活动也被引至高层平台，从而将底层大片空间从容地留给了汽车……
▲每户都有顶层和天空相接的卫浴间，开向天空的斜窗，使你沐浴在美丽的阳光中而不必遮遮掩掩的。

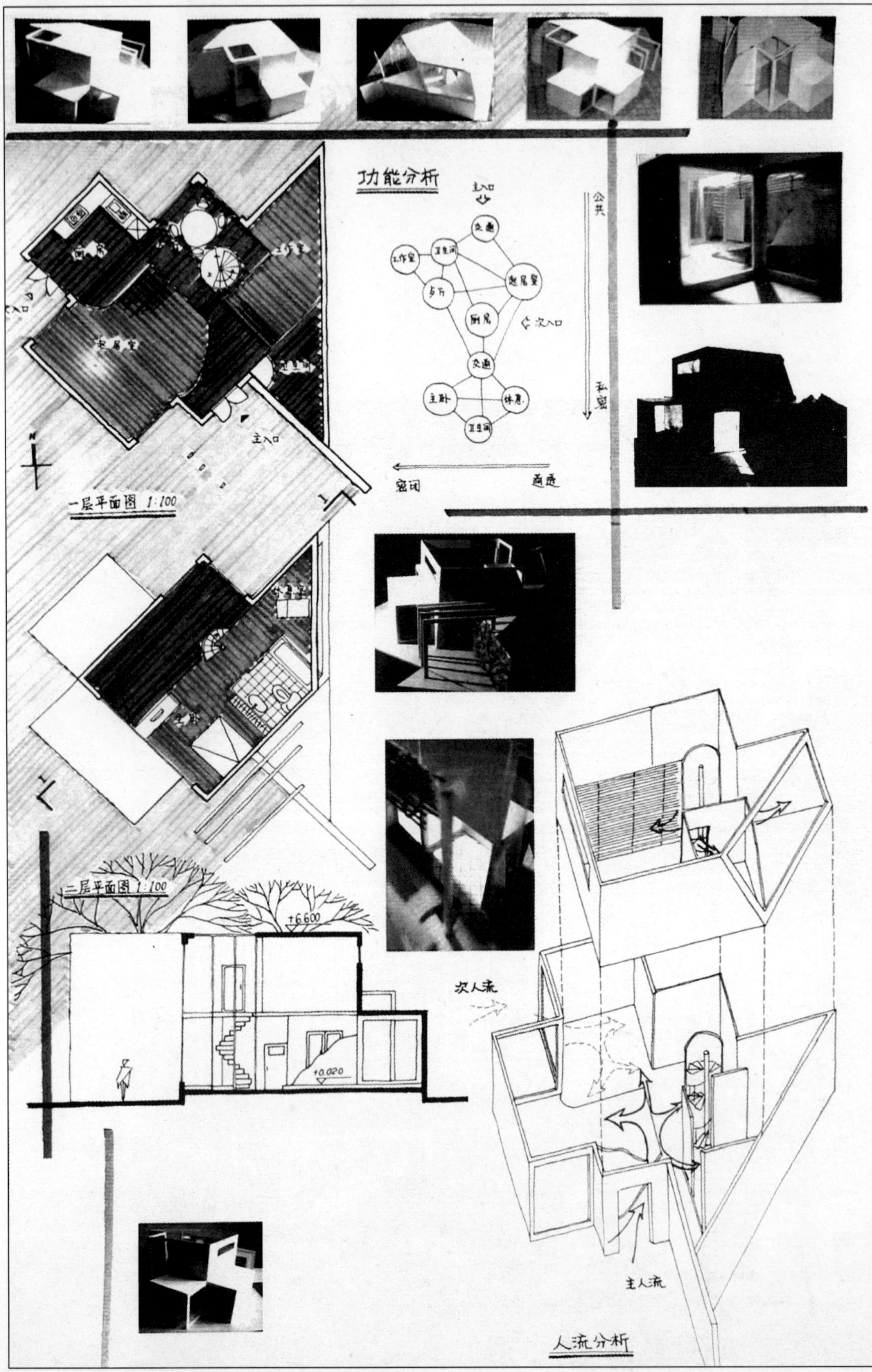

空间限定作业赏析

本设计分别运用了方形、三角形、圆形等几何图形穿插、剪切、重叠的设计手法形成，简单的功能流向使主人生活变得有秩序，几乎通透的公共空间和闭封开放自如的私人空间使生活充满情趣，追求一种简约的美的风格。

个性化空间

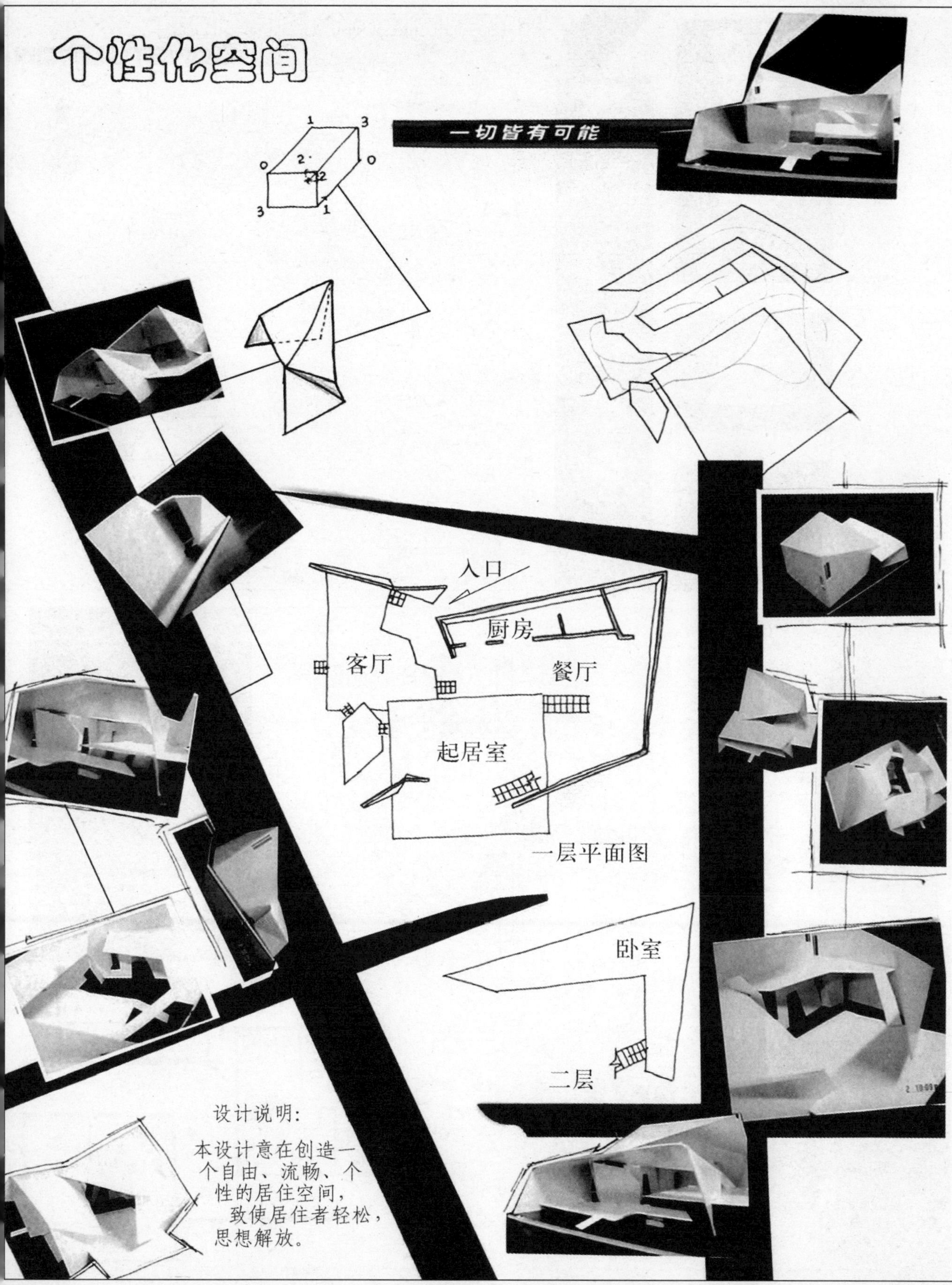

设计说明：

本设计意在创造一个自由、流畅、个性的居住空间，致使居住者轻松，思想解放。

空间限定作业赏析

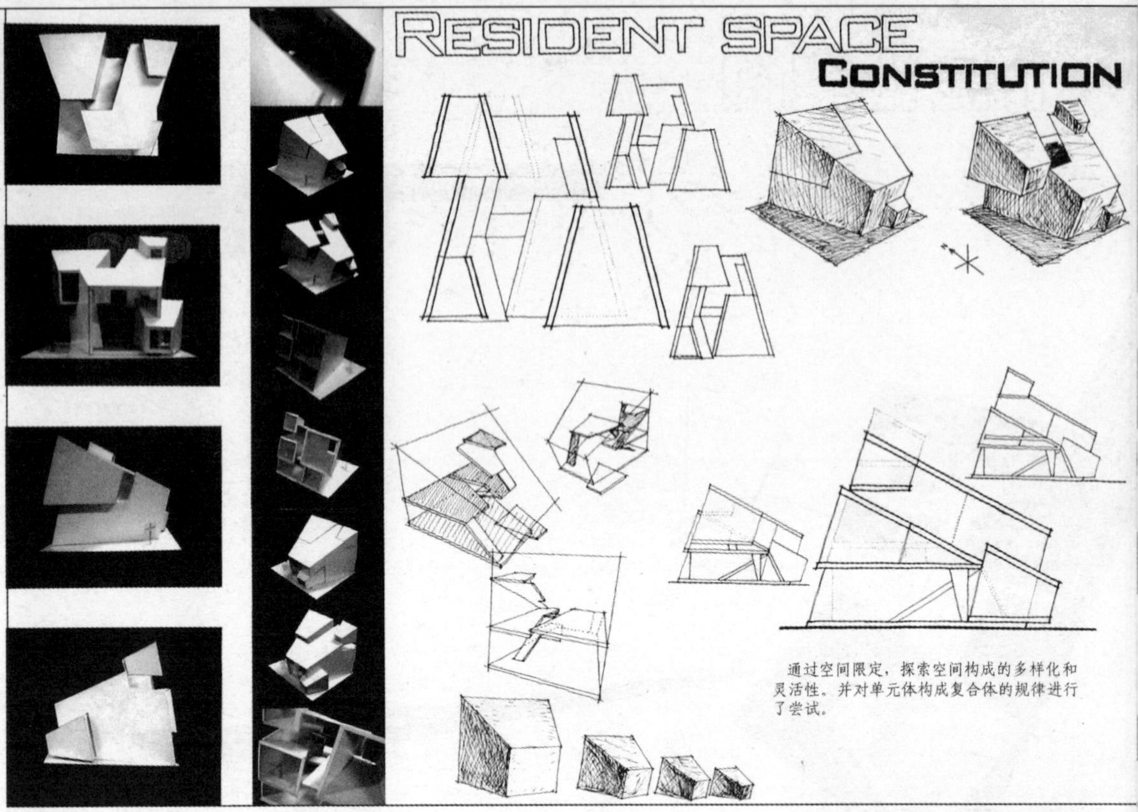
RESIDENT SPACE
CONSTITUTION
通过空间限定，探索空间构成的多样化和灵活性，并对单元体构成复合体的规律进行了尝试。

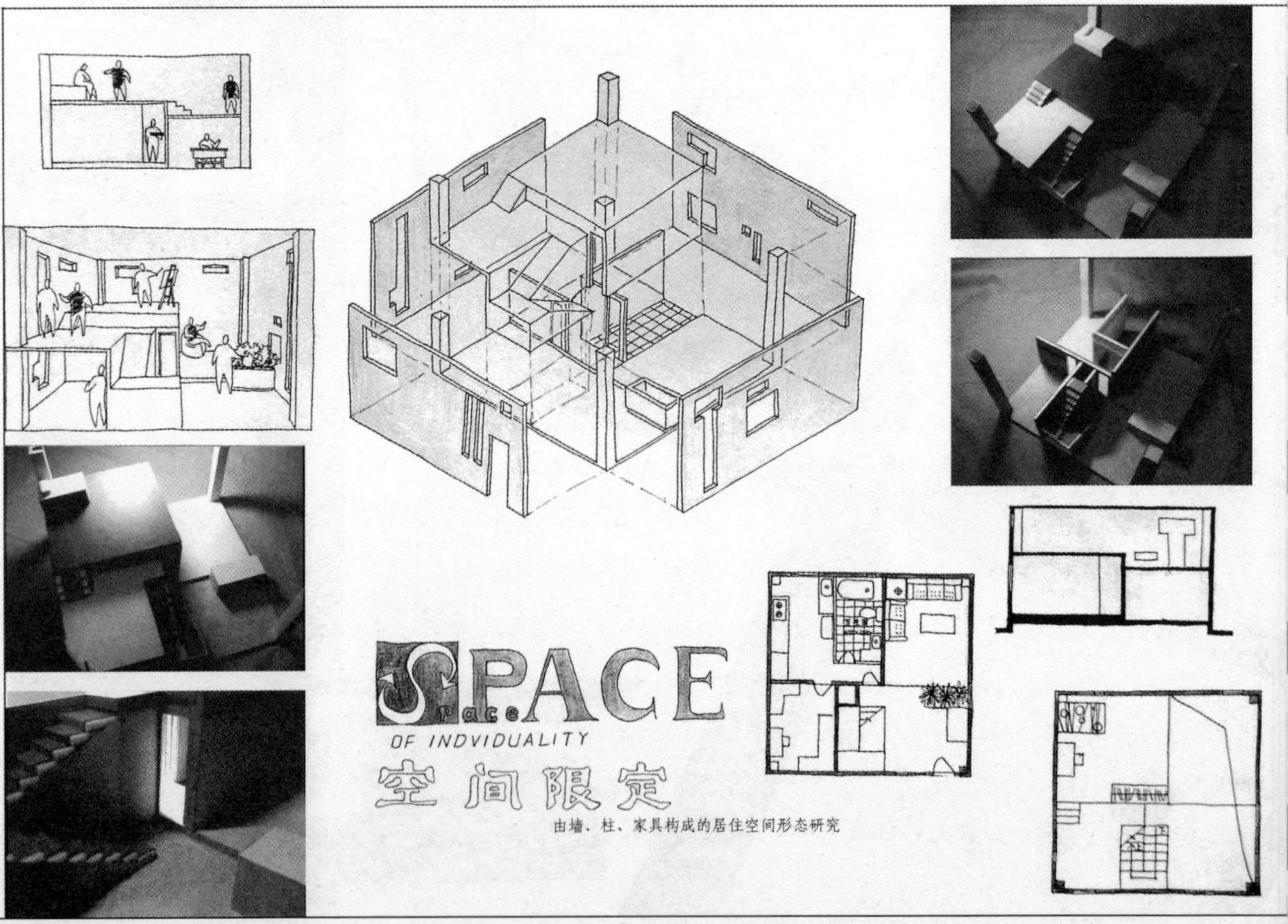
SPACE
OF INDVIDUALITY
空间限定
由墙、柱、家具构成的居住空间形态研究

独院住宅院落局部环境设计

建筑外环境设计是独院住宅系列课程的一部分内容，主要目的是初步培养学生对建筑外环境的认知和基本的设计和表达方法，图纸内容要求在8小时内完成。

下图是一份完成情况较好的设计作业，一方面是设计比较深入完整，外环境设计与建筑的关系交代的比较清楚；另一方面，图纸绘制有章法，符合建筑制图的基本要求，尤其是图纸配和文字标注，进一步说明了设计内容，显得内容充实而不零乱。

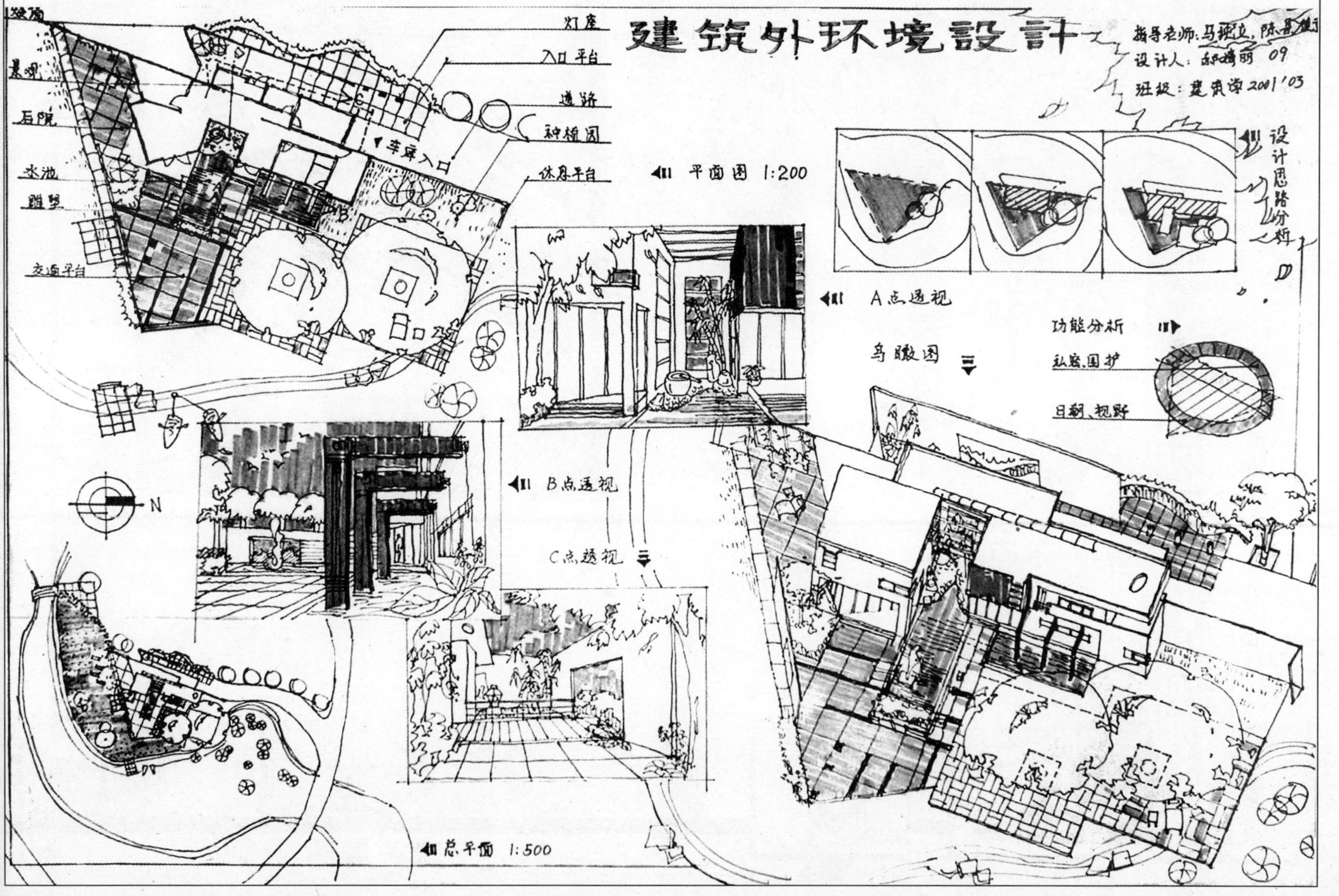

独院住宅院落局部环境设计

外环境设计训练的另一个题目是独院住宅庭院设计。这是一个设计的约束因素单一的题目。在给定庭院入口和建筑入口的一块场地（30m × 30m）内设计庭院环境。

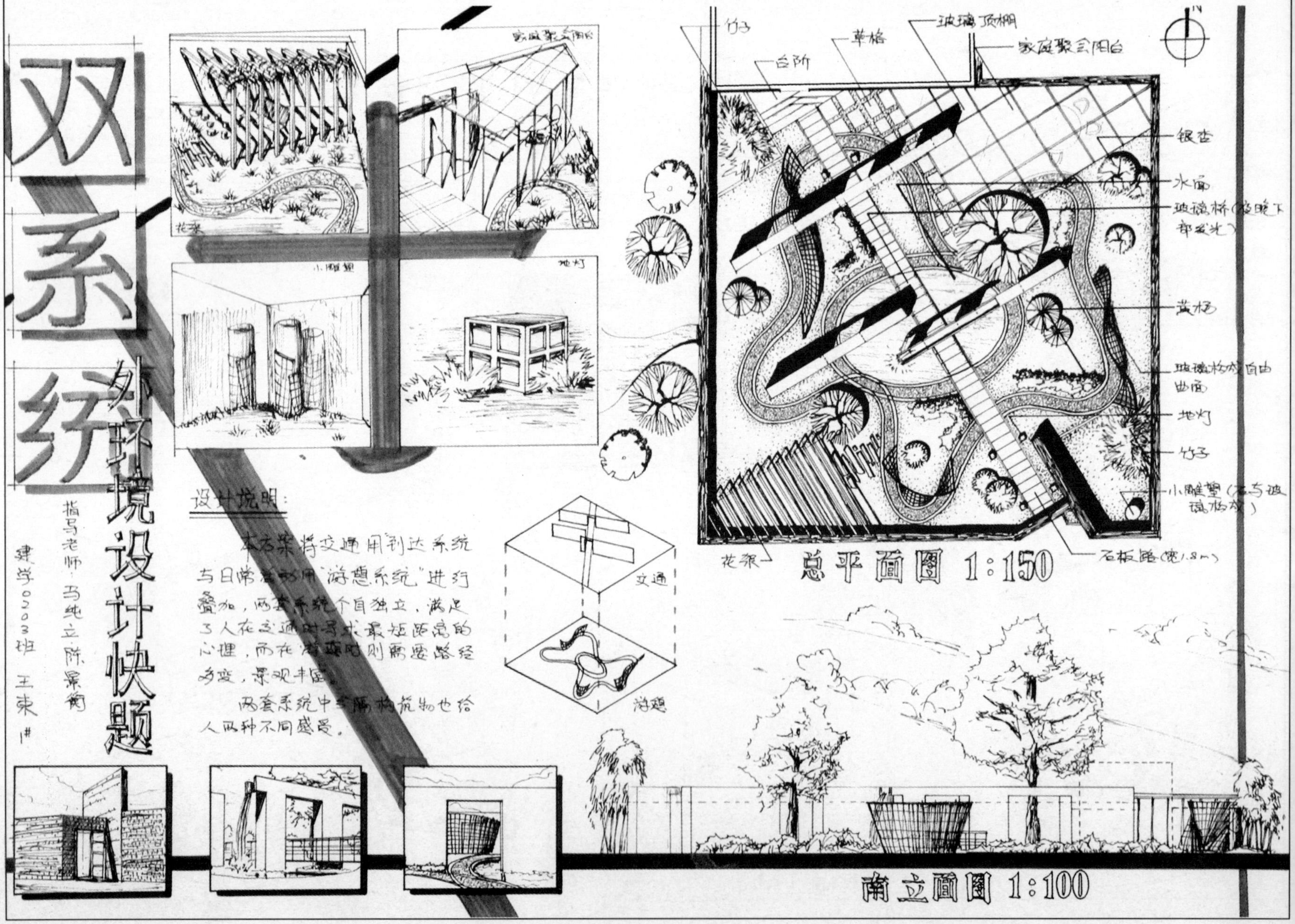

独院住宅院落局部环境设计

这是一份完成比较好的作业，图面张驰有度，设计有重点，能够运用不同的表现手法来反映设计内容，这对低年级学生来说是很可贵的。

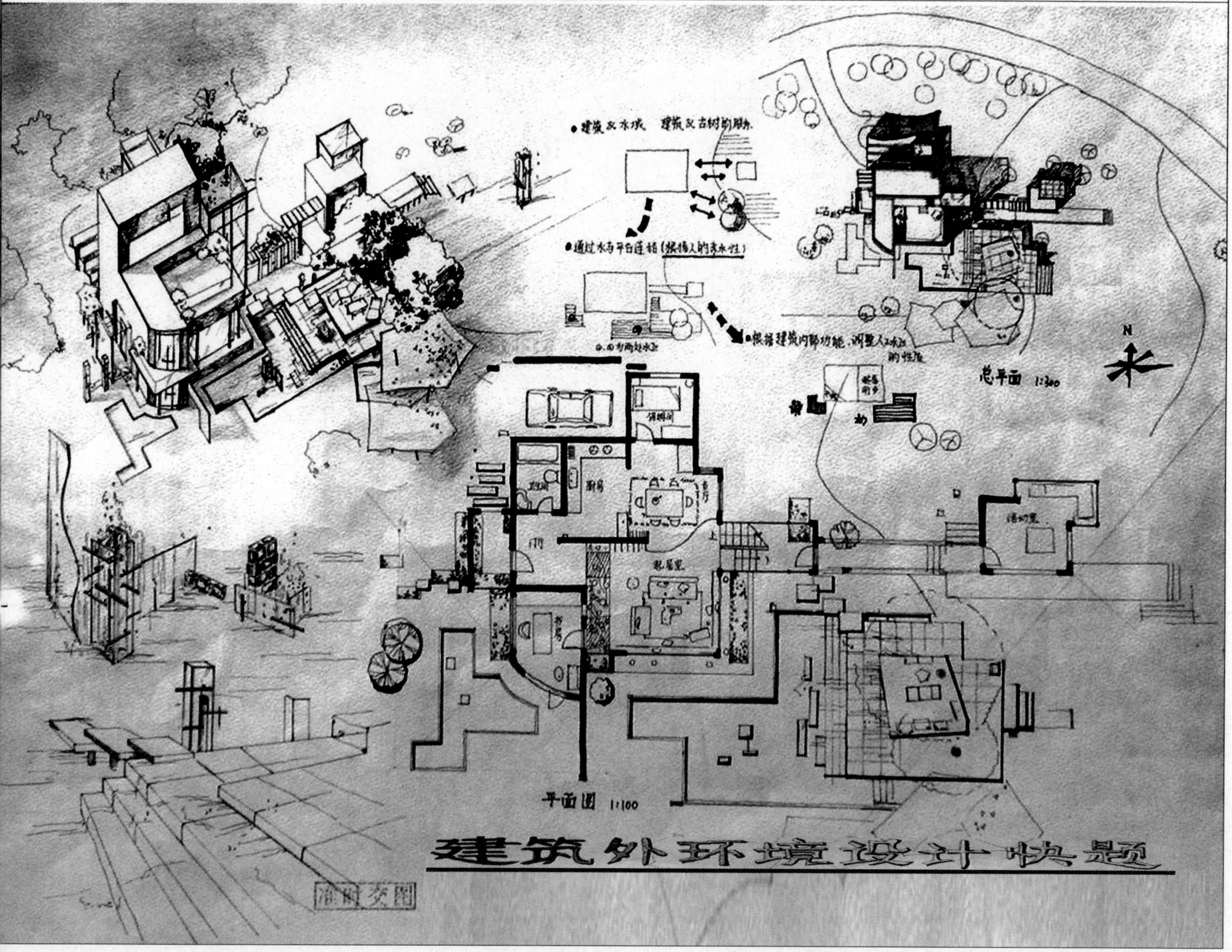

独院住宅院落局部环境设计

透视图A

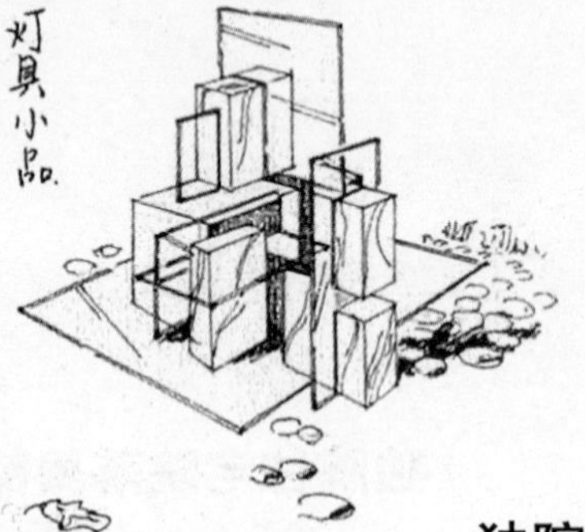

下沉式活动平台

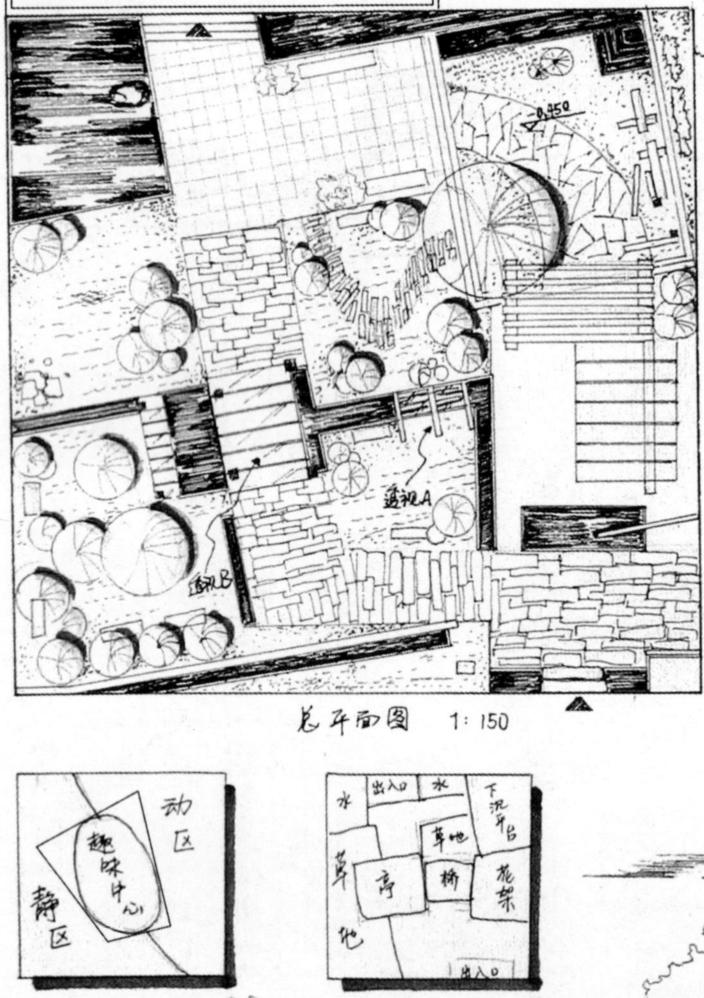

总平面图 1:150

透视图B

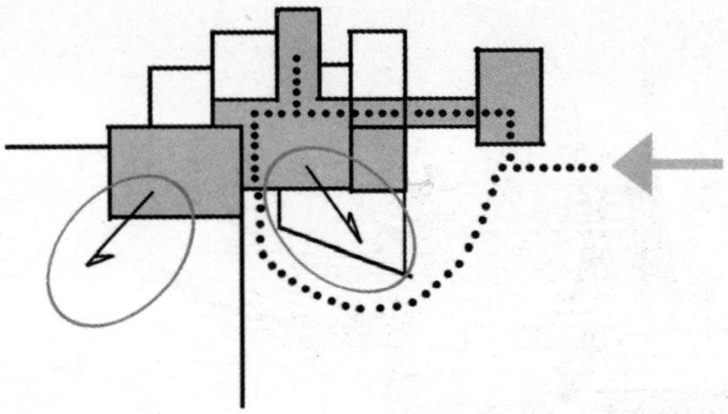

独院住宅院落局部环境设计

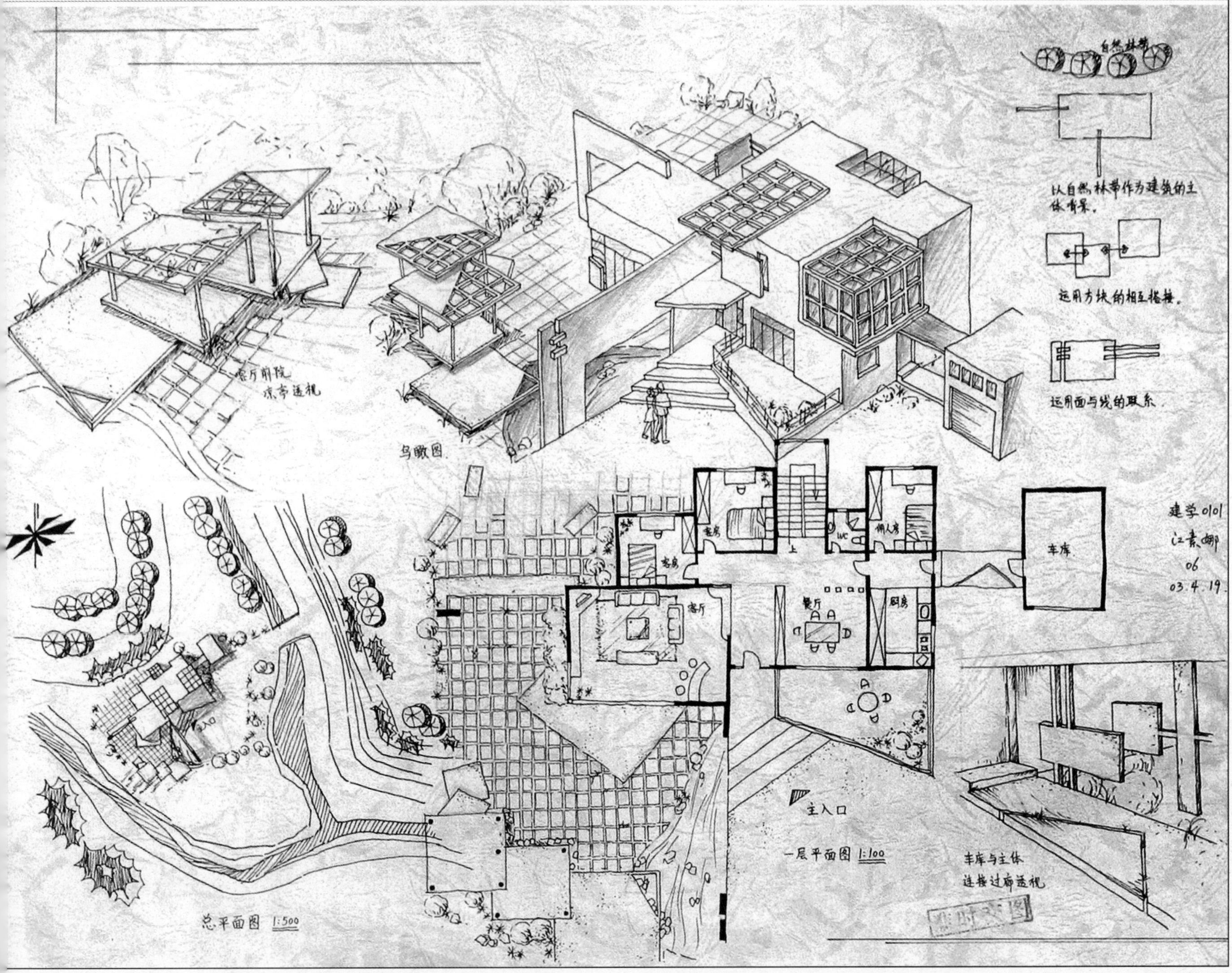

设计构思草图

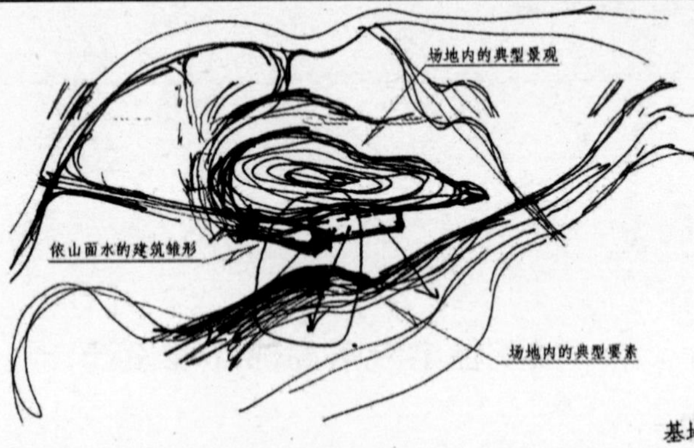

基地分析

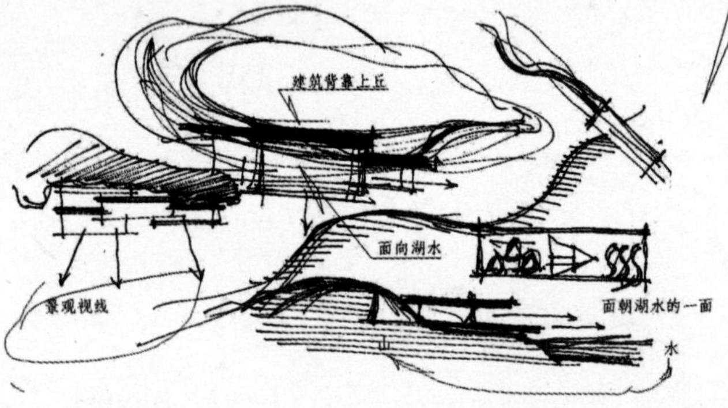

场地利用分析

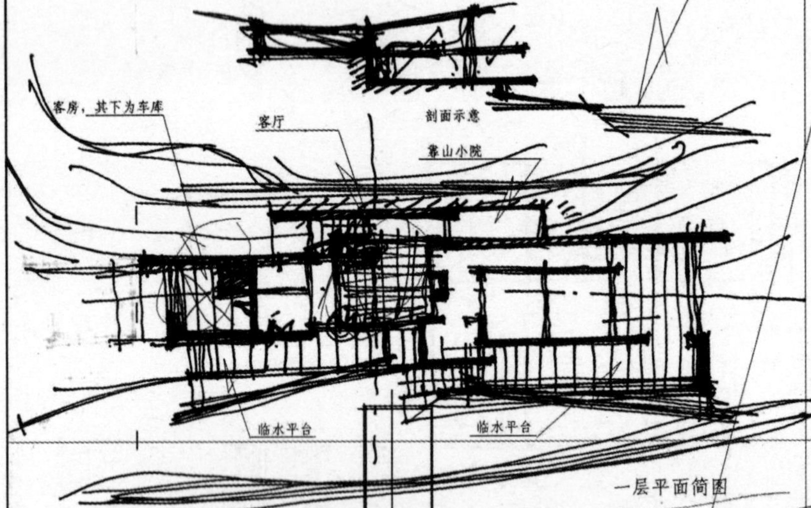

一层平面简图

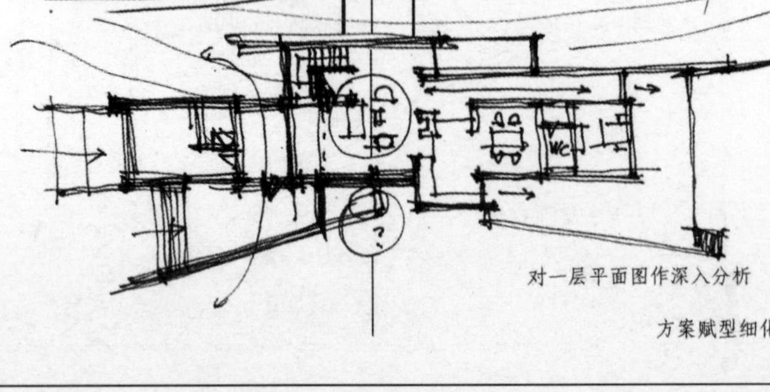

对一层平面图作深入分析

方案赋型细化

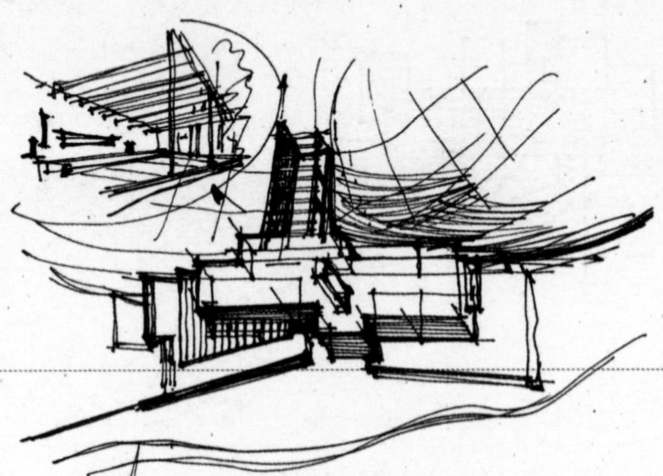

利用轴侧简图进行验证

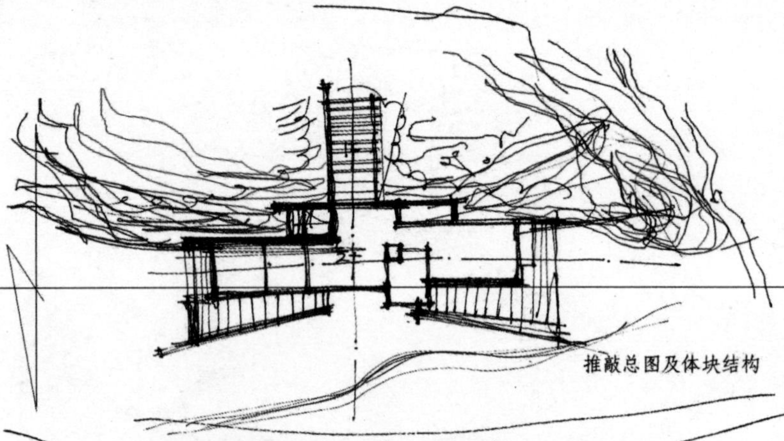

推敲总图及体块结构

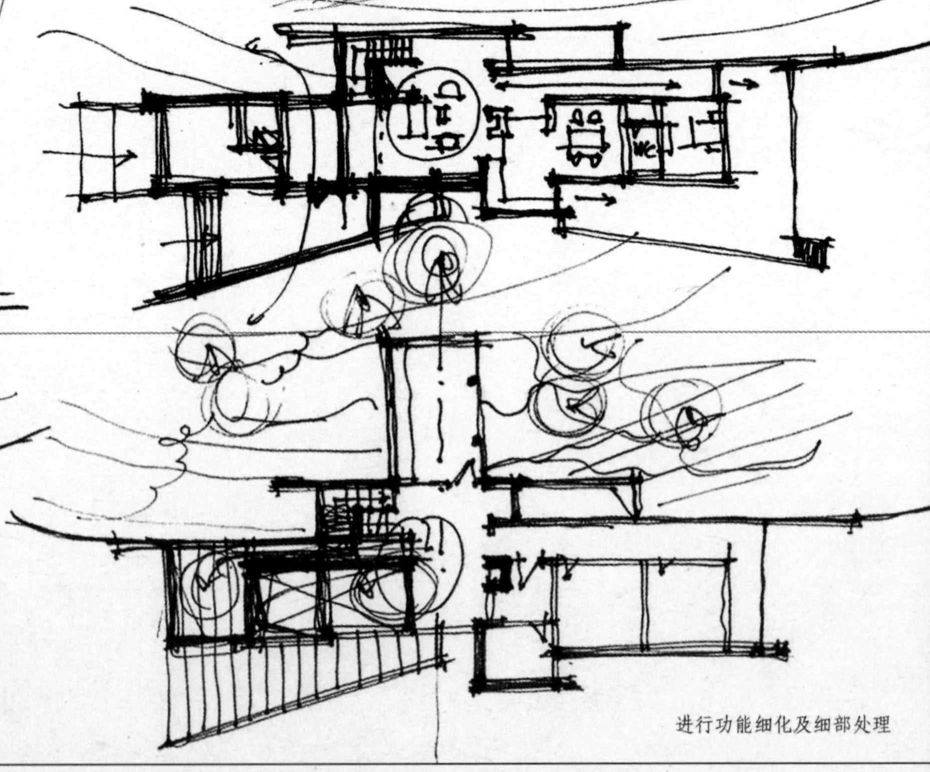

进行功能细化及细部处理

设计构思草图

建筑设计草图一般采用半透明图纸，硫酸纸或拷贝纸是常用的草图纸。设计的演进过程是逐步深入的过程，有时又有反复，设计过程伴随着肯定和否定的矛盾，设计也在自我肯定和自我否定的冲突中变得更合理。

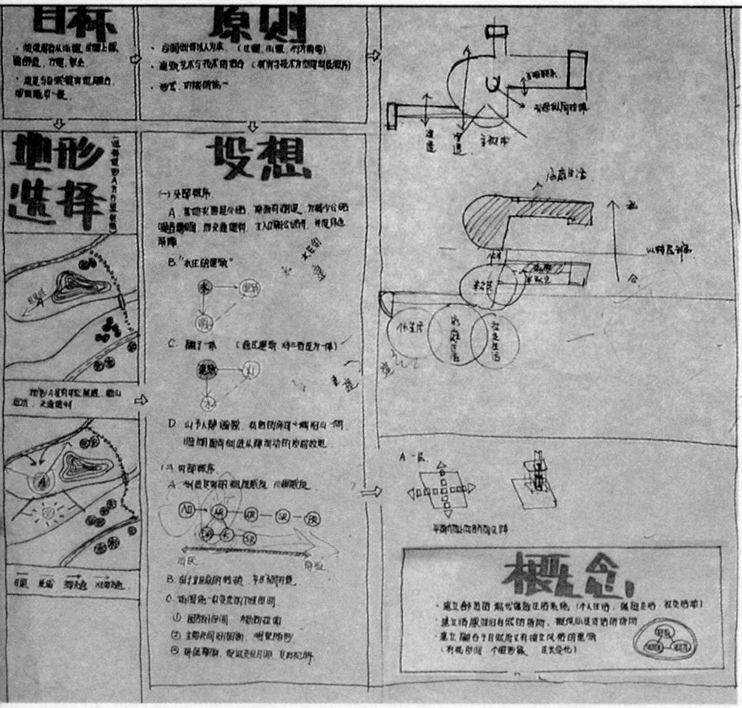

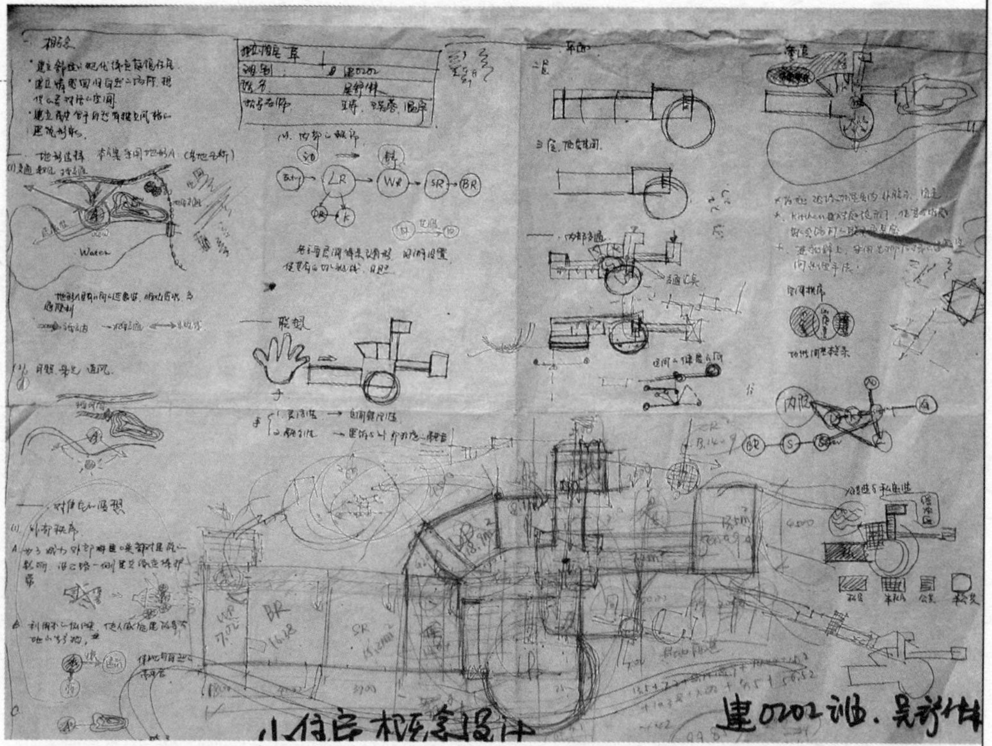

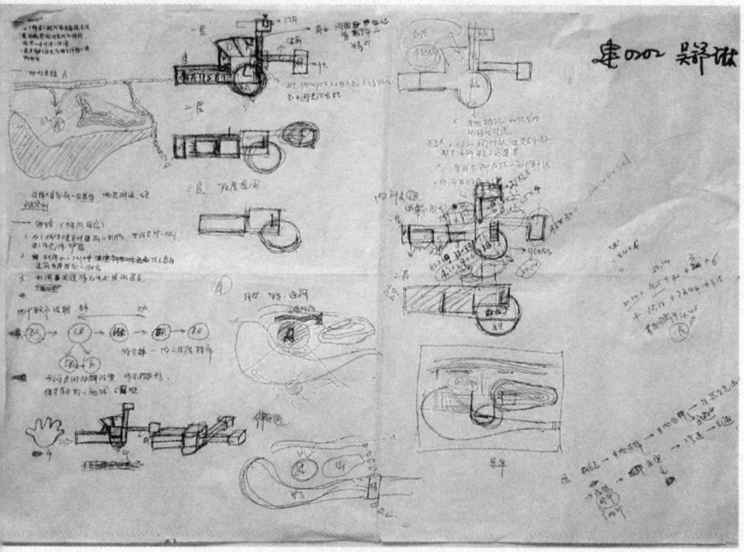

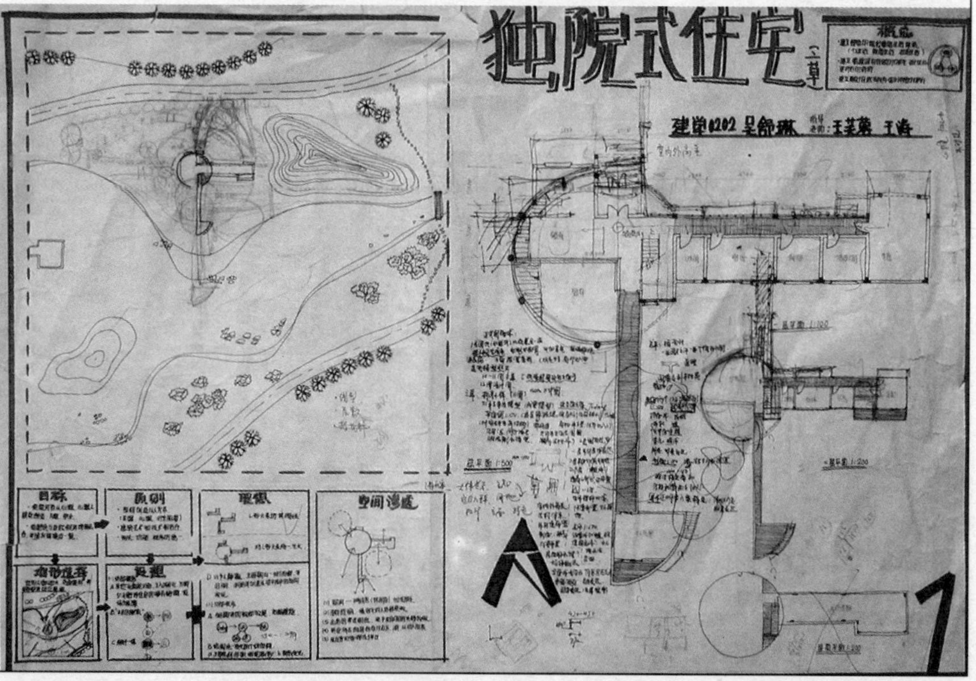

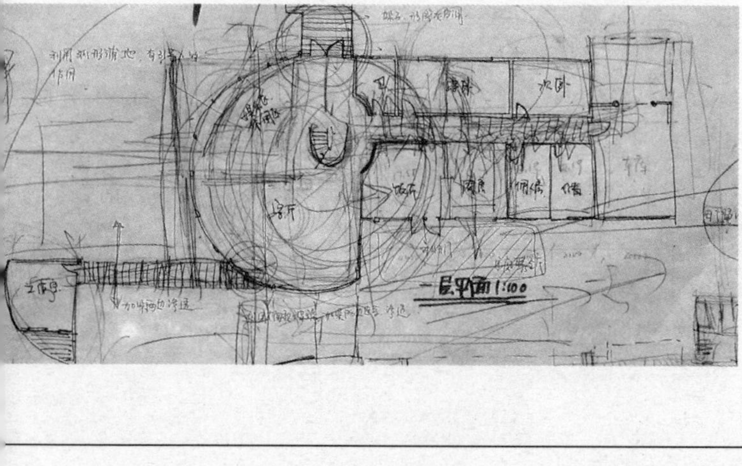

设计构思草图

建筑设计的构思过程是自我肯定的过程，是寻找最佳解决问题途径的过程。图示草图是设计师推敲方案的手段，也生动的记录着建筑设计者的思维历程与矛盾挣扎。

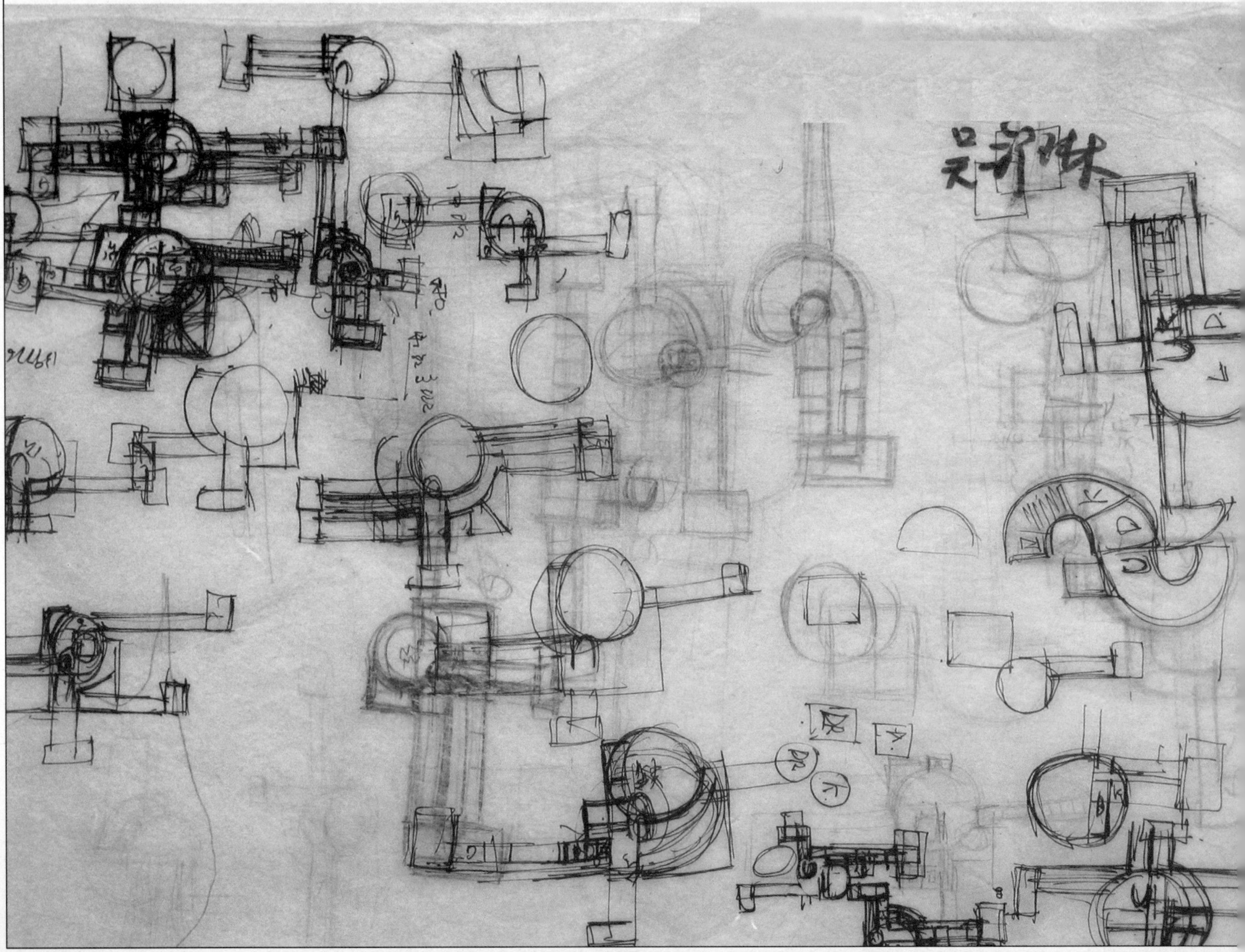

设计构思草图

草图是设计师思考的工具，记录着建筑成长的历程。空间与形体的雏形，在笔与画纸间隐隐约约流动。

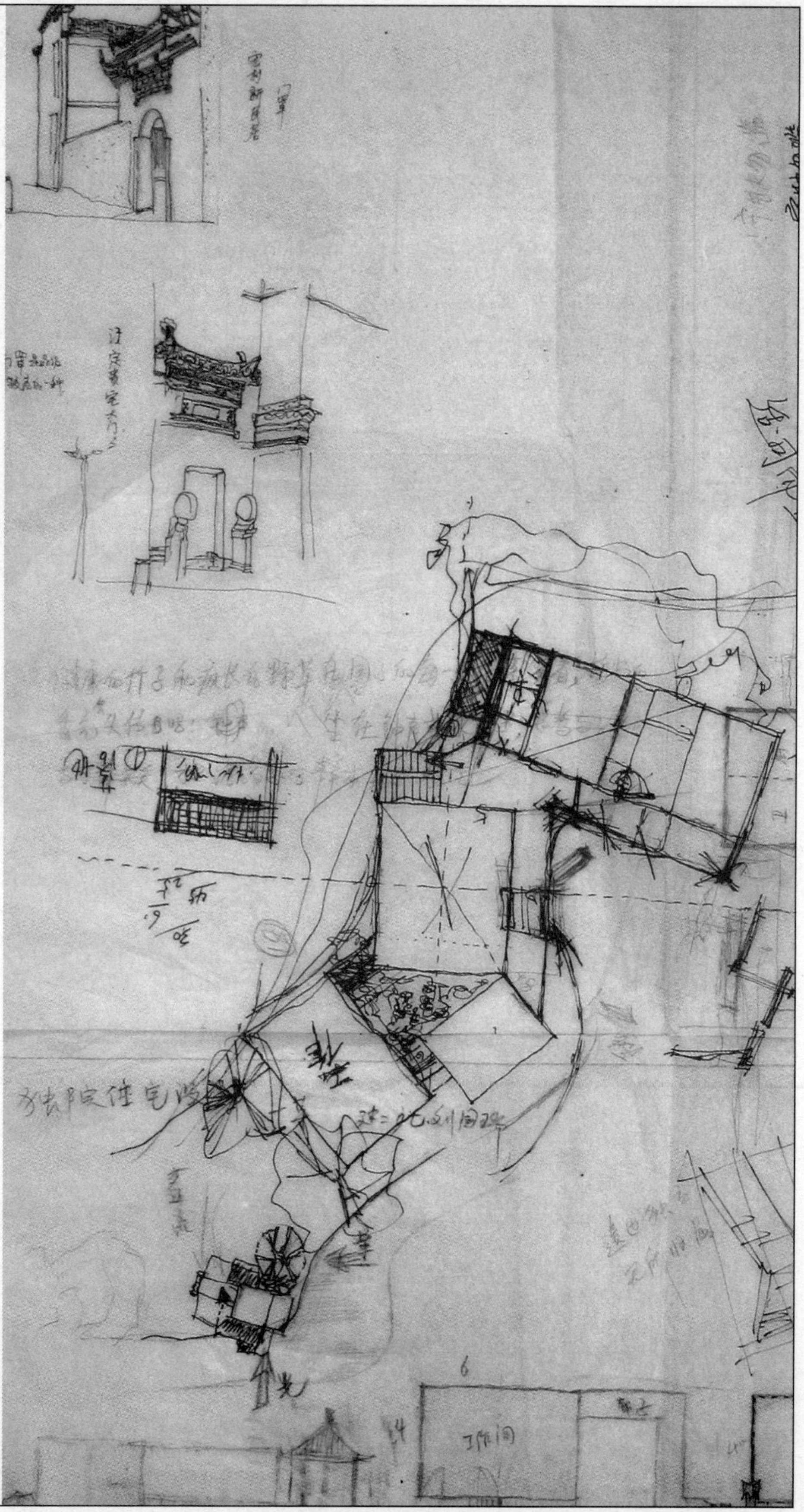

独院住宅设计赏析

建筑既有山林野趣，又有现代感，环境处理夸张，脱离基地实际，给设计本身带来不利影响。

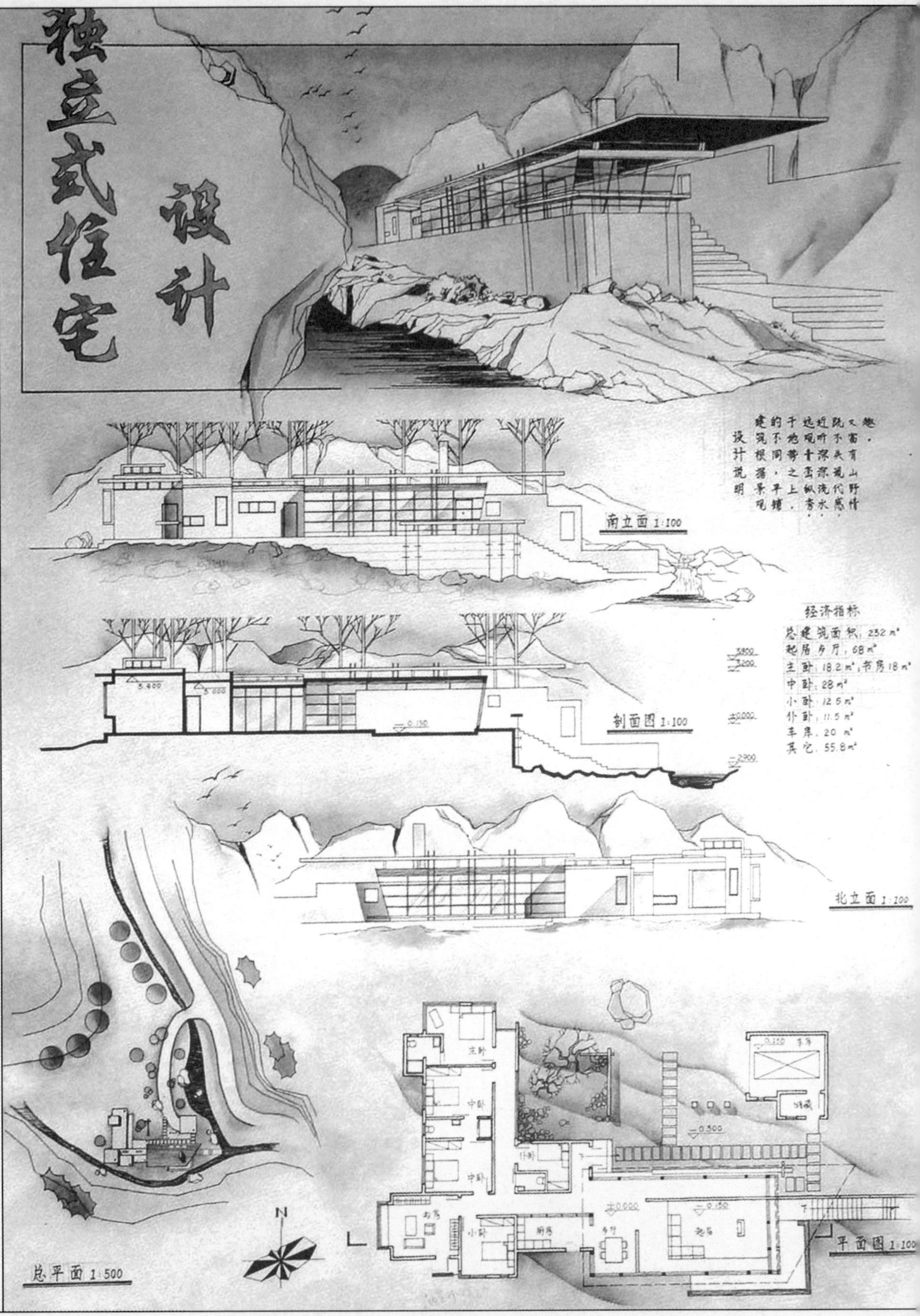

独院住宅设计赏析

有学生曾经问到，是建筑构思重要还是表达的完整性更重要？我们的回答是一份优秀的、能触动人、感动人的设计二者都重要，能表达精彩构思和独特效果的设计图纸，其中各种各样的元素必须共同形成一个富有凝聚力的整体。

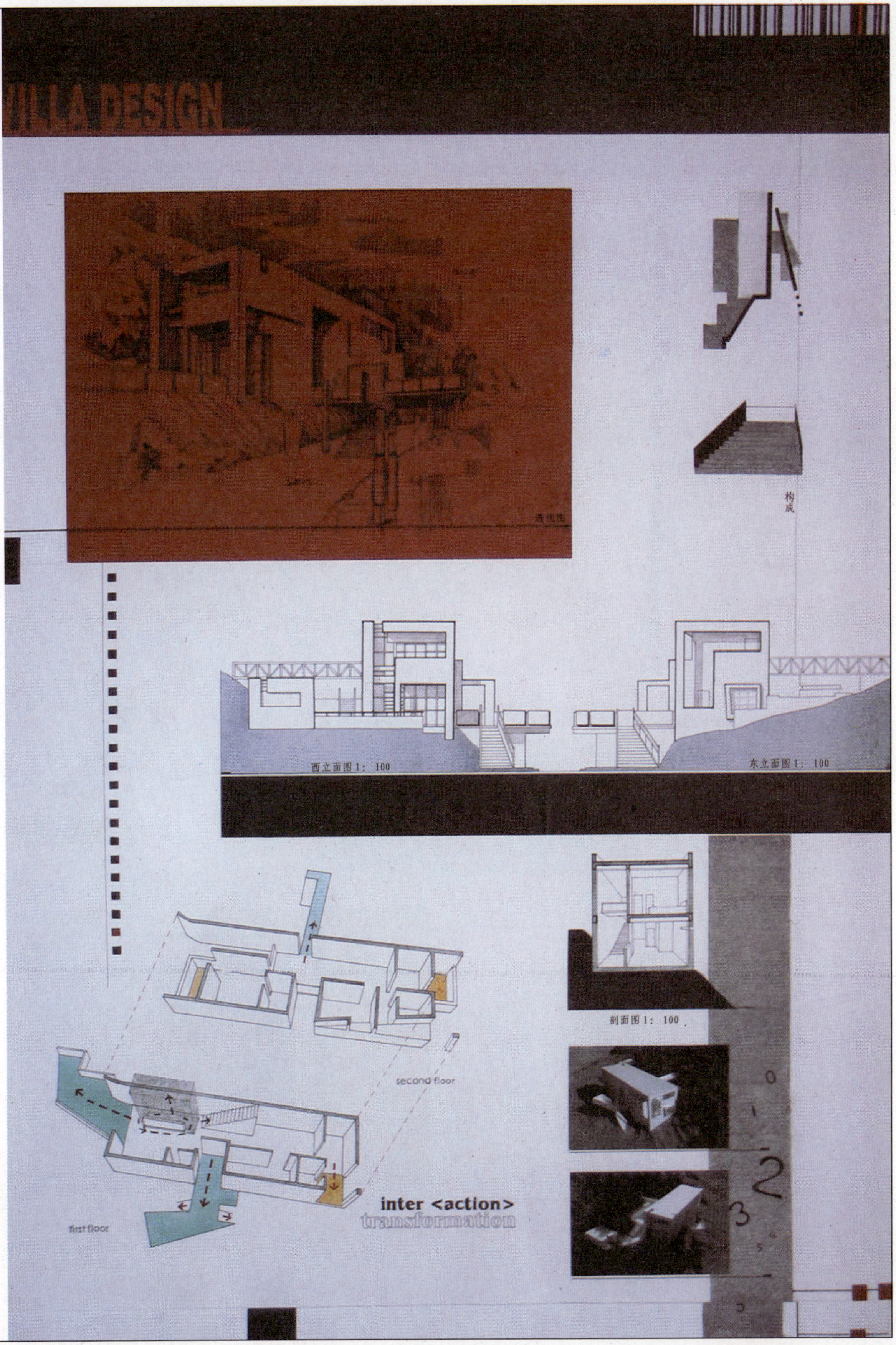

独院住宅设计赏析

这份设计疏朗简约，绘图雅致易懂，局部设色，给人以清新之感。

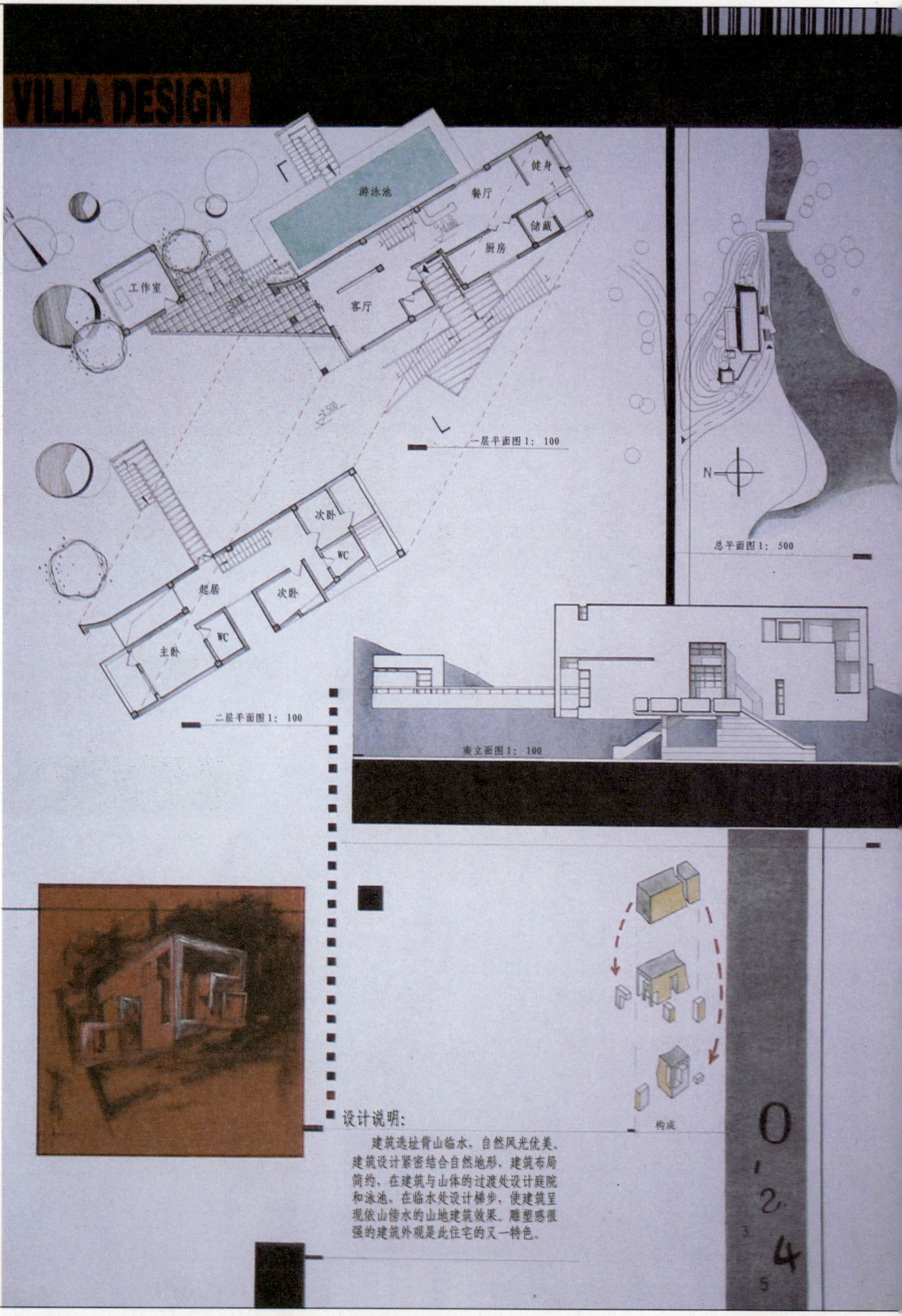

独院住宅设计赏析

建筑体型简洁，功能流畅。在严谨的设计基础上又不失趣味性。

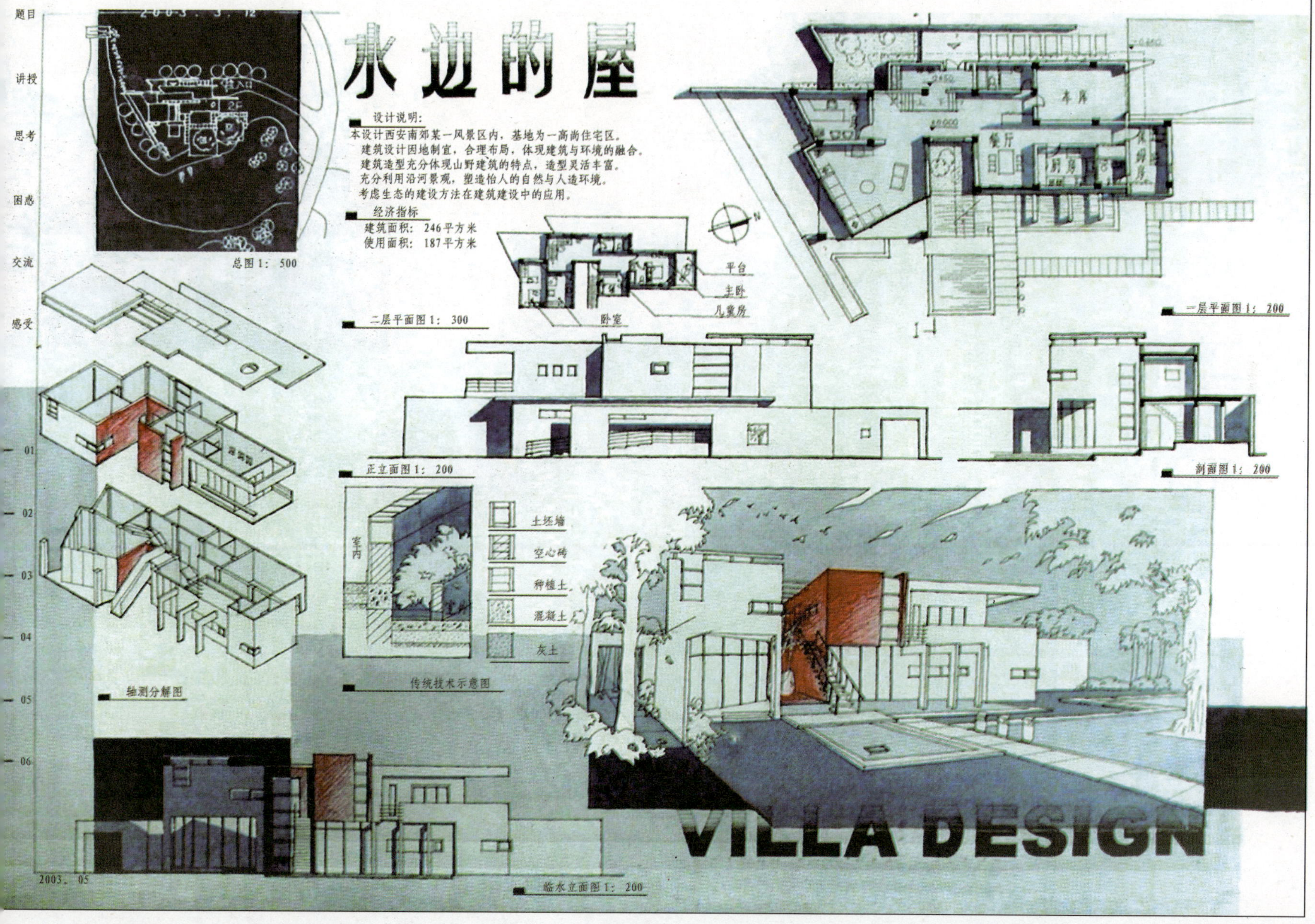

独院住宅设计赏析

右图方案构思独到，设计完整，图纸绘制脉络清晰，体现了设计者较高的建筑素养。

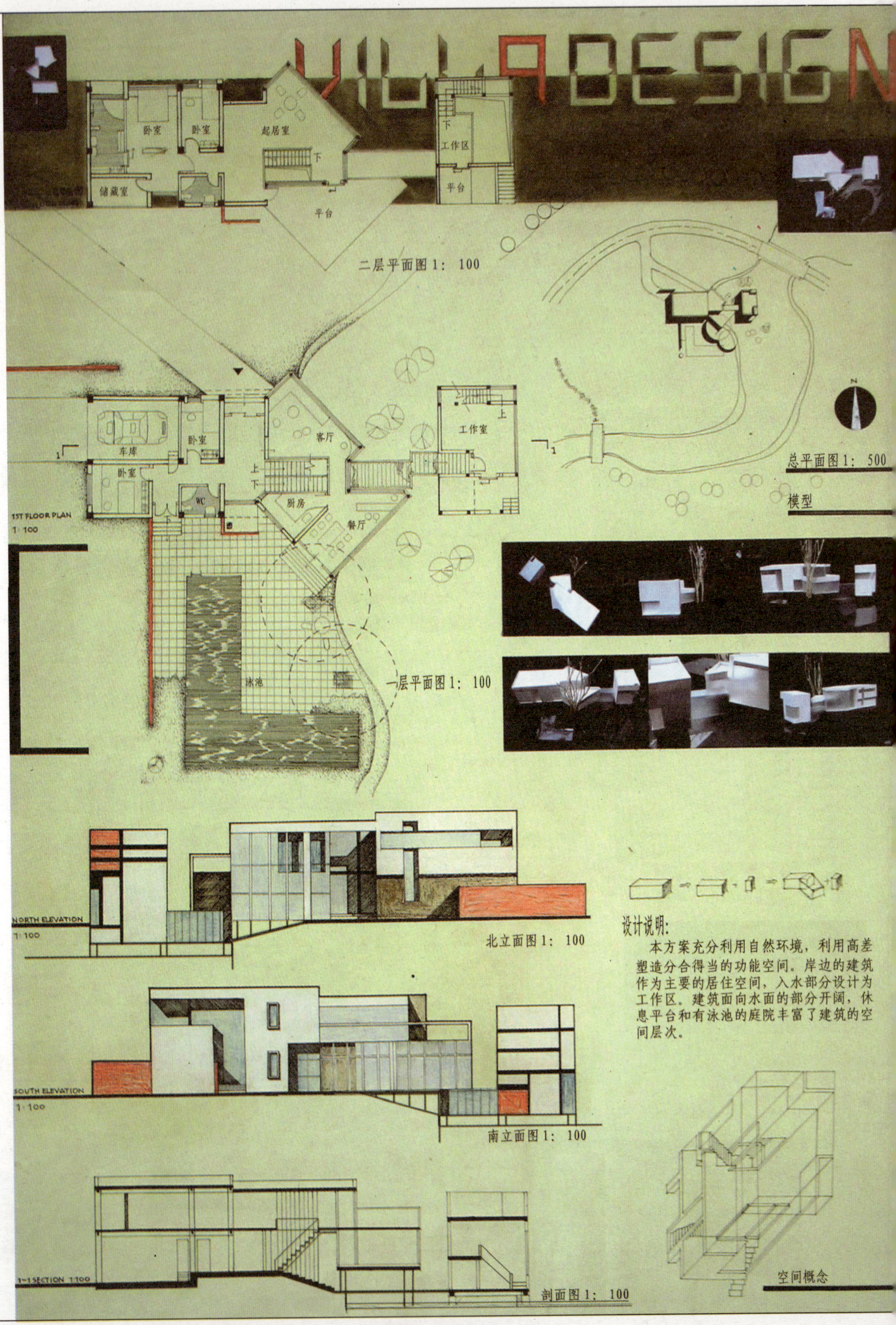

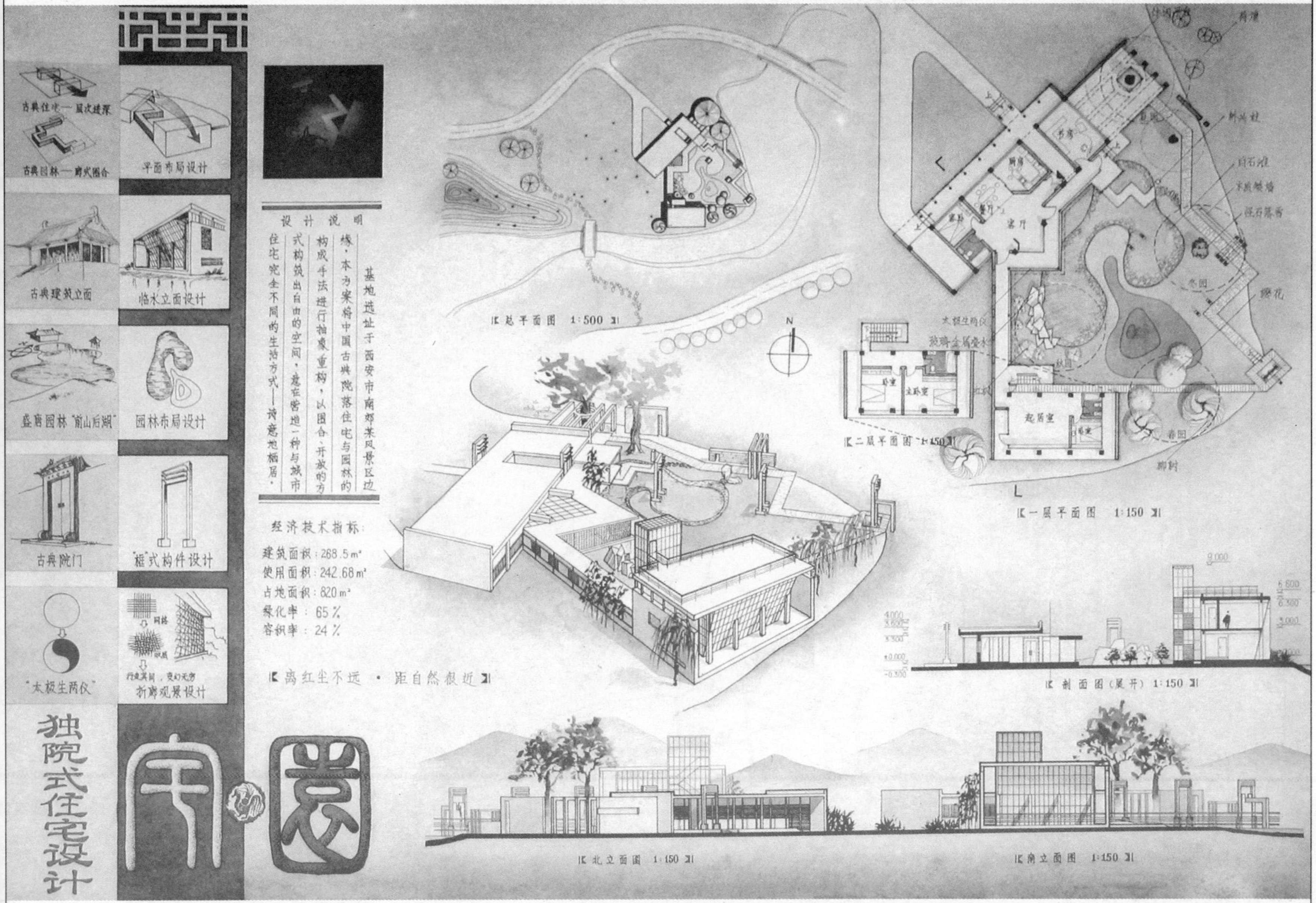

这是一份内涵较丰富的学生设计作业。学生本身特有的创作灵气通过空间的辅陈逐步清晰的展现出来。图纸左面的分析图体现了设计的严谨性。

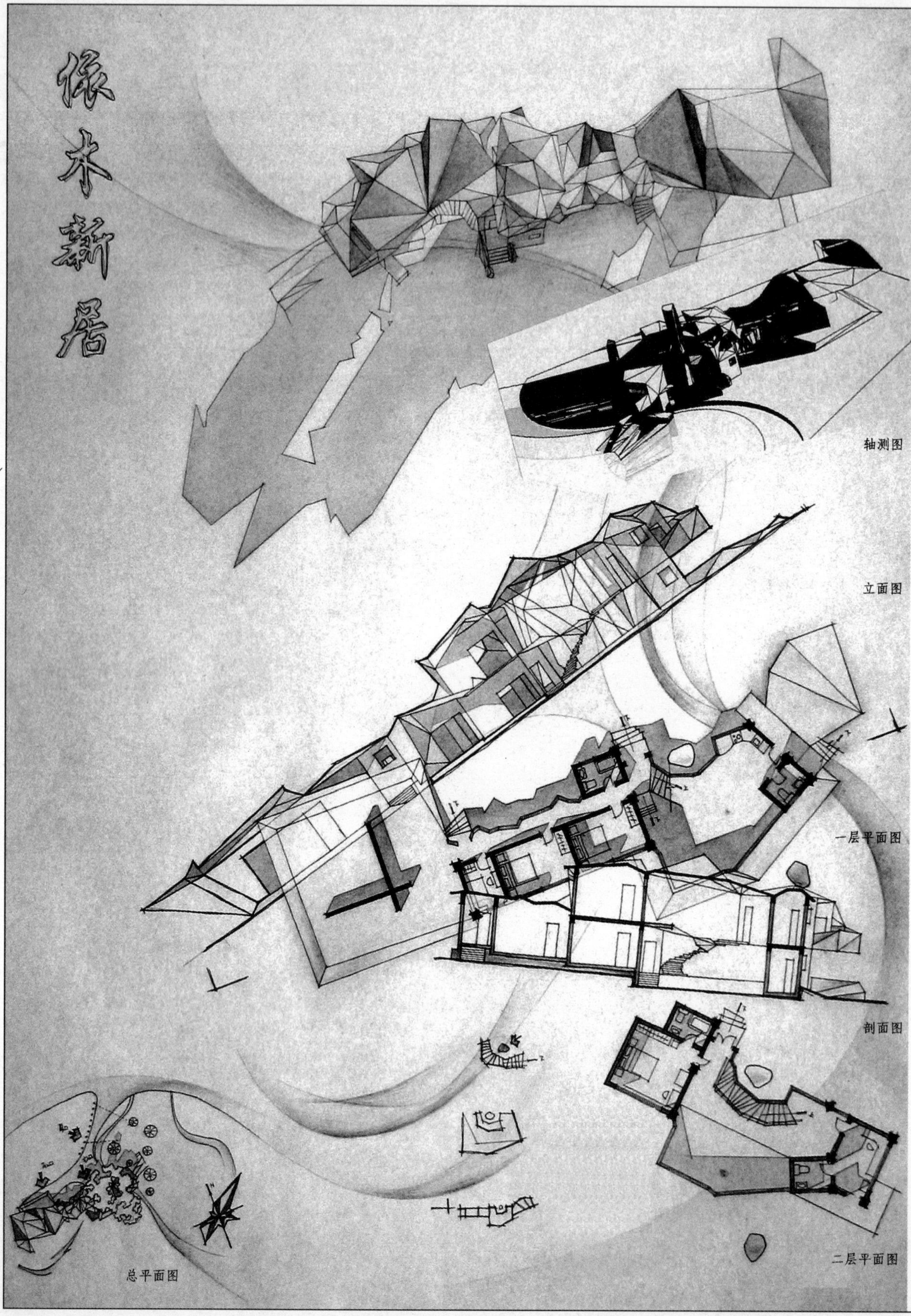

独院住宅设计赏析

这份设计特点鲜明，构图醒目，但也有明显的不足。在设计上平、立、剖面图并不具有系统性；在构图上不同内容的重叠影响了图纸的解读。

学生在设计中往往构思比较丰富，但在落实时却会遇到不少问题，比如结构问题、空间的组织问题、平面功能与剖面的矛盾等等，这些问题不解决构思就成了虚无缥缈的东西，设计也就深入不下去。提倡做分解模型就要从根本上纠正光有构思没有方案的问题，促使学生从一点一滴去完善方案。

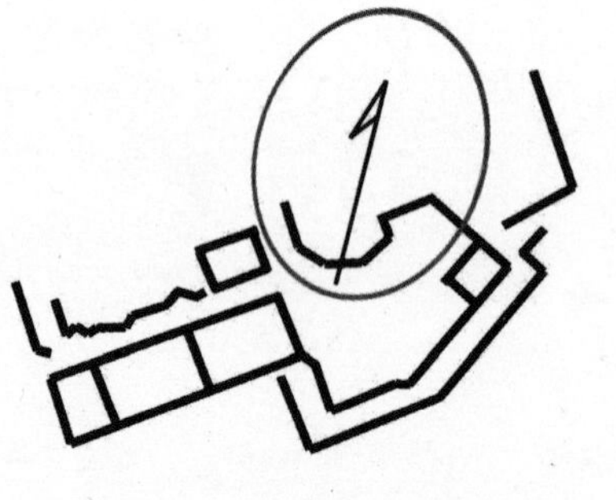

独院住宅设计模型

在独院住宅设计阶段，要求学生制作设计的分体模型，分体模型制作较量一形体模型在工序上难一些，分体模型不仅能显示建筑的外观效果，也可以直观的看出各层的空间结构，也就是要求模型可按一定程序拆合。

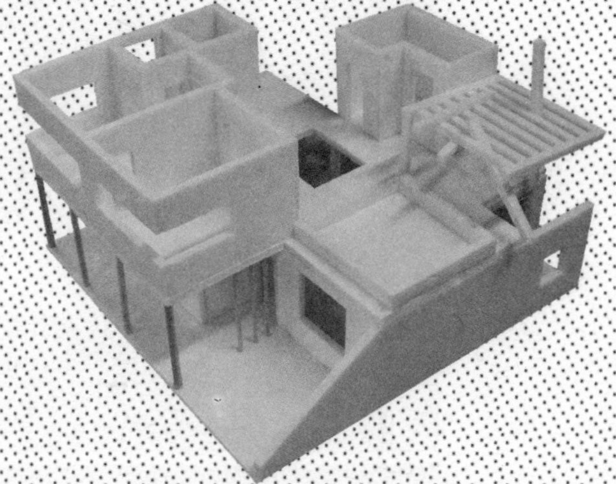

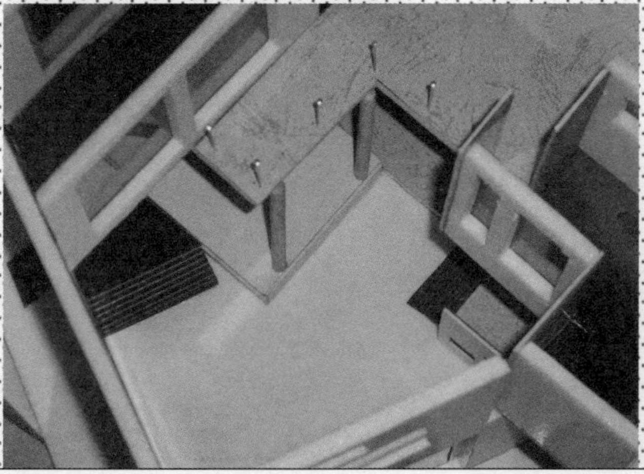

独院住宅设计模型

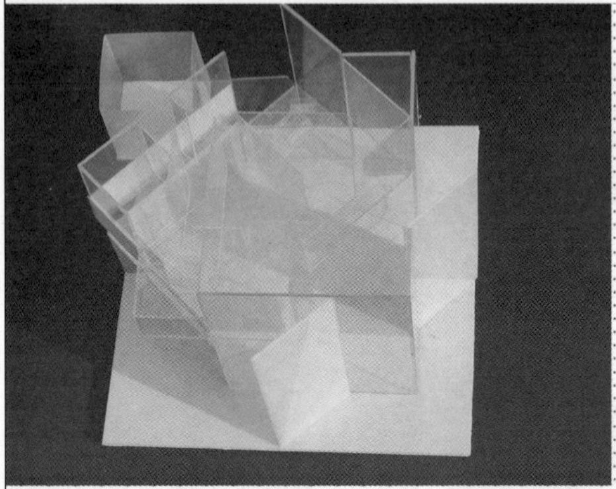

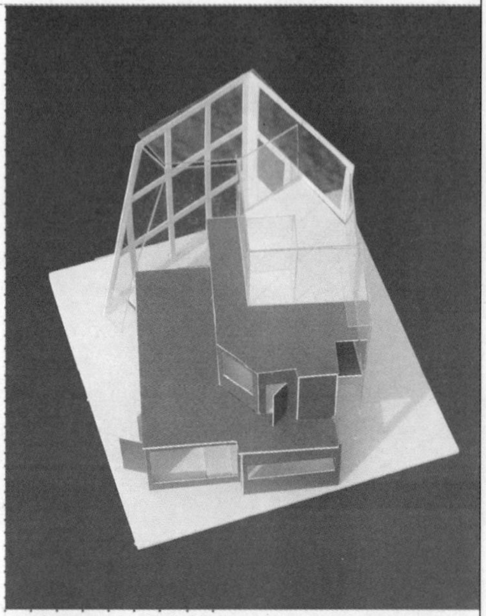

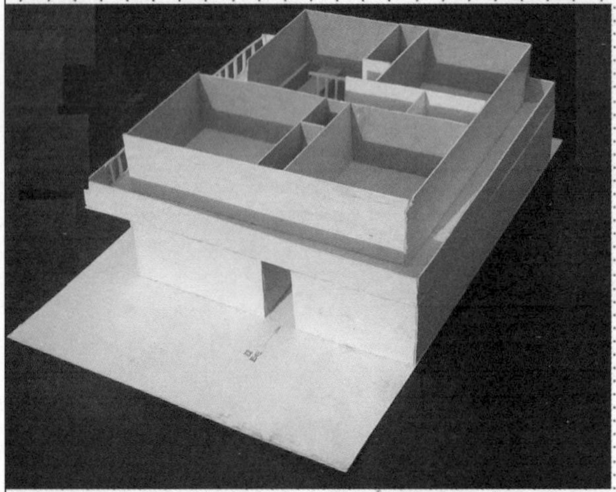

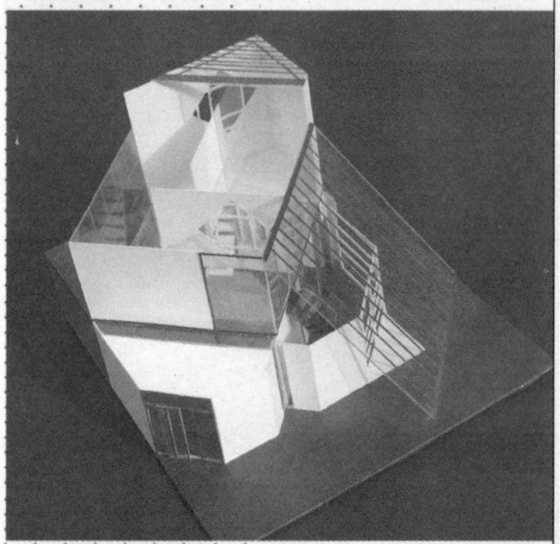

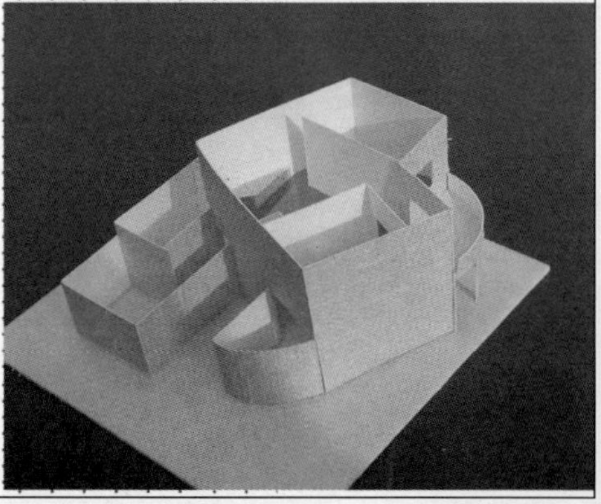

独院住宅设计模型

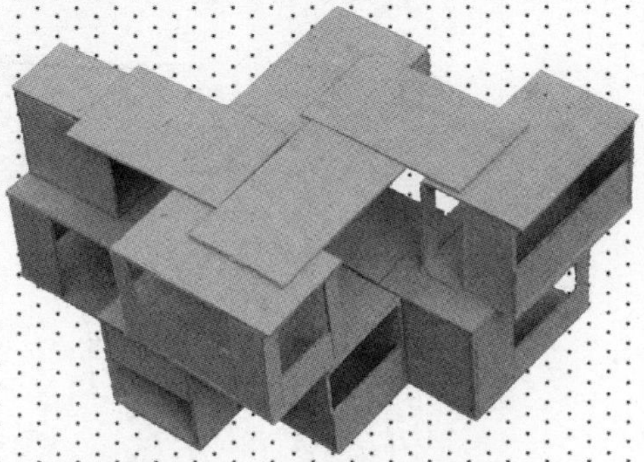

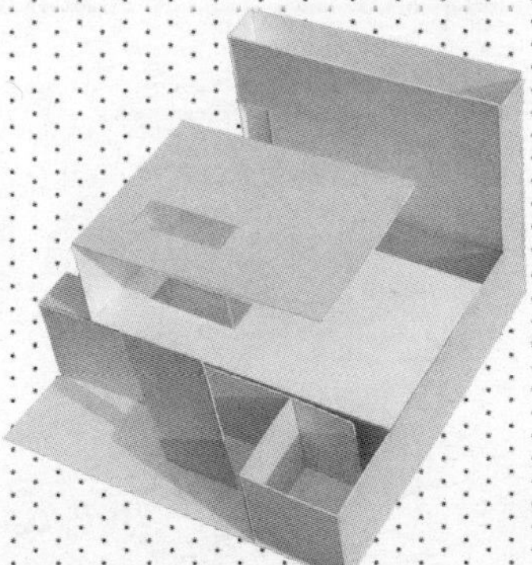

独院住宅设计模型

空间。意境

独院住宅设计模型

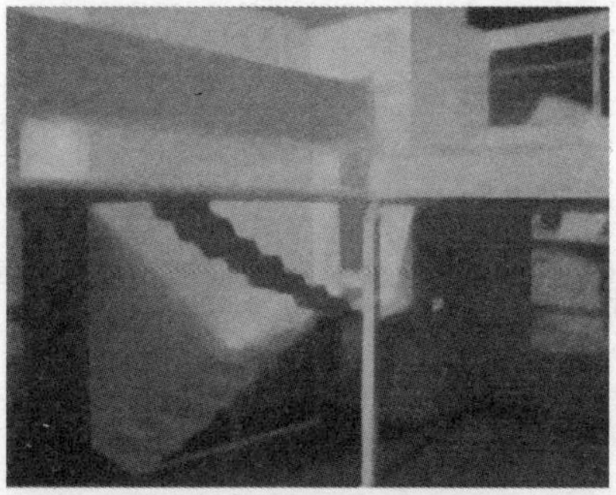

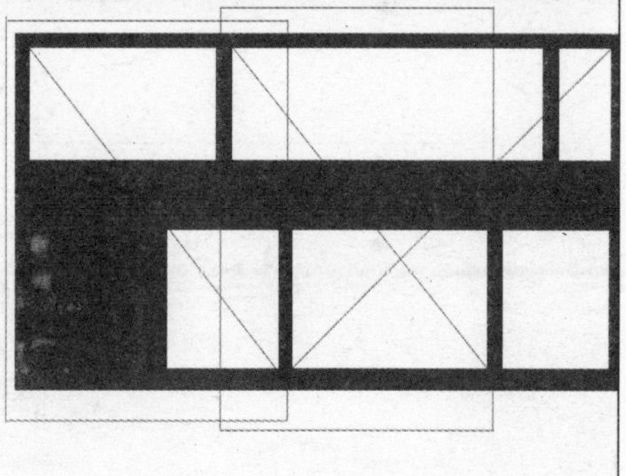

独院住宅设计模型

合成

分解

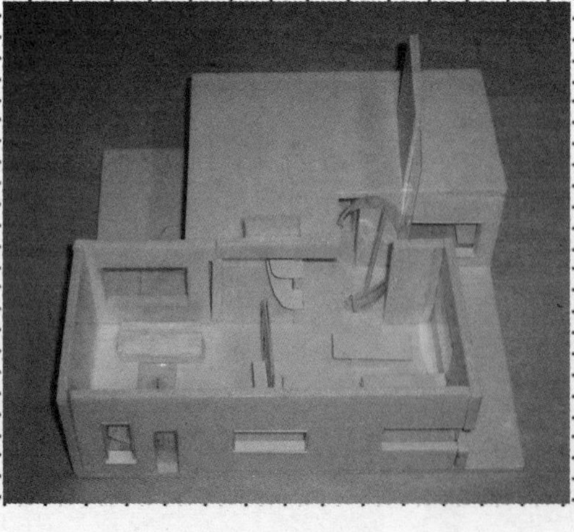

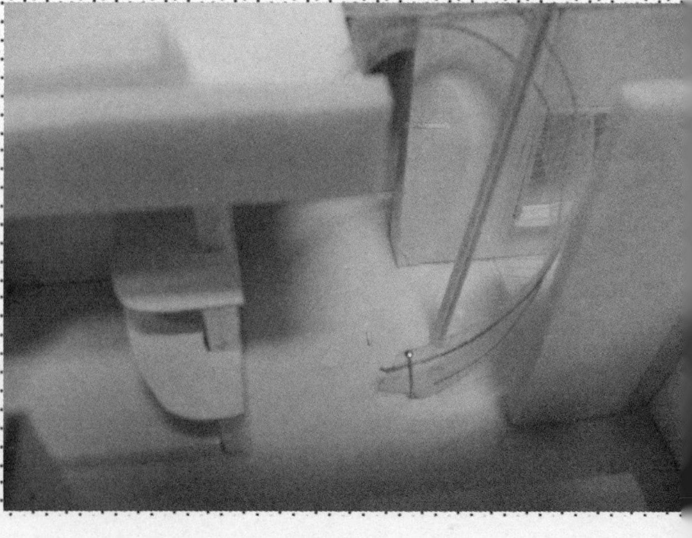

建筑设计基础 II

（幼儿园设计）作业赏析

幼儿园实例解析

下面这份建筑解析是对某幼儿园建筑的实例分析，学生通过记录建筑的平面形式，分解建筑的功能构成，能较系统的认识幼儿园建筑的特点，可贵的是学生还对建筑的立面细节进行了分析。

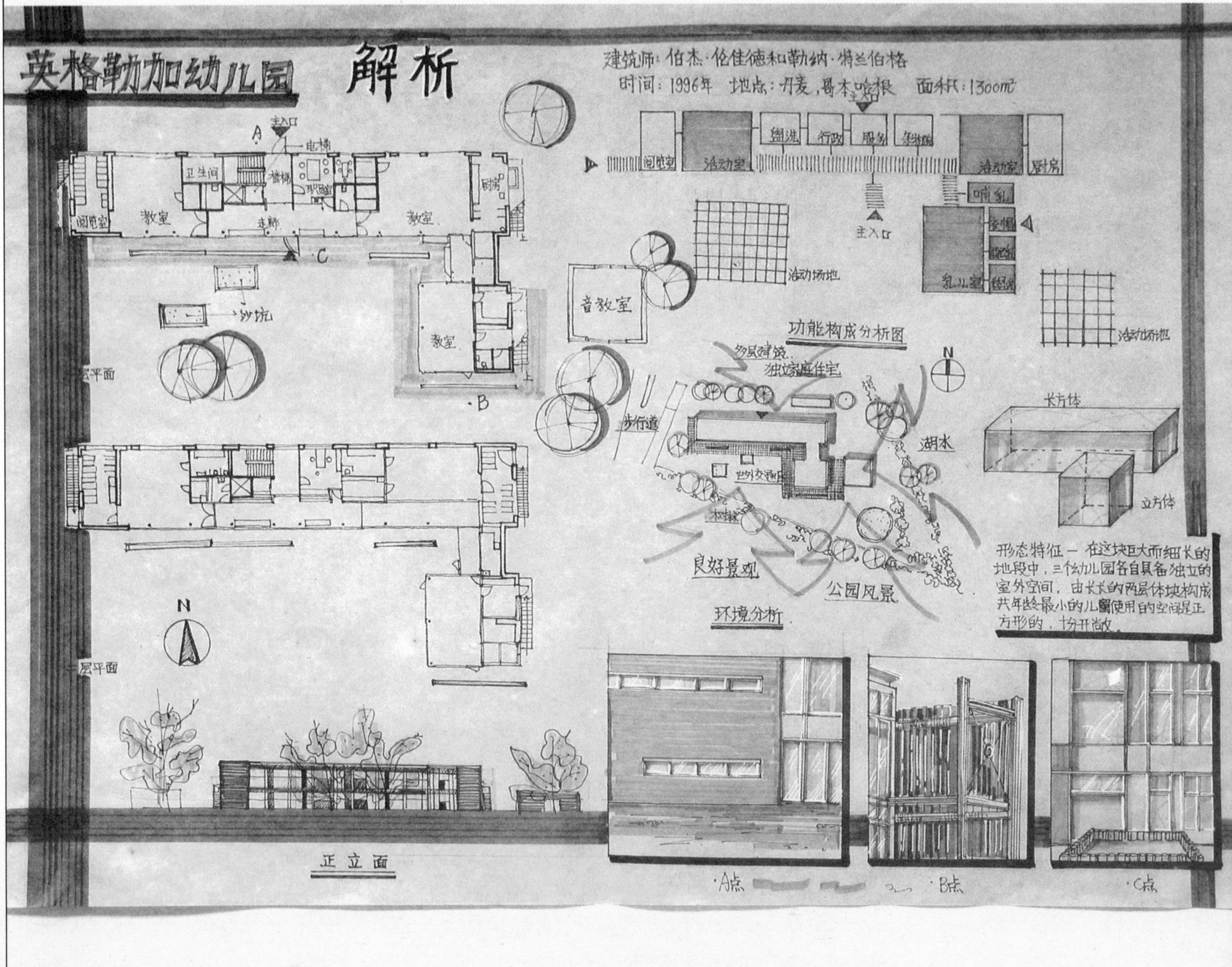

这份解析作业分析透彻，表现手法出色，是一份很好的解析范例。

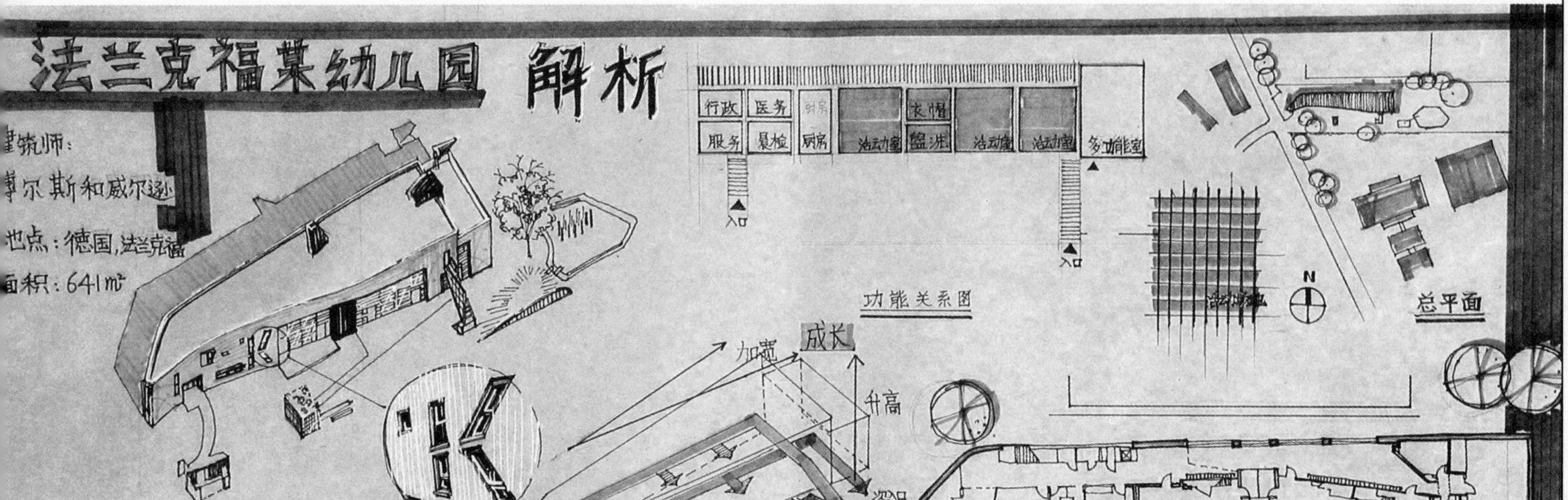

幼儿园设计阶段的模型建构

在幼儿园设计教学过程中，安排了方案推敲模型的制作。时间安排在二草的中间阶段，这时学生的方案构思已经确定，建筑的基本轮廓已经成型，只待进一步深化设计，结合方案进行模型推敲，有助于理清设计思路。

过程模型的制作手段可以多种选择，材料可以多种多样，以能体现设计构思为目的。

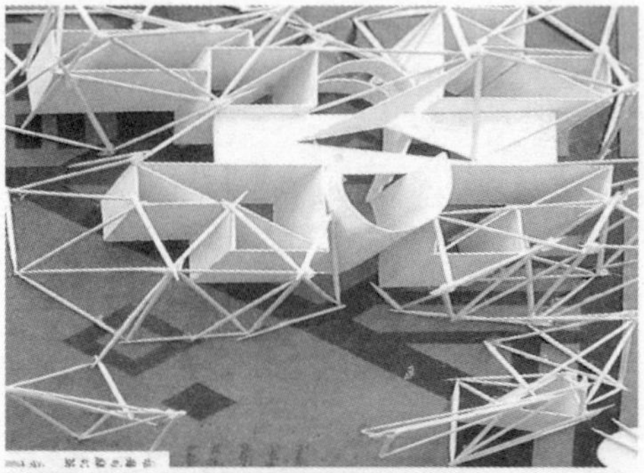

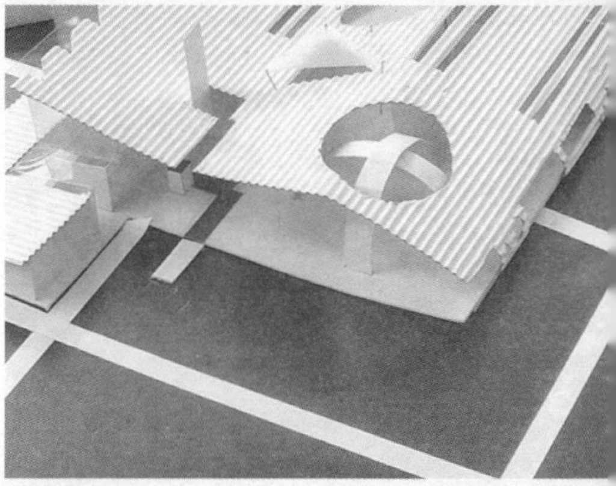

幼儿园设计阶段的模型建构

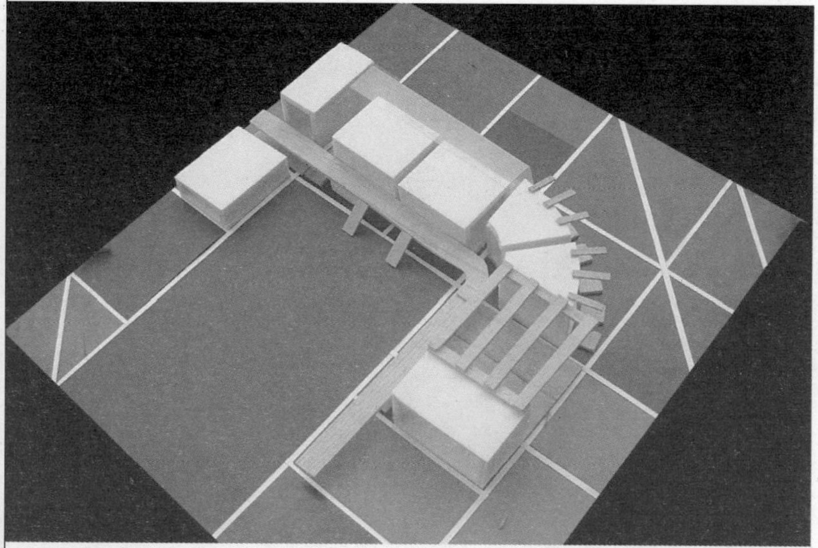

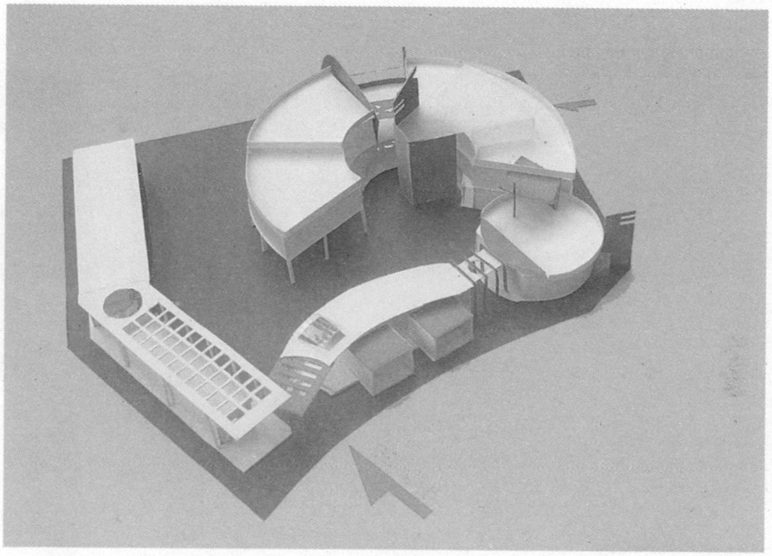

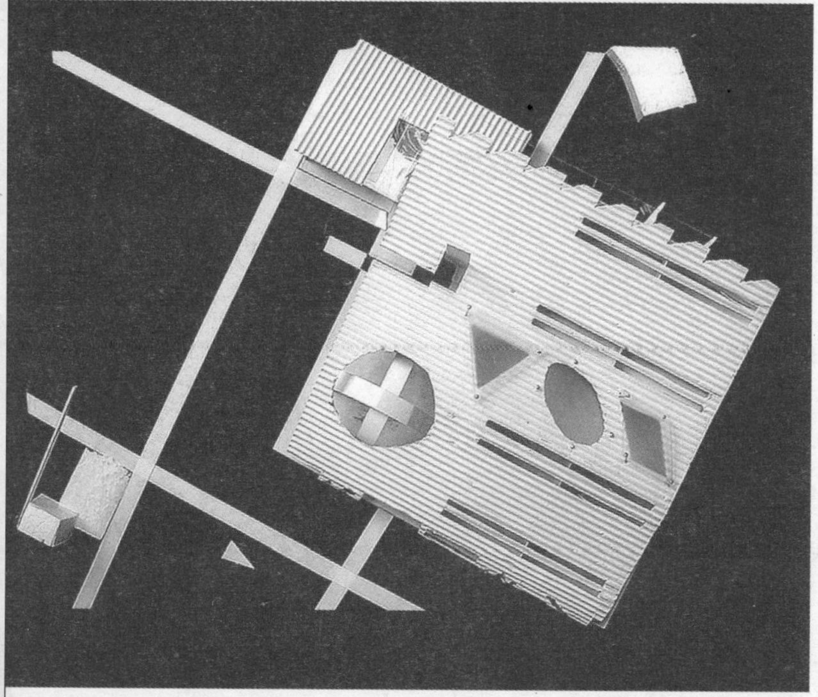

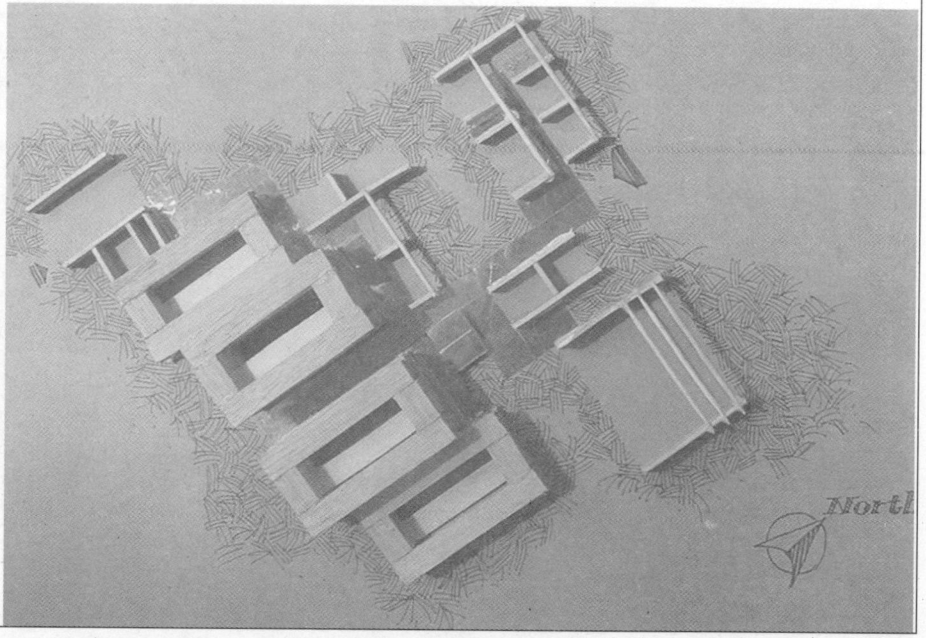

幼儿园设计阶段的模型建构

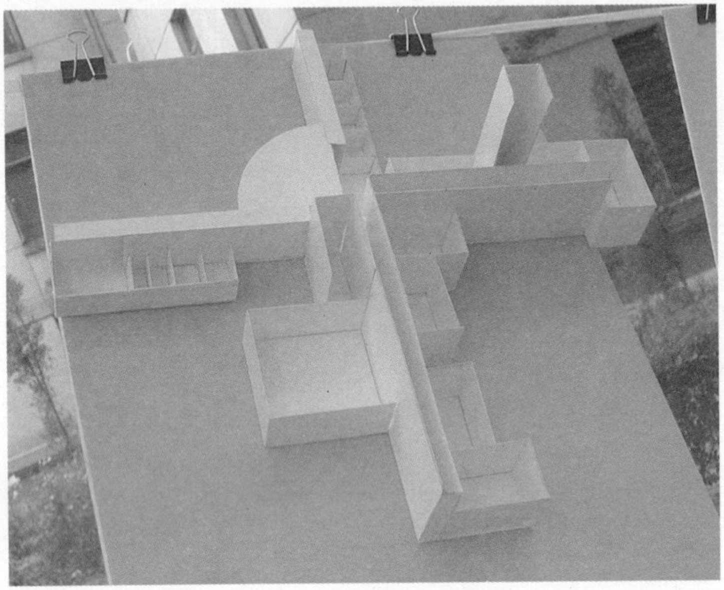

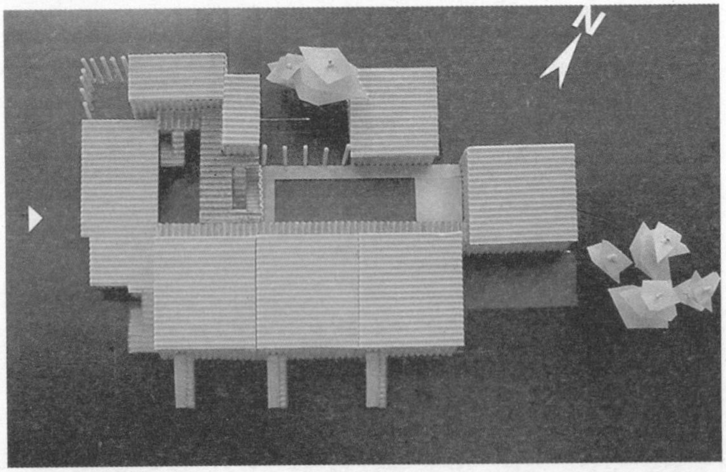

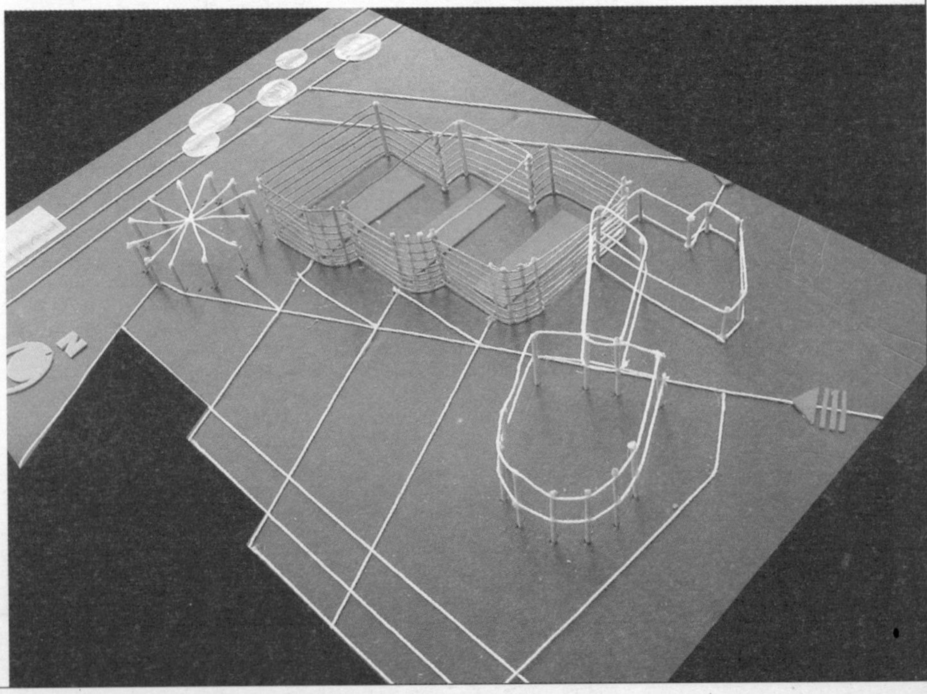

幼儿园设计阶段的模型建构

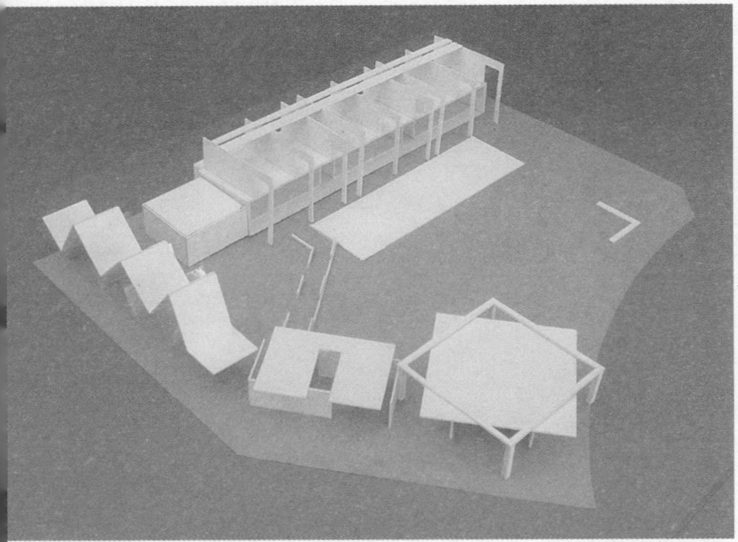

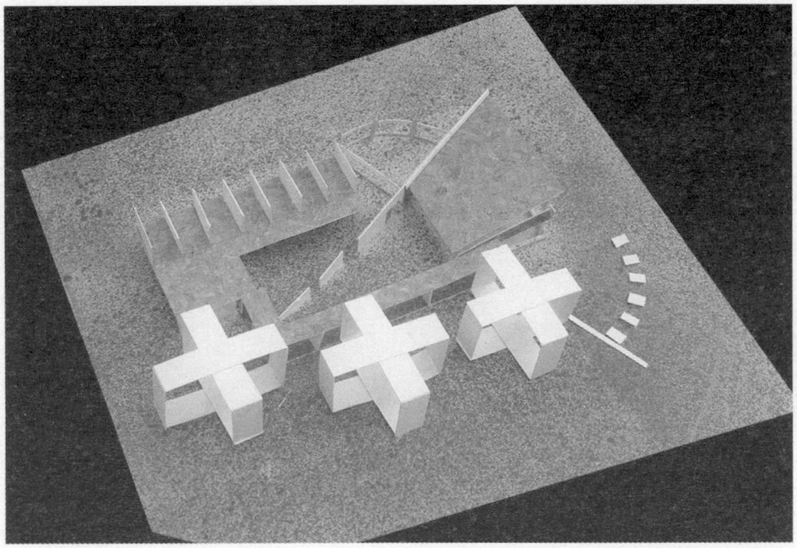

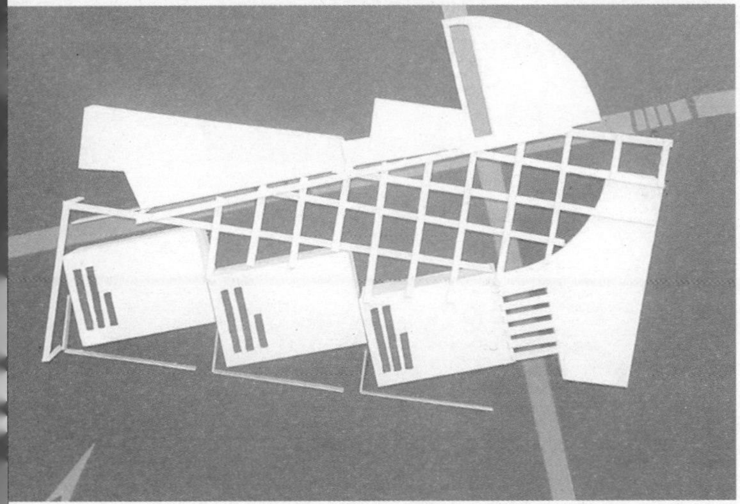

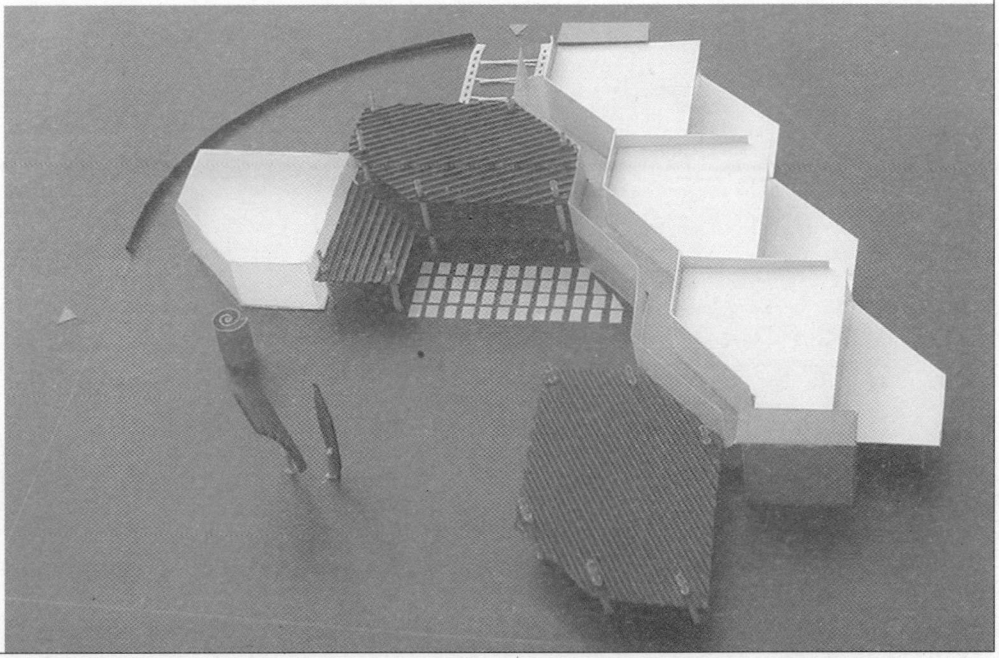

幼儿园设计阶段的模型建构

运用计算机对建筑设计进行多角度的模型建构

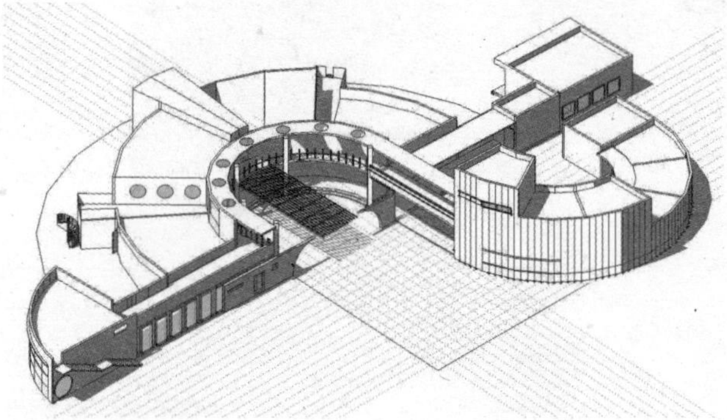

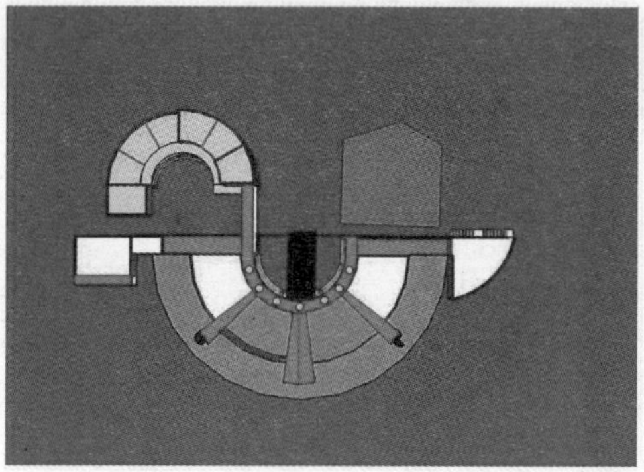

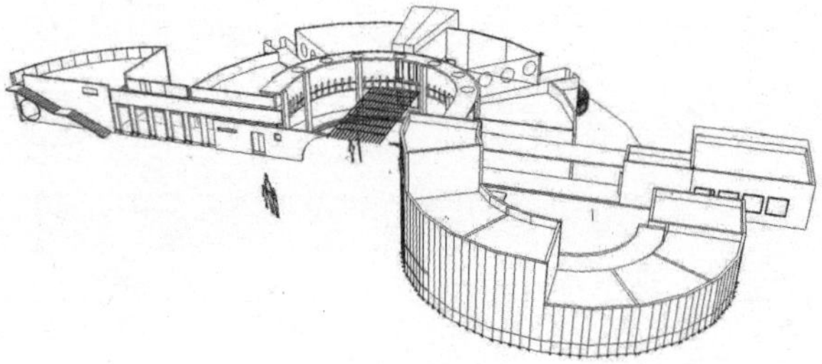

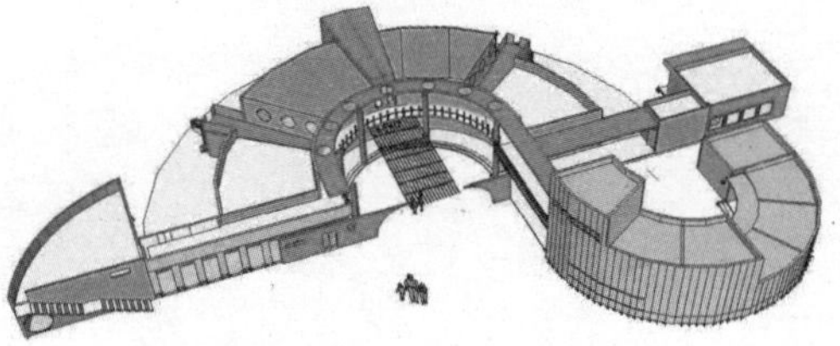

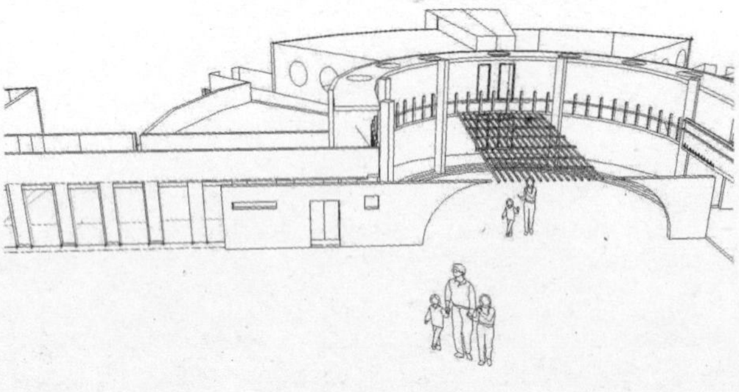

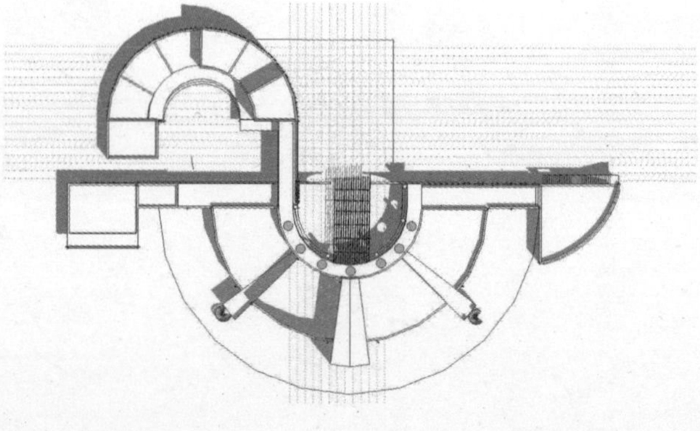

幼儿园设计草图

这幅学生所做的幼儿园设计基地分析草图信息量大，分析较透彻。图中重点分析了建设基地的道路构成、建筑构成、以及拟建幼儿园应注意的制约因素，从而推导出建筑的整体布局。这种方案设计的推理过程非常值得初学者学习。

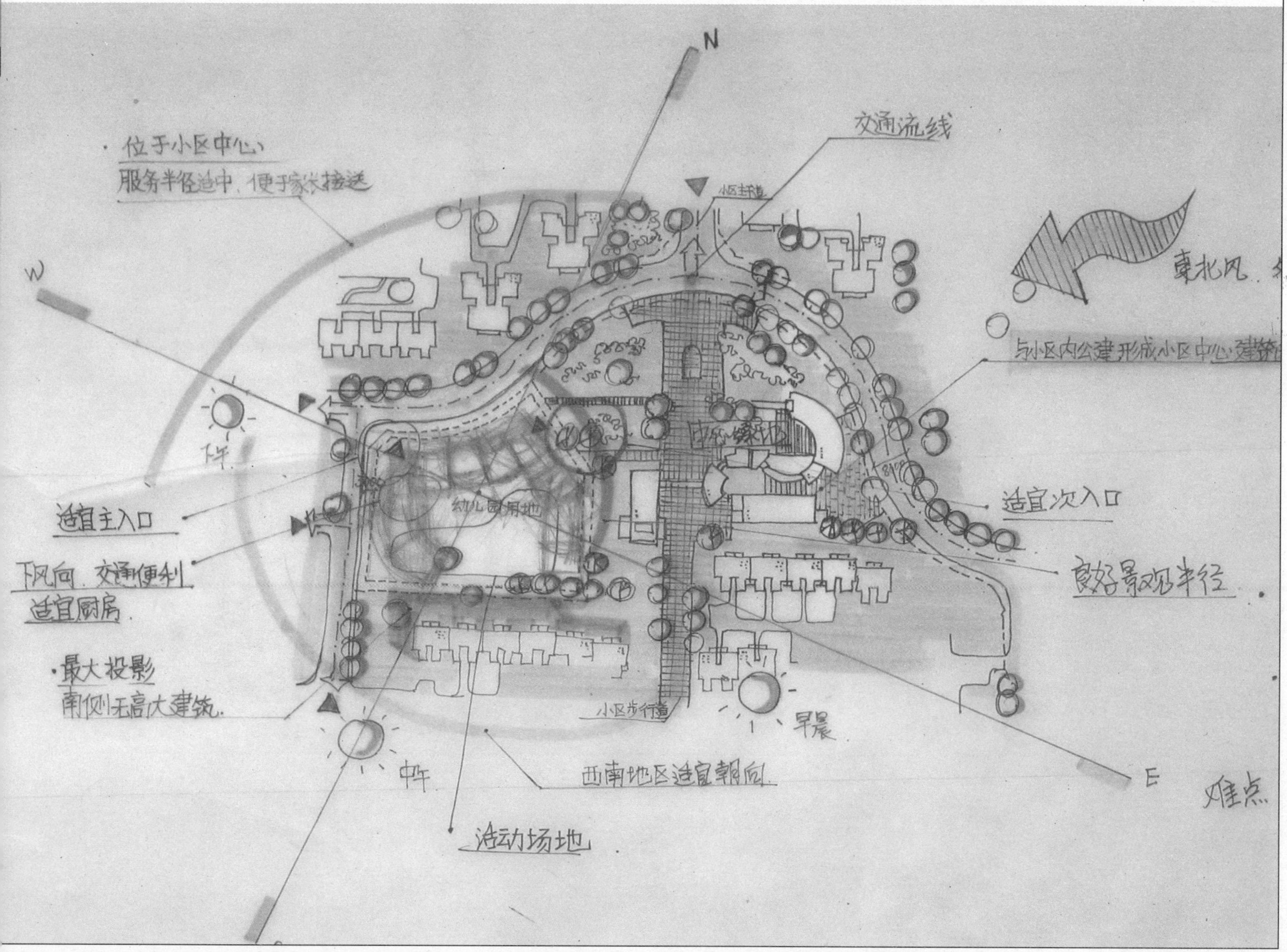

幼儿园一草设计图例

建筑设计教学中采用分阶段辅导的方法是较传统的教学方法，教学过程为一次草图阶段，二次草图阶段、三次草图阶段和正式图绘制阶段，各阶段循序渐进，解决不同的问题。这种方法可以随学生的思维变化和理解，否定的内容应该经过深思熟虑，有理由有根据，而不应该是盲目的和武断的。

幼儿园二草设计图例

二草对建筑空间进行进一步深入，同时分析落实建筑造型。

在课程安排上，二草所用时间可相对短一些，图纸表达集中在对一草出现问题的修改或进一步深化上。

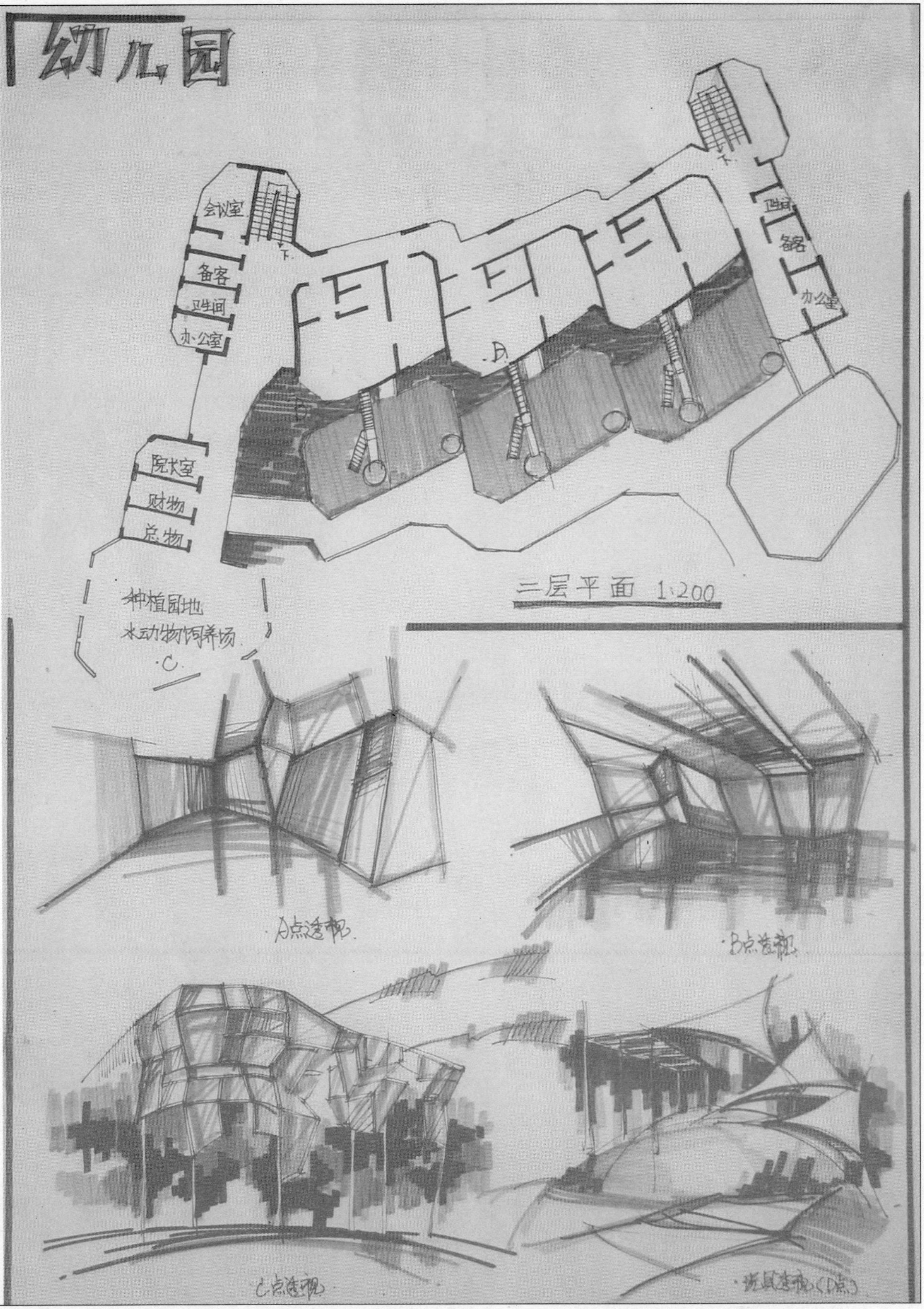

幼儿园设计赏析

清晰明确的设计概念是本设计的可贵之处。

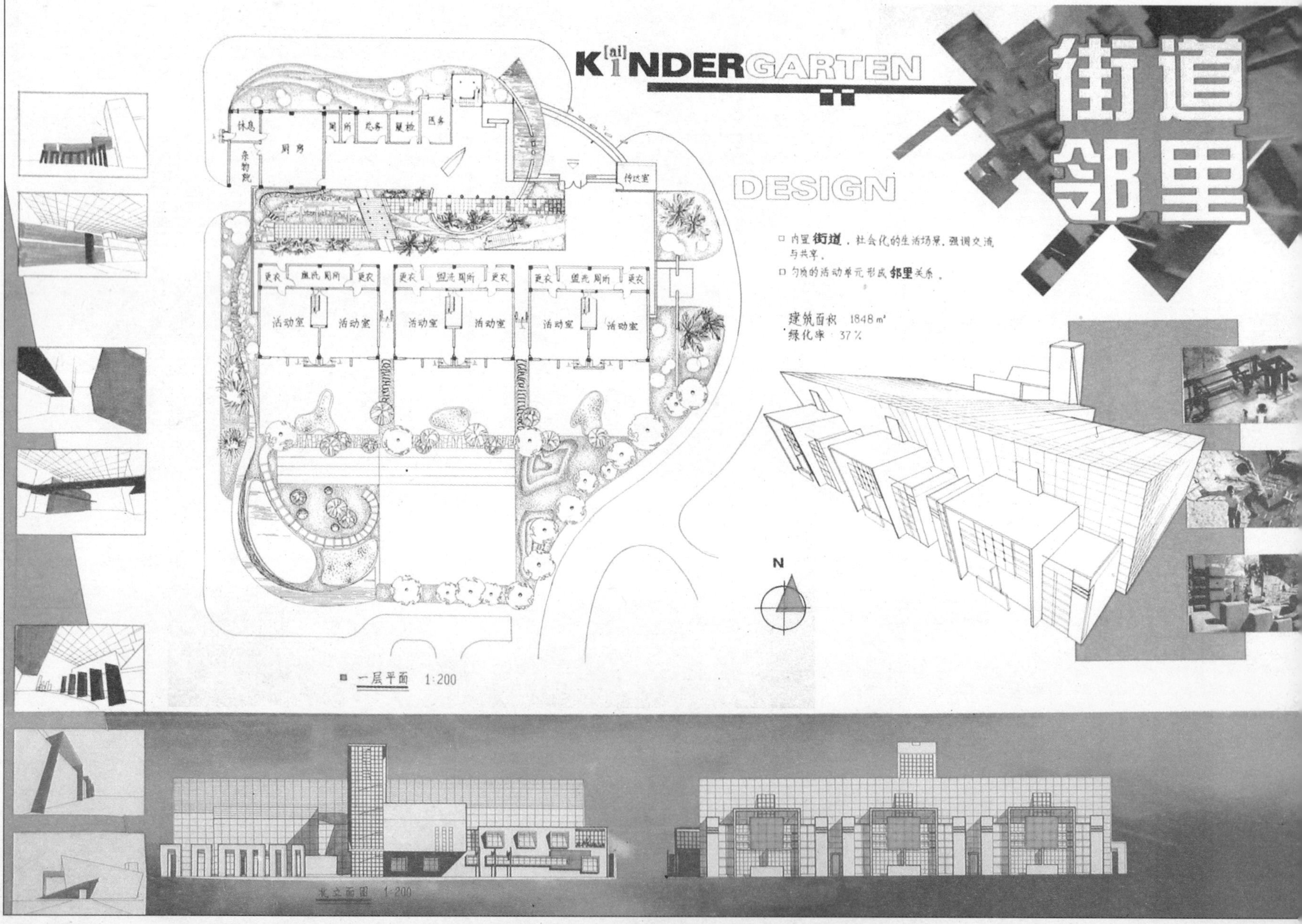

幼儿园三草设计图例（其一）

根据教学实践，一草和三草所用时间可相对长一些，应完成比较系统的图纸，一草可倾向于设计概念的确立，三草应对方案进行深入全面的描述，不论是平面图和立面图，亦即剖面或透视，都应有详细的方案，总之三草应能体现出完整和技术的合理性。

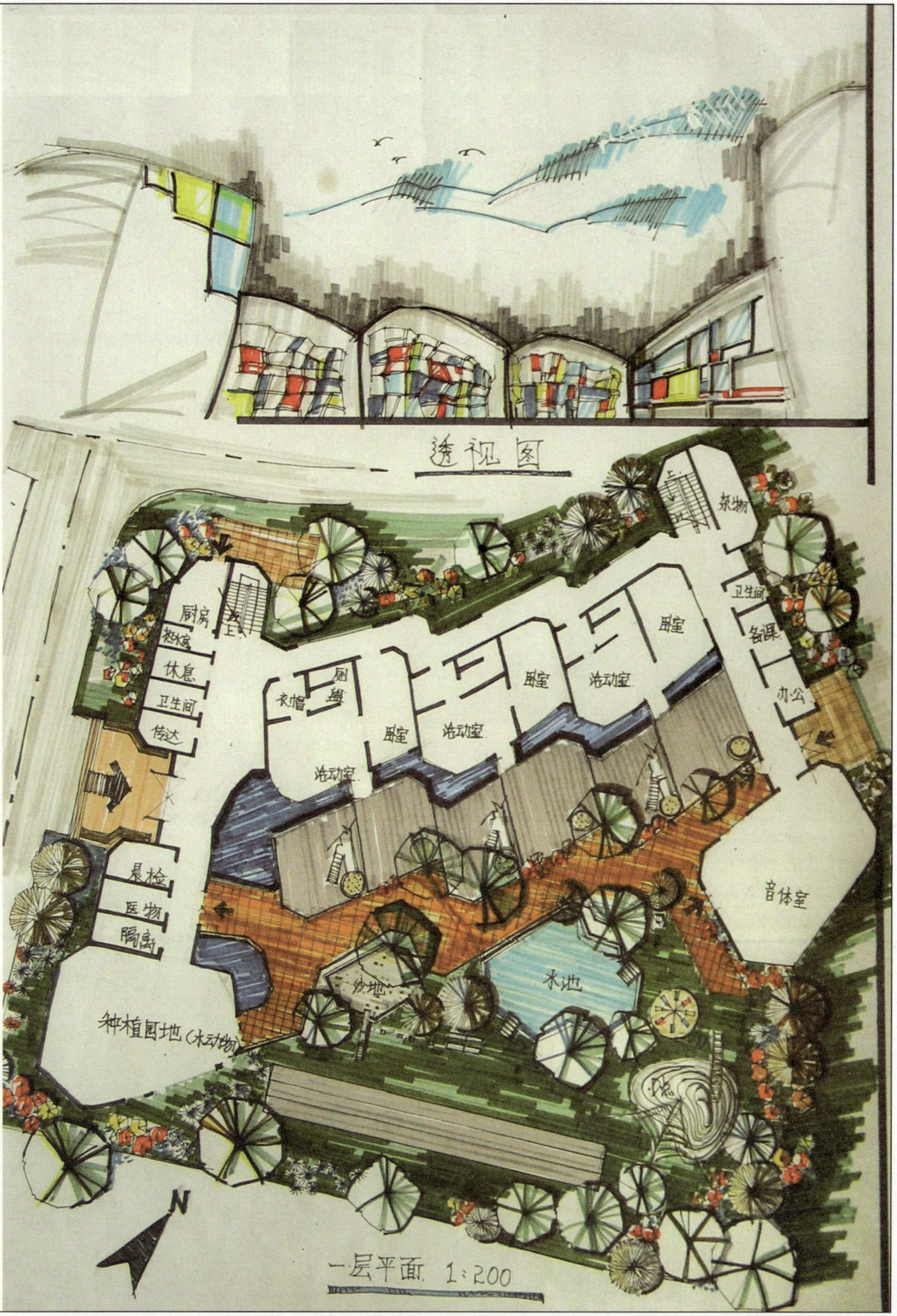

幼儿园三草设计图例（其二）

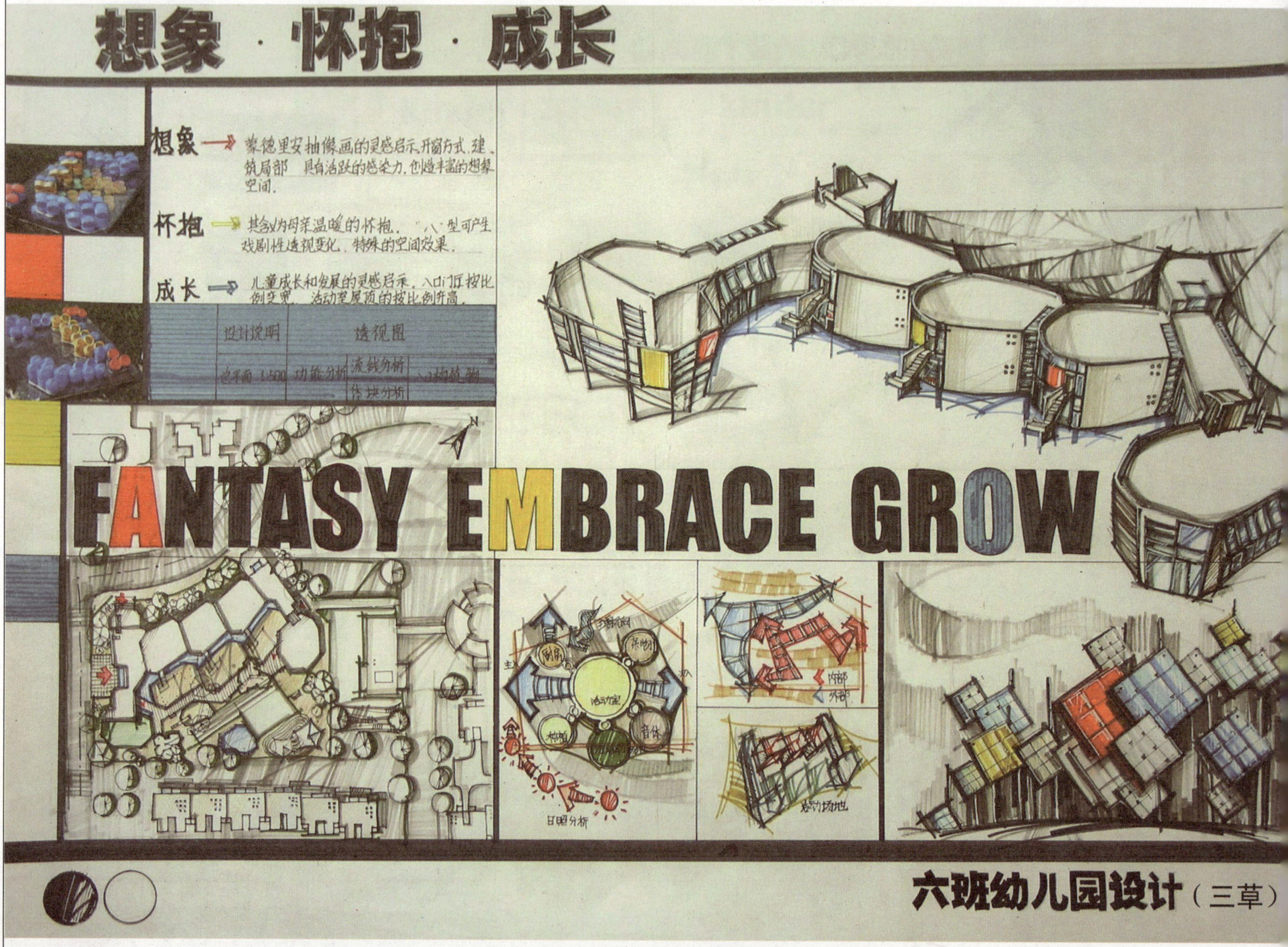

幼儿园设计赏析

设计和图纸表现清晰流畅，主次分明，平面图的环境表达有较明显的特色。

幼儿园设计赏析

分部透视图的运用强化了方案的特点，活跃了图面。

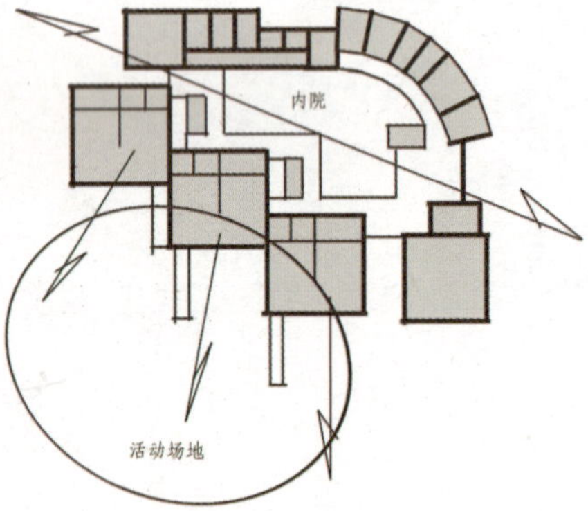

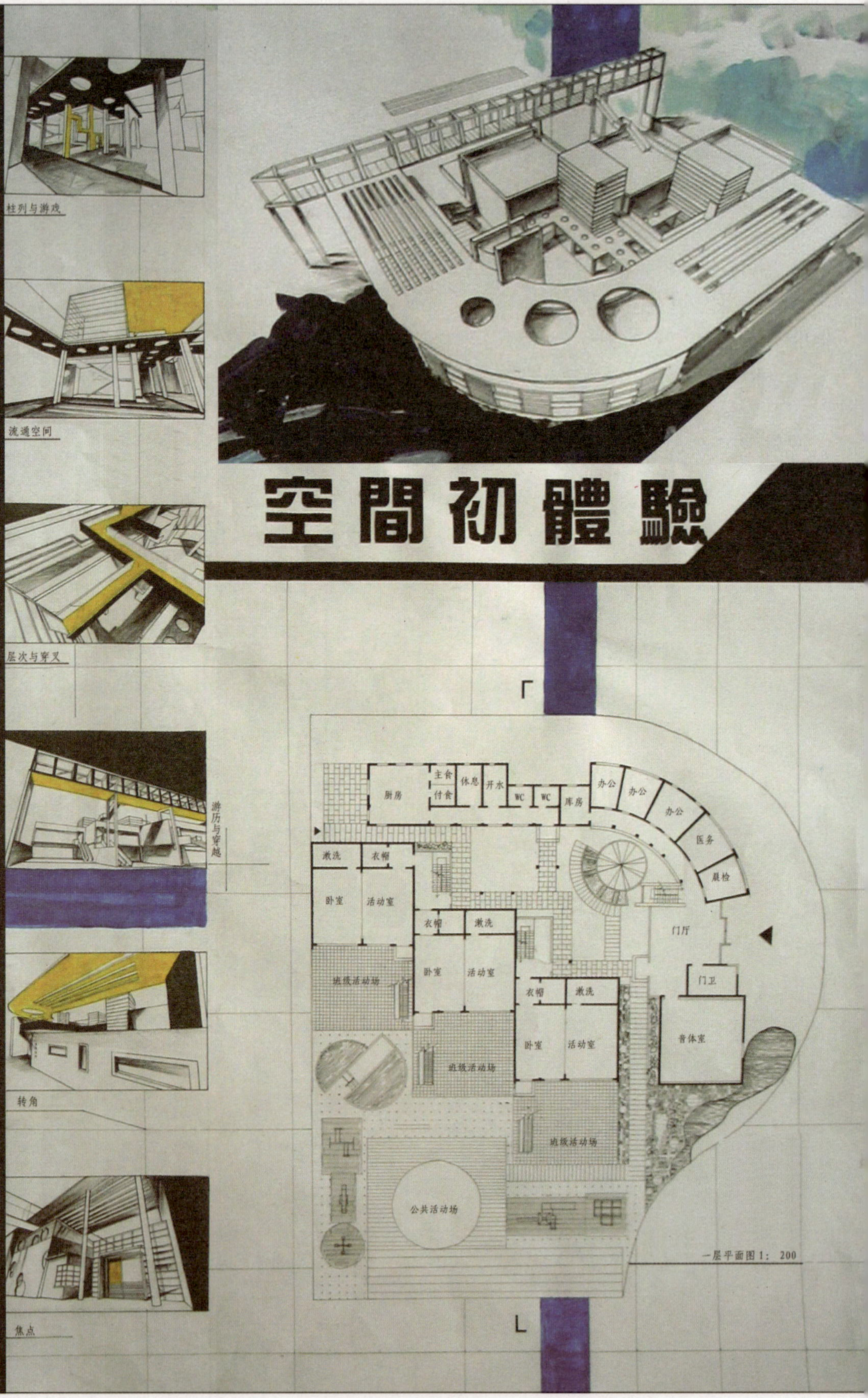

幼儿园设计赏析

将空间的设计立意与建筑的内在功能结合，并且合理完整地进行了图面的表达。

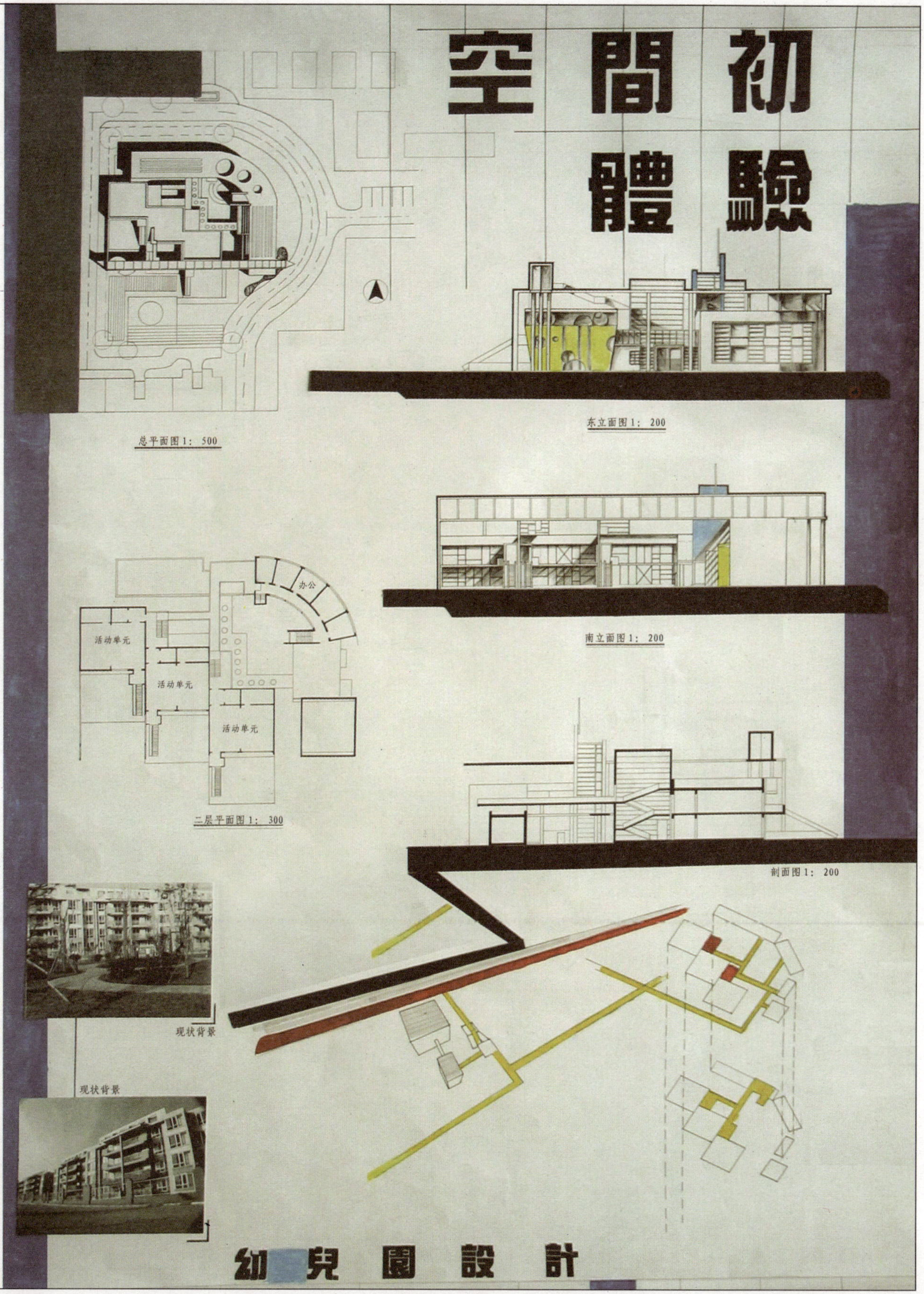

幼儿园设计赏析

以空间概念透视图作为设计的铺陈，引导观者自然地进入设计天地。内容组织和图面绘制也较有特色。

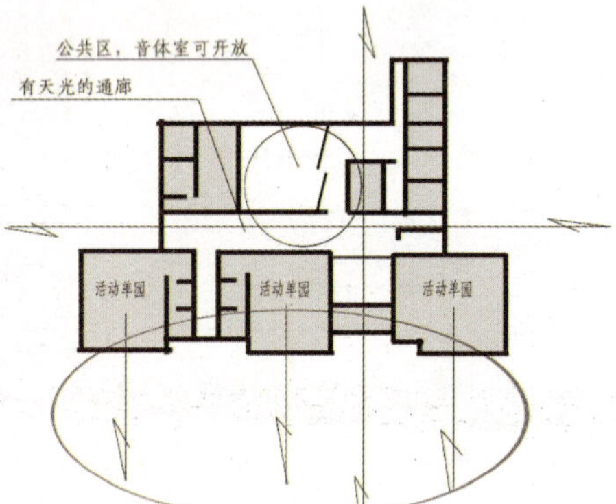

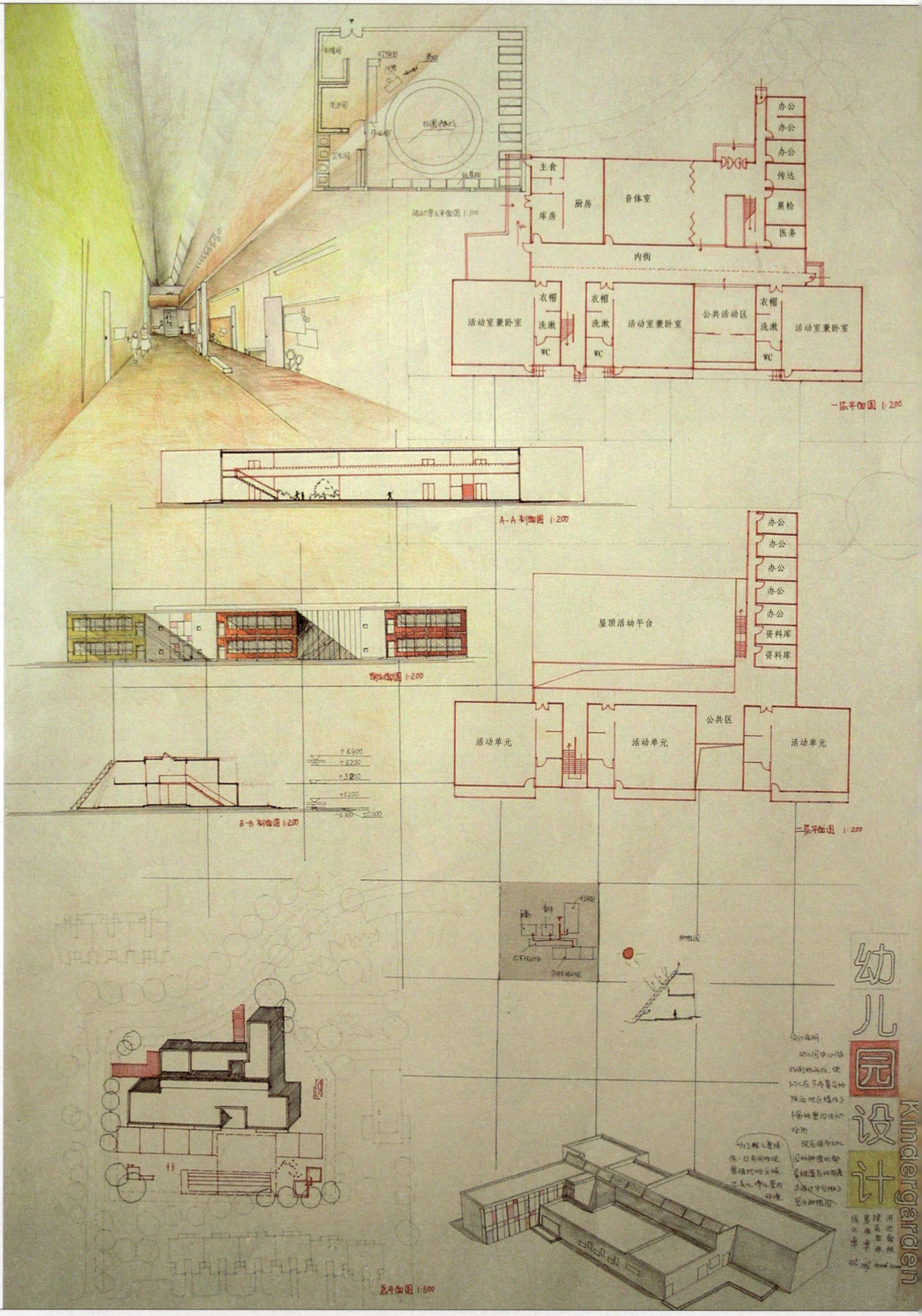

幼儿园设计赏析

图纸表达具有较强的特点，显得生动活泼。

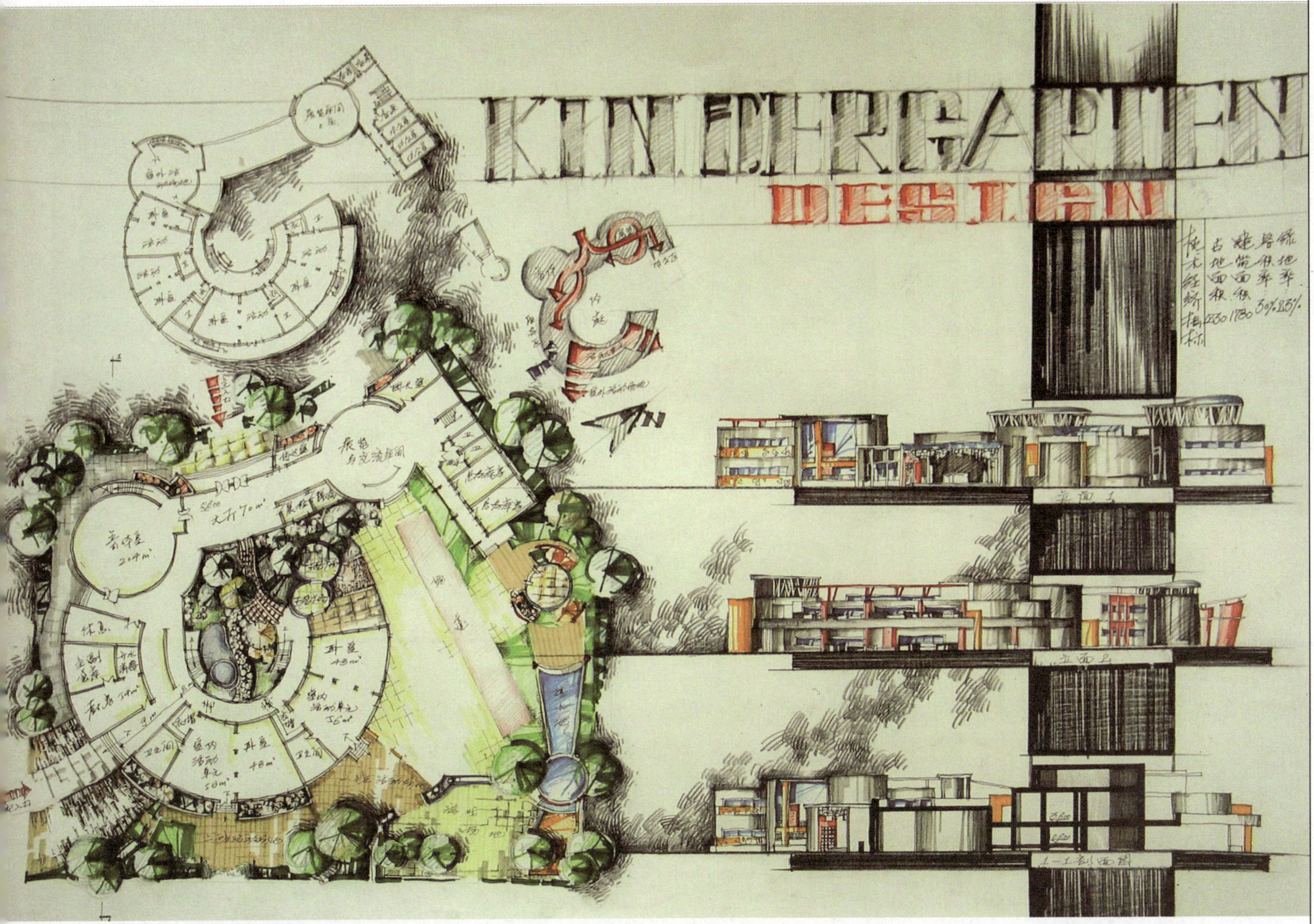

幼儿园设计赏析

多角度的进行方案深化使设计内容充实，马克笔绘图技法运用的得心应手，给人的印象非常深刻。

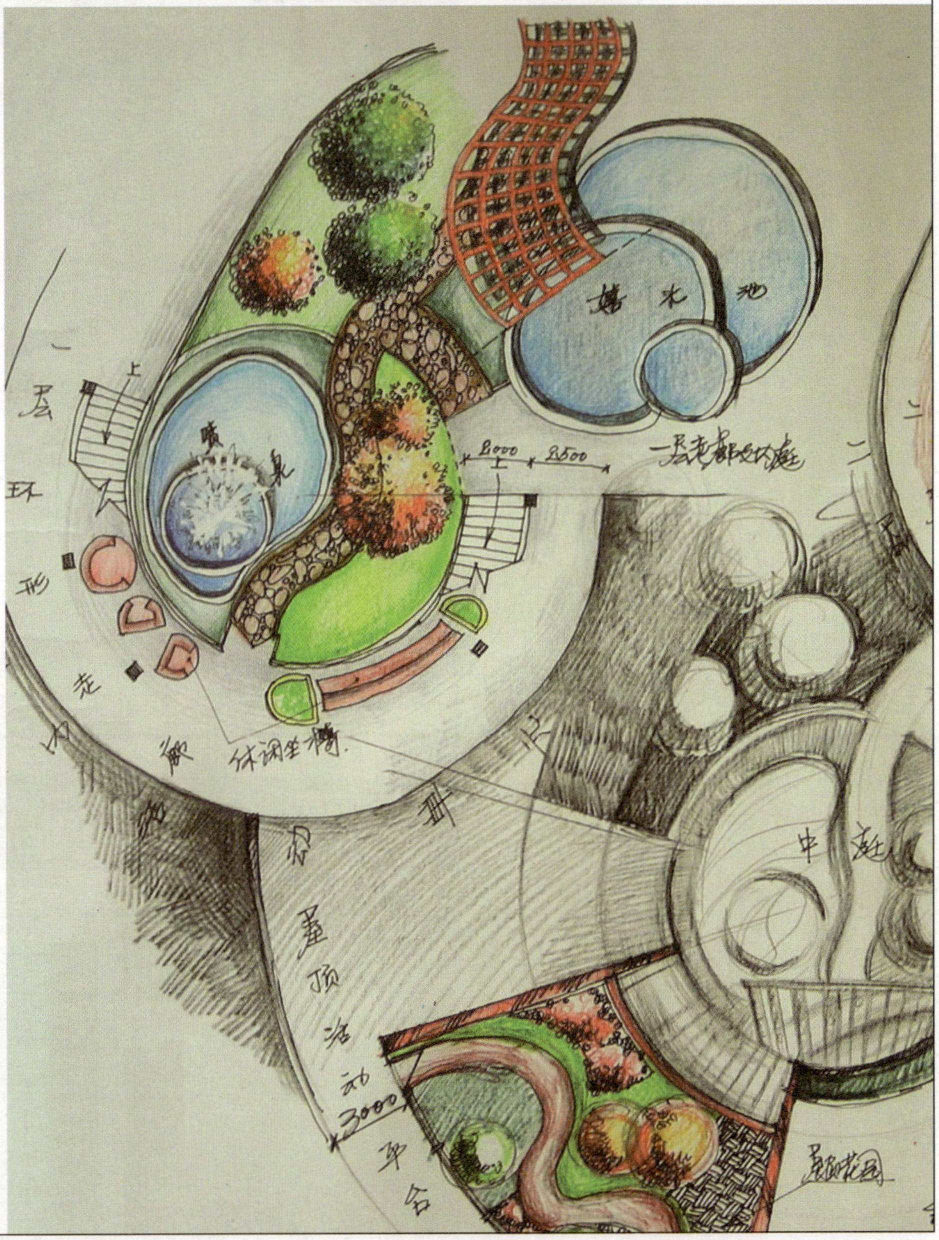
喷泉
8000
2500
休闲坐椅
中庭
3000
屋顶花园

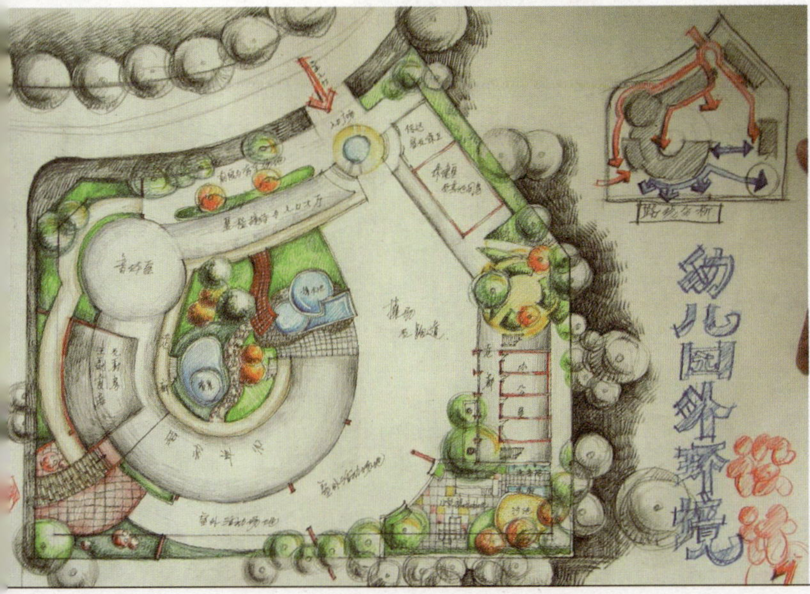
幼儿园外环境

幼儿园设计赏析

本设计优点在于概念明确，功能布局合理，流线清晰明了，通过院落形成功能分区，符合幼儿园设计的要求。不足之处在于设计布局与基地缺乏内在联系，尤其建筑边界与周围道路的关系处理的不够理想，建筑造型也略显单调。

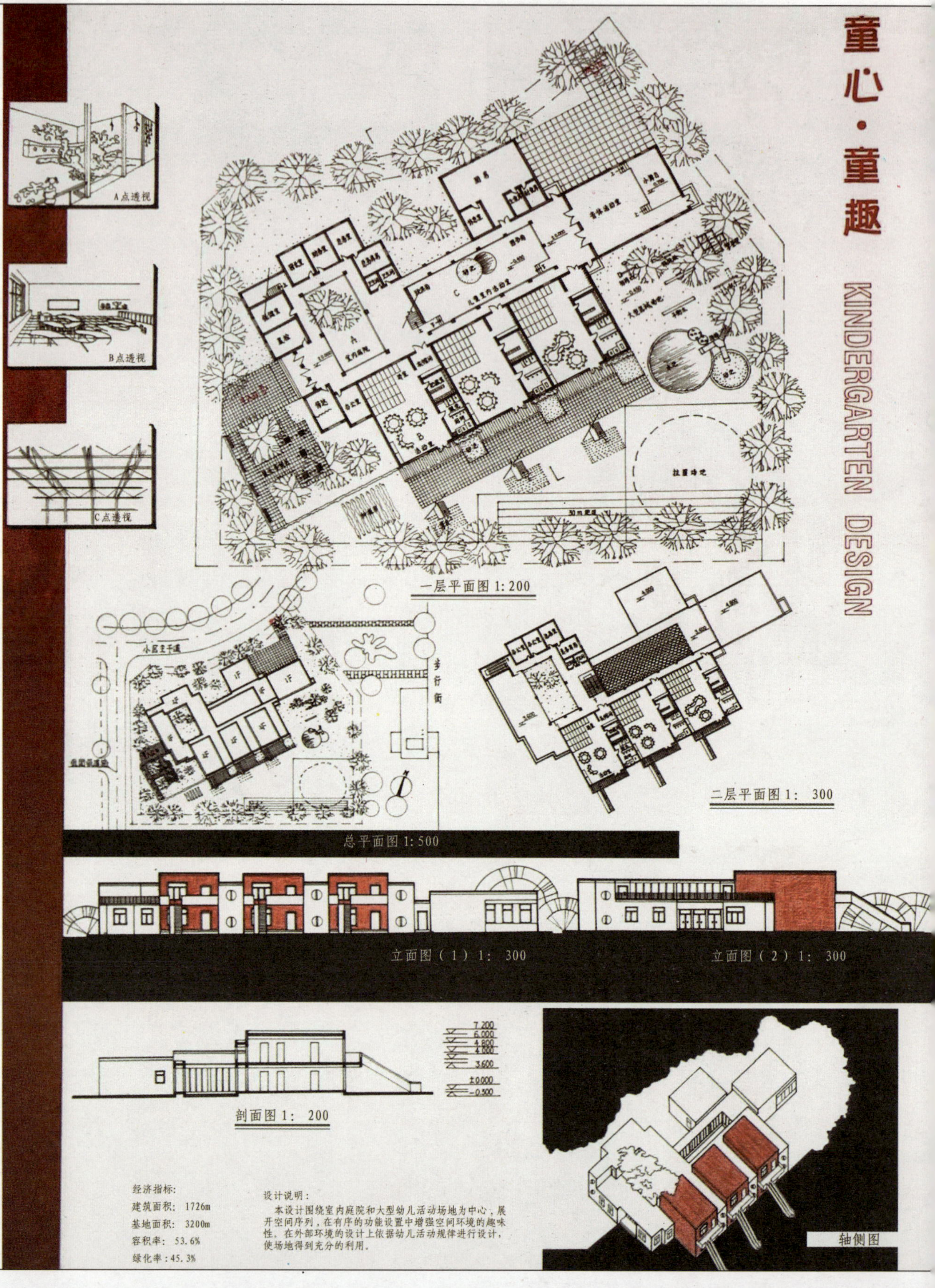

幼儿园设计赏析

方案设计特点明确，流线合理，建筑空间处理的细腻成熟，是一份较优秀的设计。图纸构图过于形式化，虽然和设计的图形有一定内在联系，但还是对设计的中心内容有了不利影响。

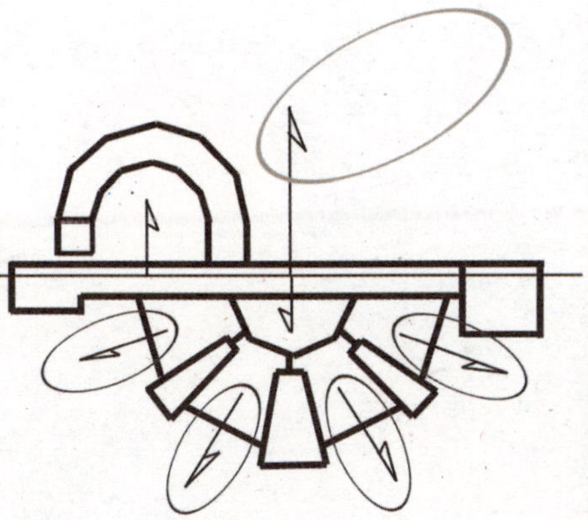

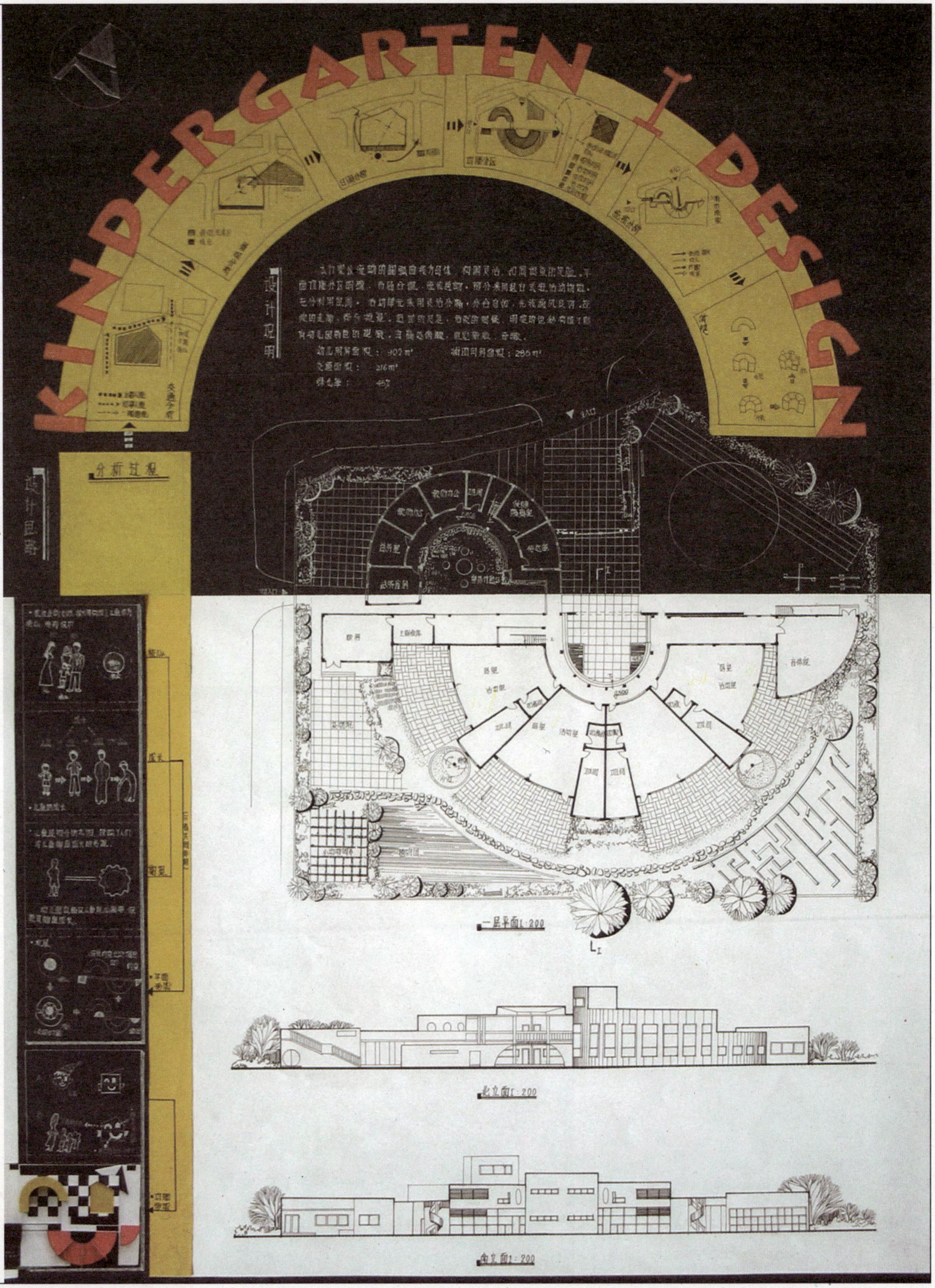

幼儿园设计赏析

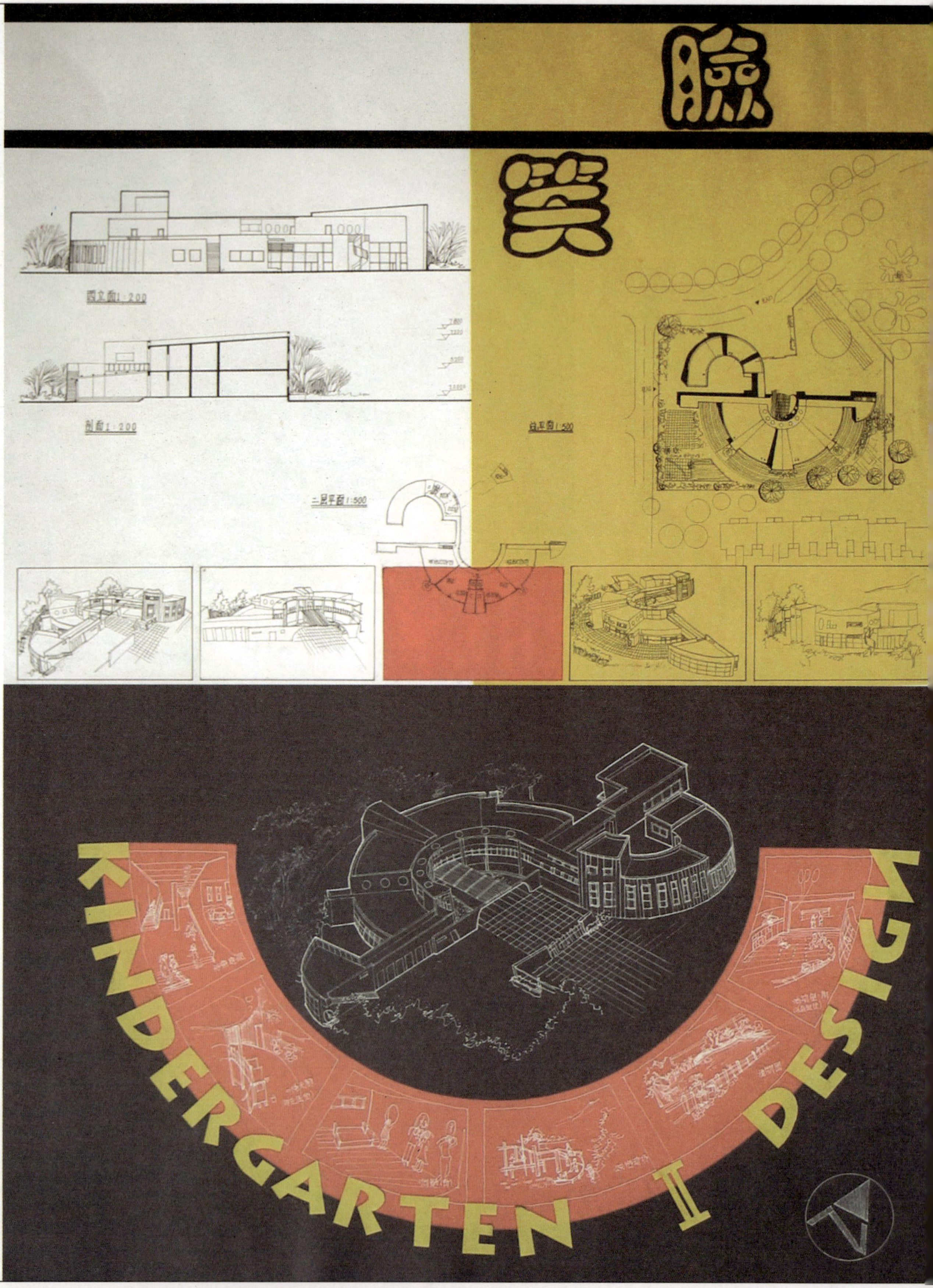

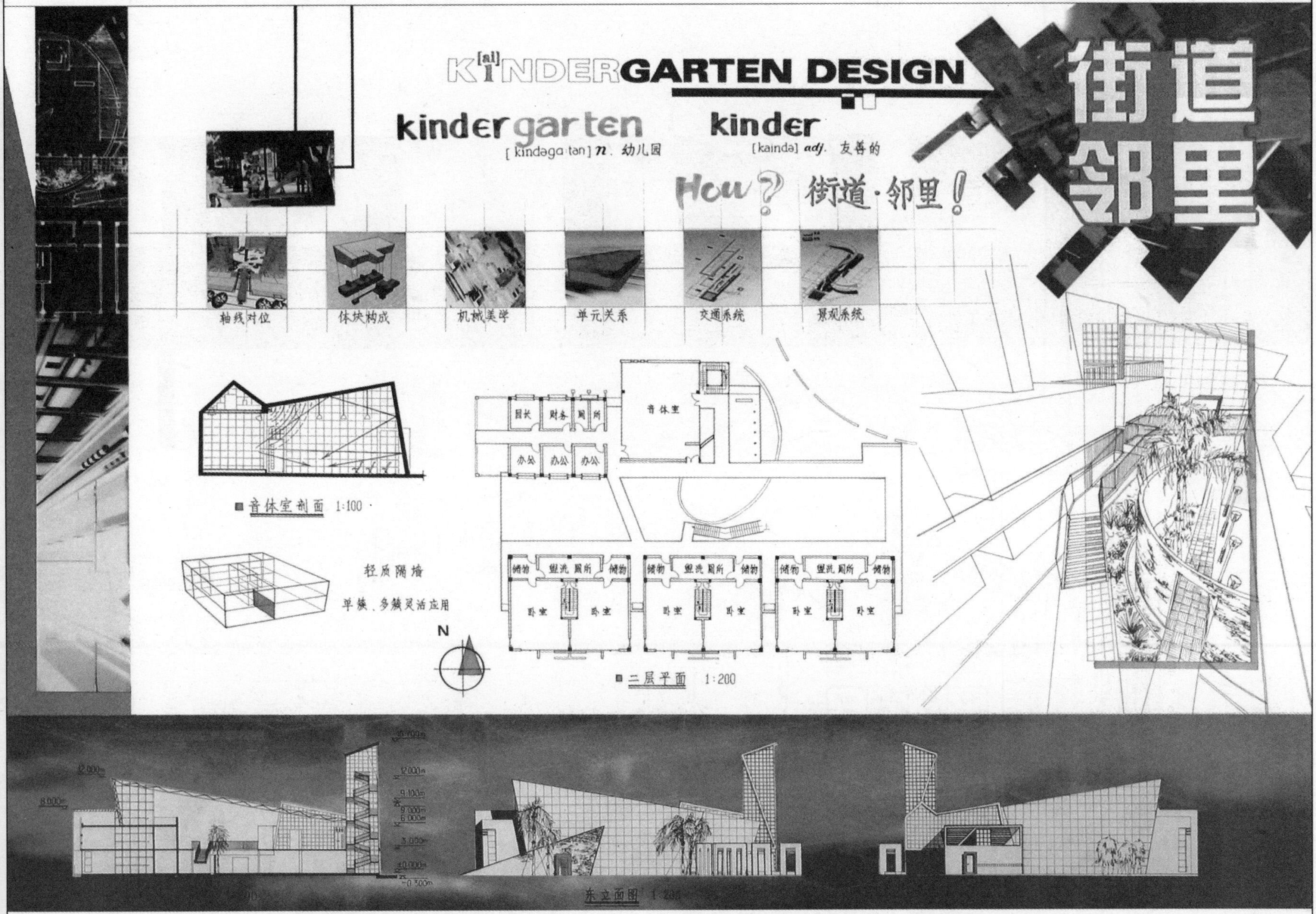

逻辑清晰，设计手法成熟，功能、空间、景观相互映照，设计意图体现的比较完整。

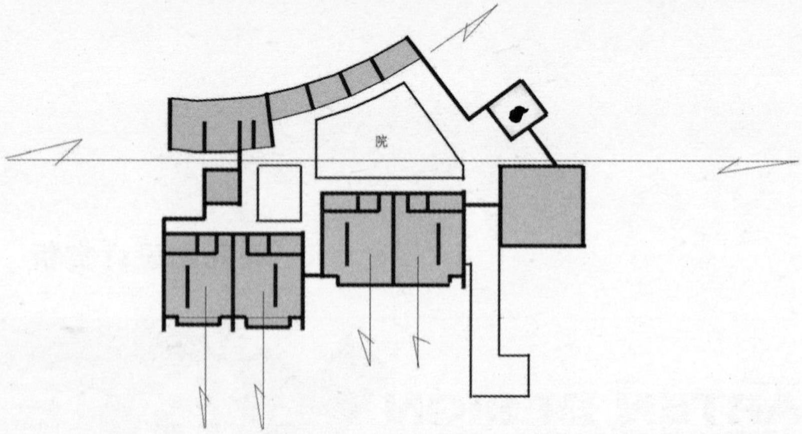

幼儿园设计赏析

方案对基地与建筑的关系、建筑空间的组织以及造型的处理都比较成熟，图面表达也很恰当。

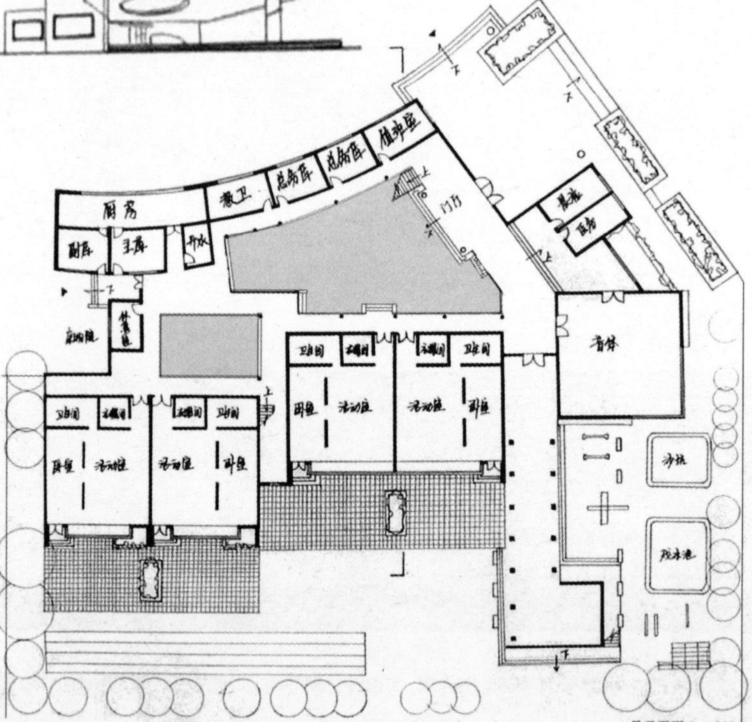

一层平面图 1：200

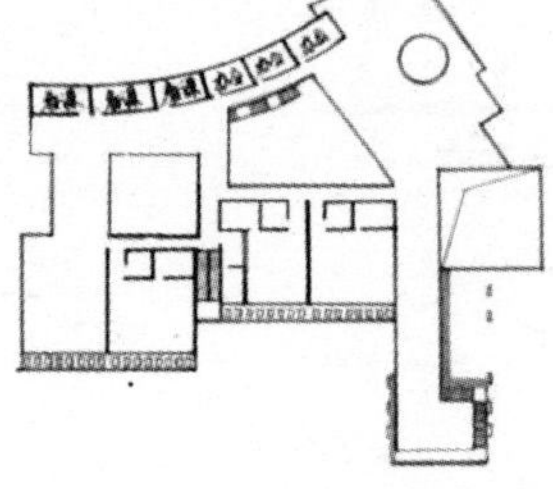

二层平面图 1：500

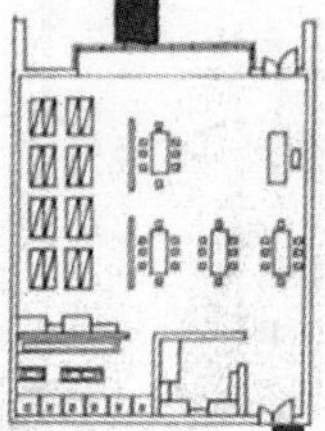

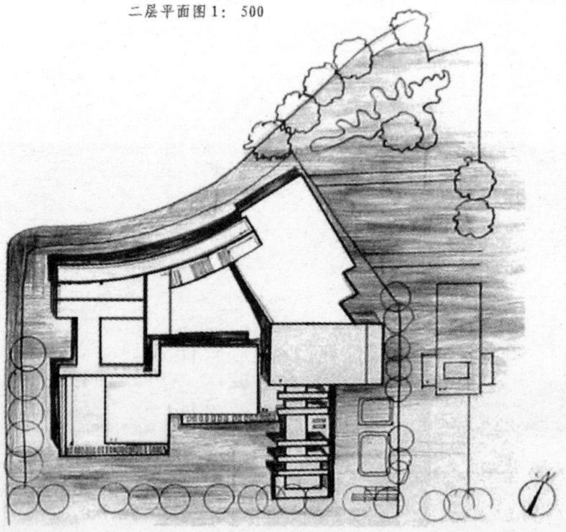

总平面图 1：500

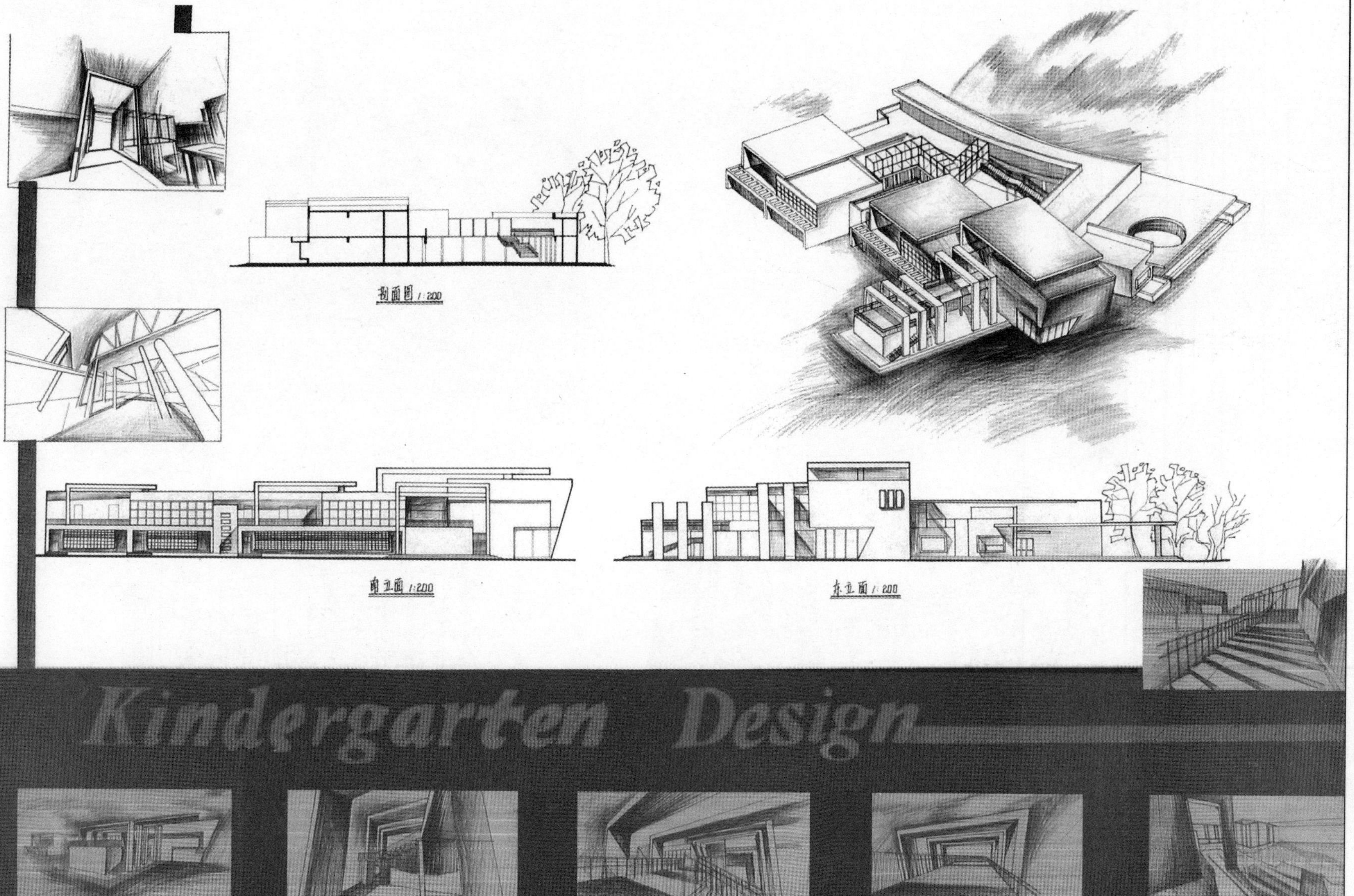

构图主次分明，表达张弛油度。

幼儿园设计赏析

这份幼儿园的设计草图充分利用线的疏密来表现设计内容，线型流畅，内容充实，很好的体现了设计者的基本功和对方案的整体把握能力。应该指出的是，右边的平面图在交代建筑与周围道路的方面还不够，建筑内部也缺少设计，本设计的完整性稍显不足。

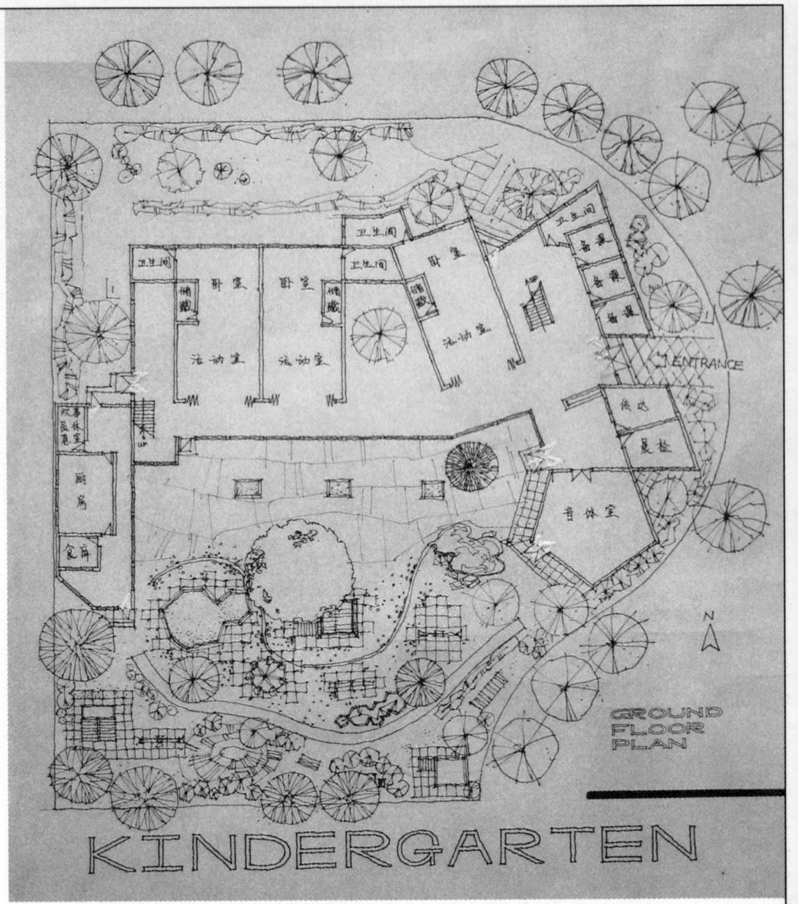

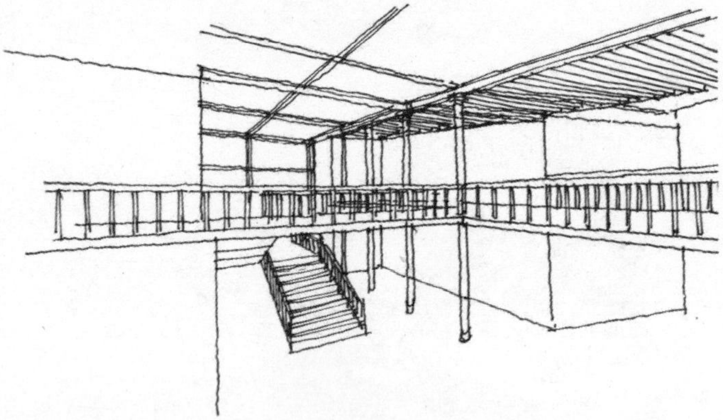

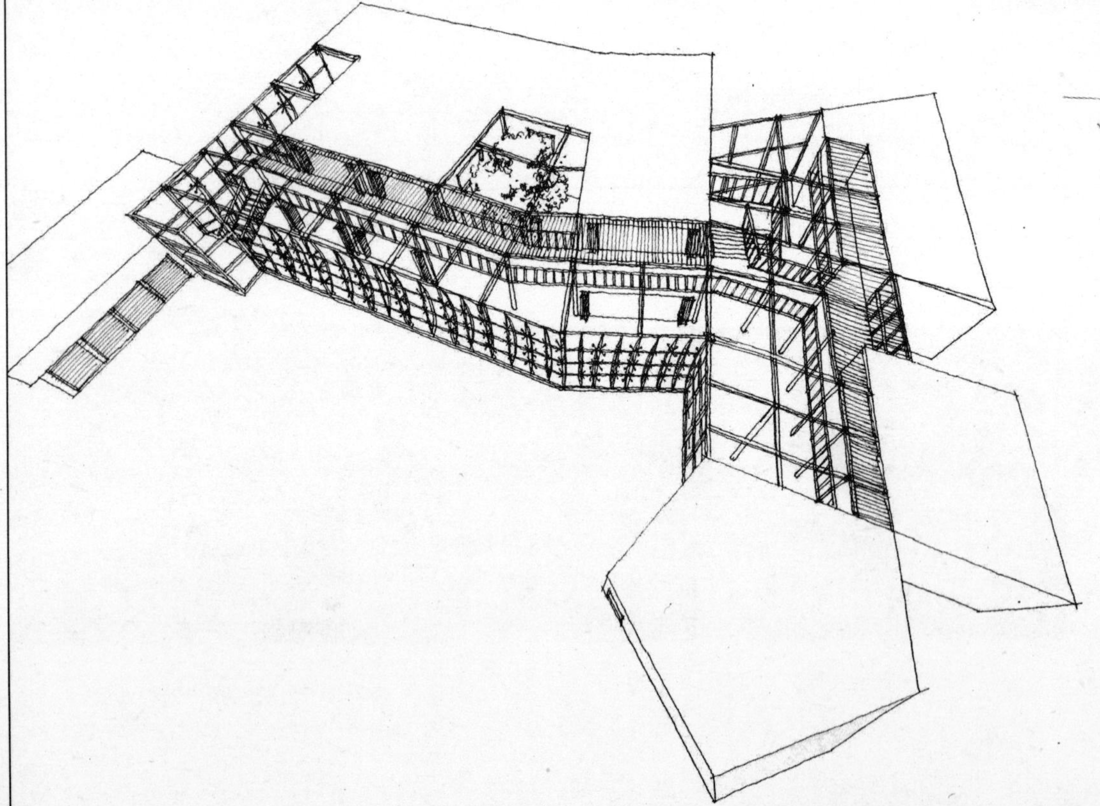

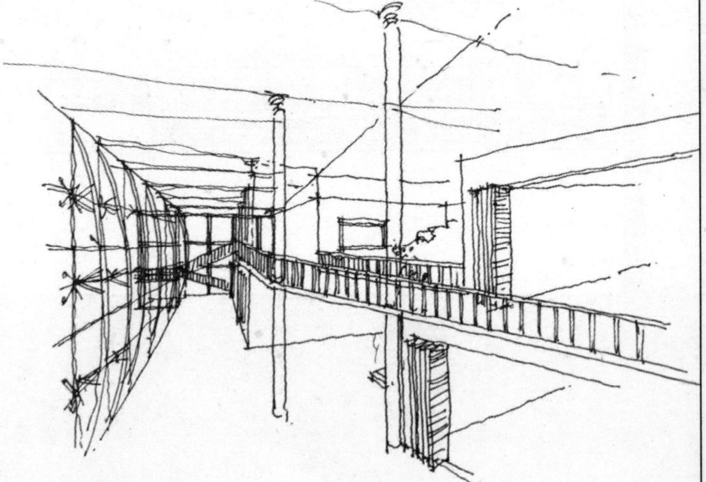

线描透视是有效表现建筑设计的一种手段。线描应注意透视的准确和构图的理性。

建筑设计作品评析

图　解

小图解可以说明问题，下图学生绘制的建筑体型演变图解清晰明了，表现形式的轻松与设计的理性形成强烈反差，耐人寻味。右图通过不同角度的建筑体块轴测构成的图解，形象化的阐述了设计的特点，概念化的色彩运用使画面显得生动活泼。

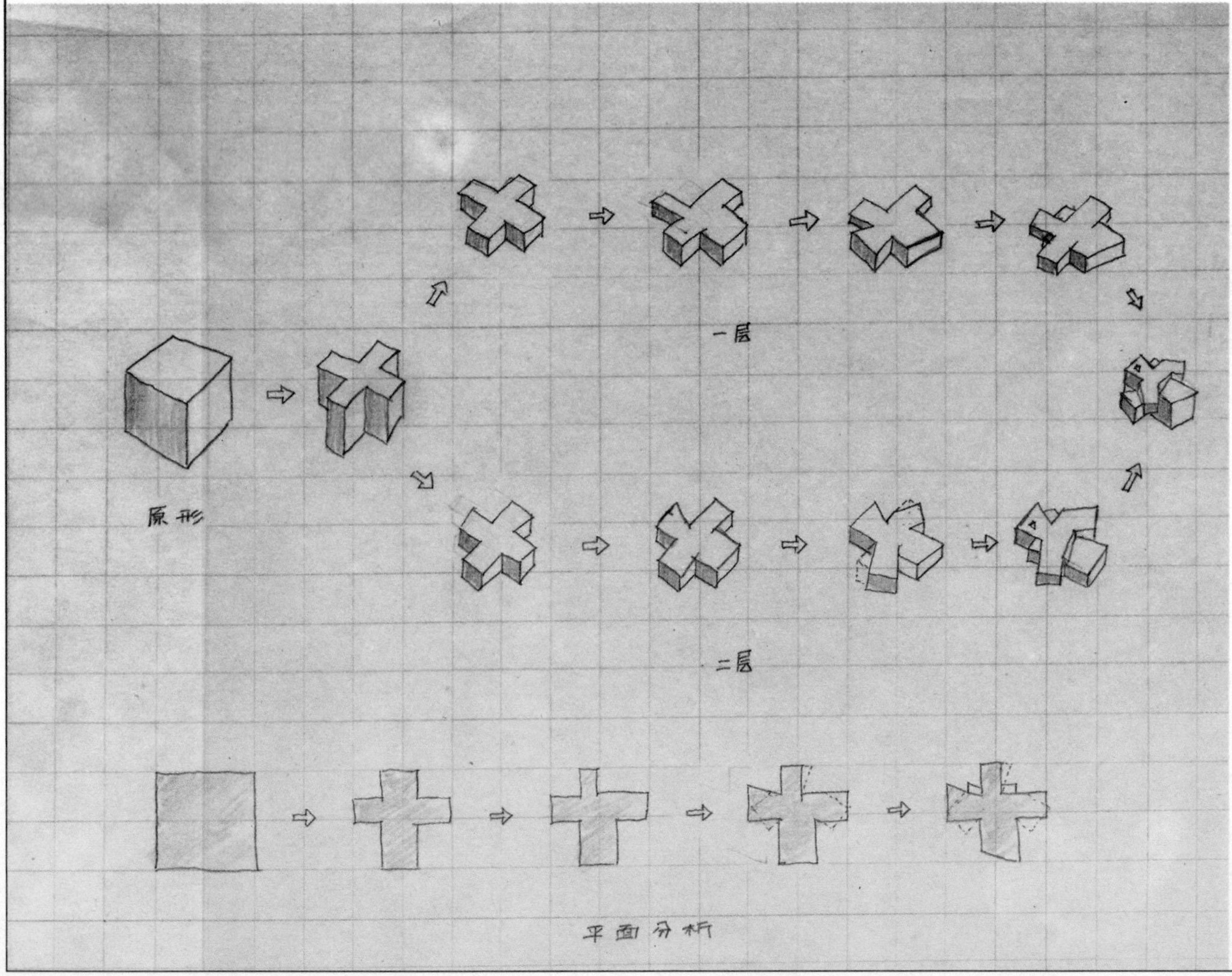

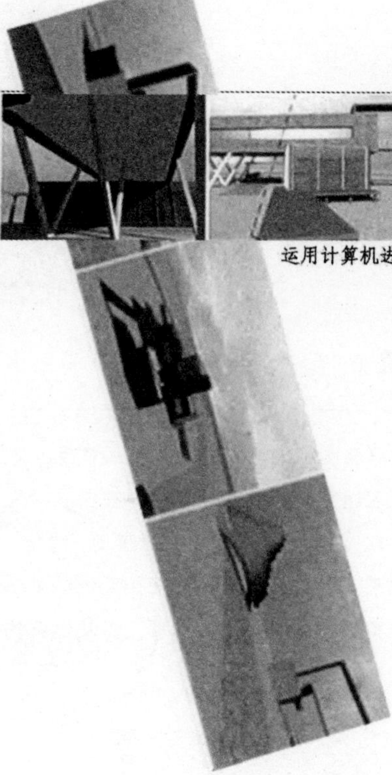

运用计算机进行空间模拟

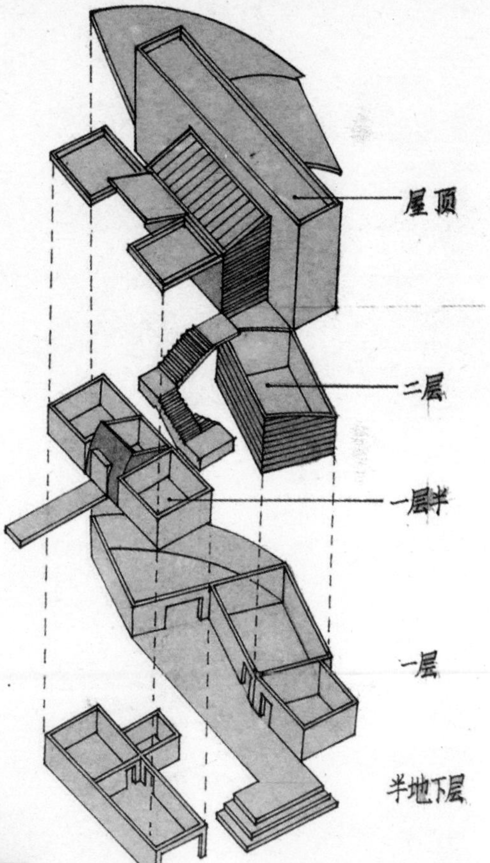

手绘建筑分解轴侧图

分解模型

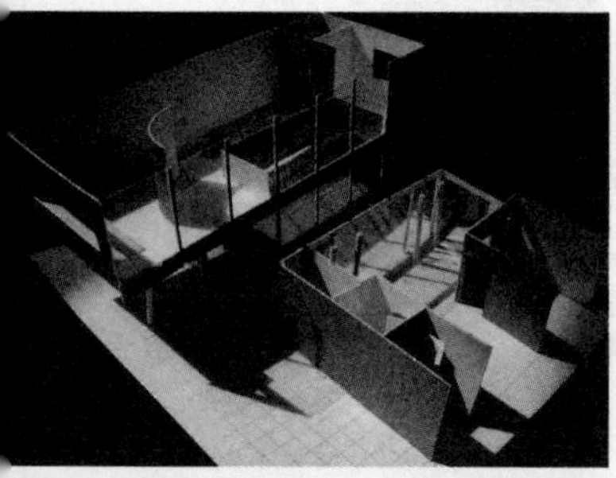

图 解

对建筑设计的辅助解释、手法非常多样，计算机数字模型、建筑设计的实体模型、层间轴测图等是表现建筑设计空间关系的有效手段。在设计的最后综合表达图中，它们也往往成为活跃图面、加深设计印象的常见元素。

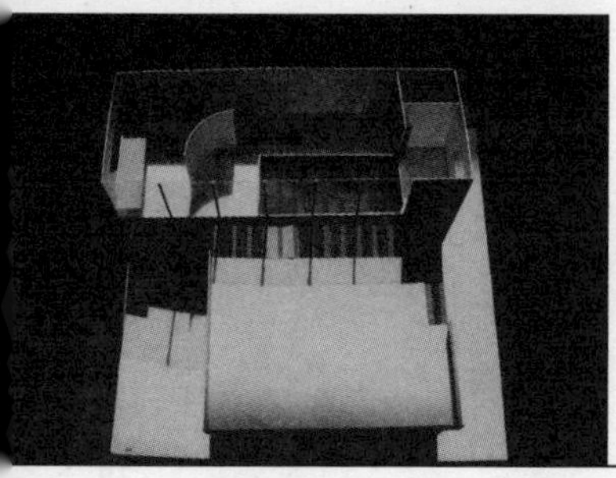

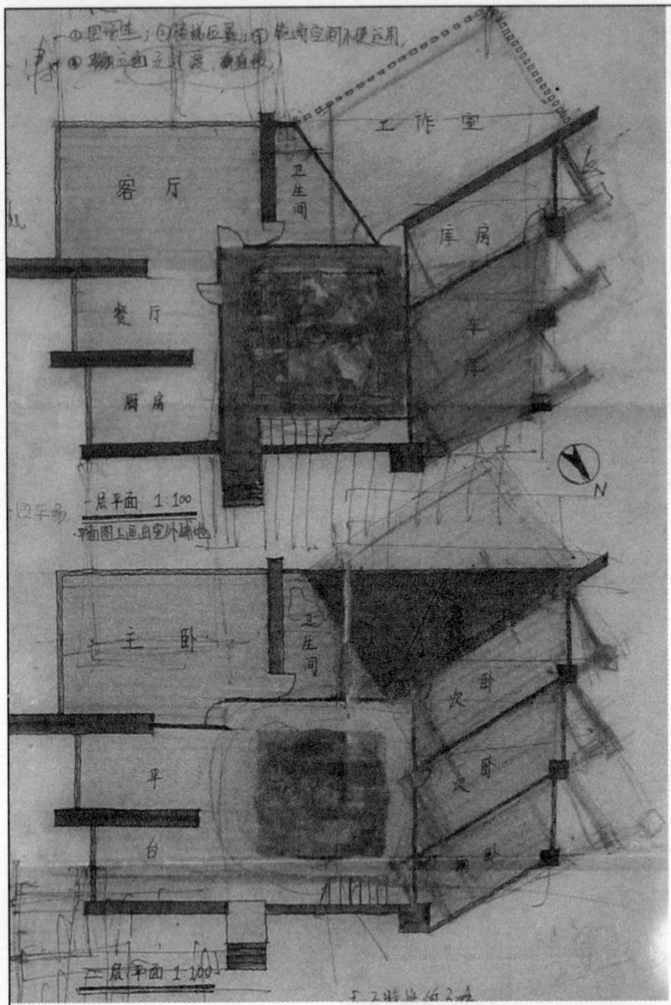

图 解

设计概念图解表现形式是多种多样的，本页的四幅概念表达图都有鲜明个性，内在含义给人极其深刻的印象，右上图探讨了建筑、基地、绿化、水系的构成关系，很耐人寻味。中下图用简洁的手法表现建筑屋顶构成与树木的内在联系，以及建筑的投影对基地的影响，颇具特色。

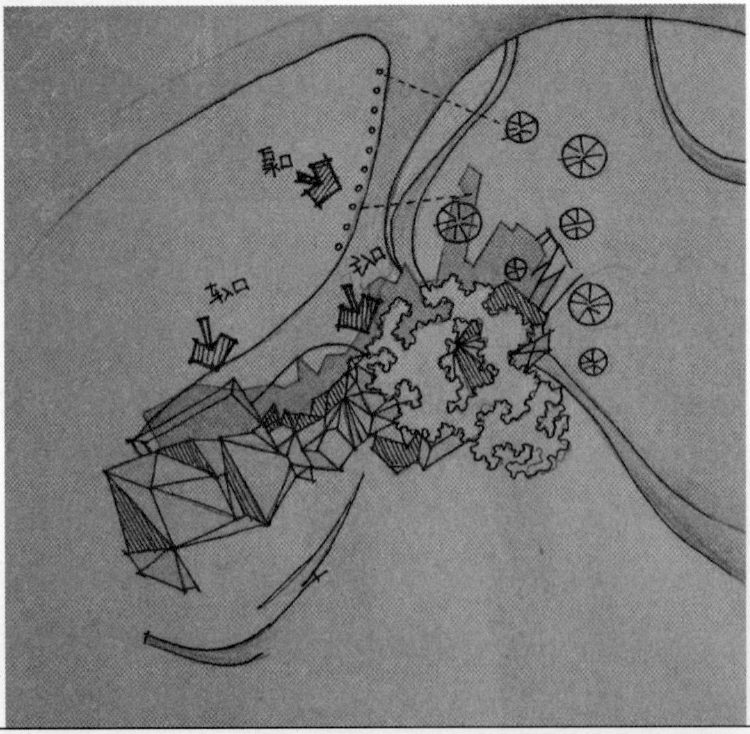

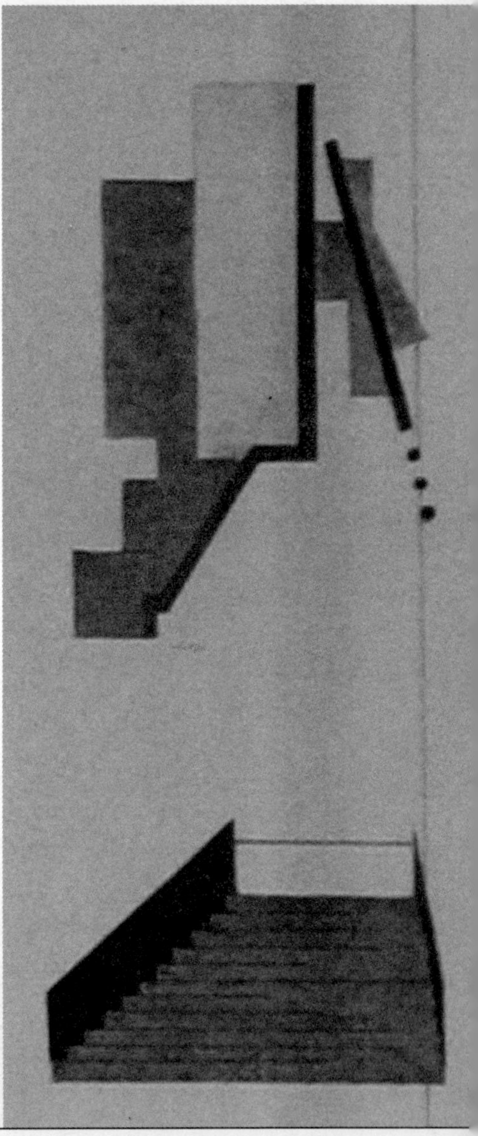

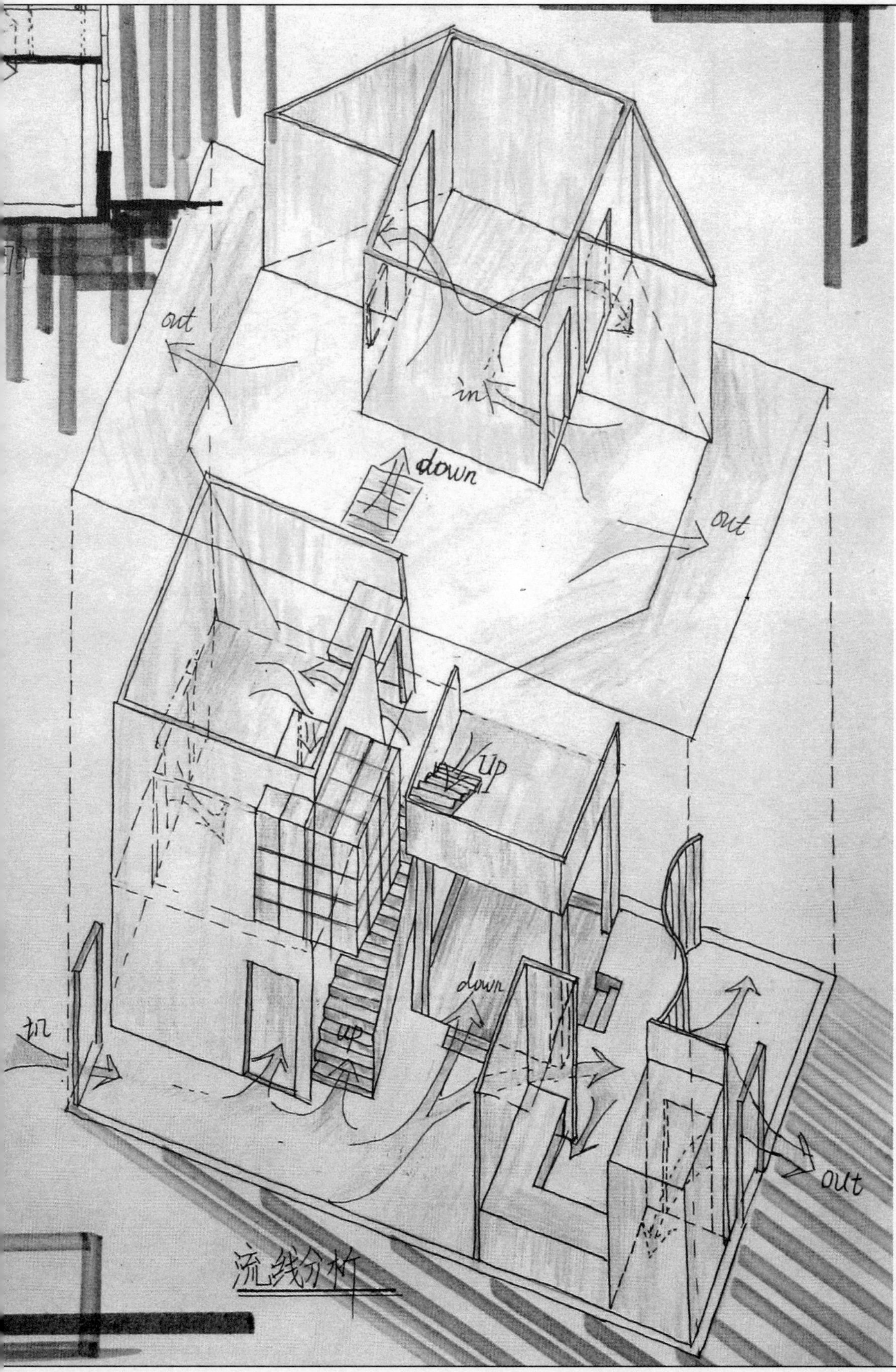

图 解

这份流线分析图的意义在于，初学设计者通过分析设计成果的建筑空间及路线关系，就好比亲身经历了一次建筑之旅。

图 解

下图是前期方案分析图解，提供了多角度看待问题的思维过程。通过绘制这样的简易图解，可以更好的理解方案的生成规律，如果在做方案的过程中能有意识地、不断地利用简化图解来明确自己的构思，对提高设计水平大有好处。

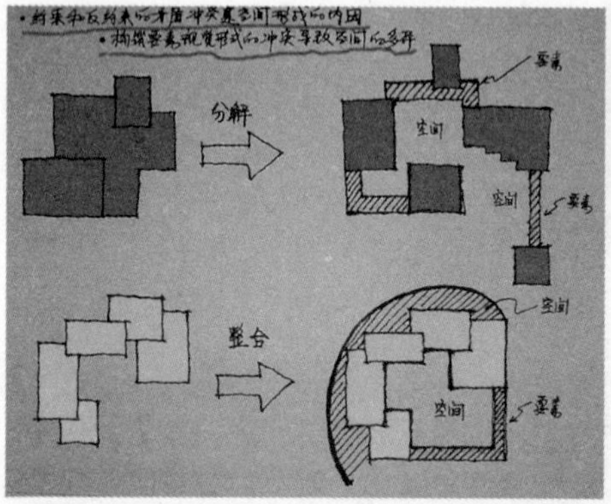

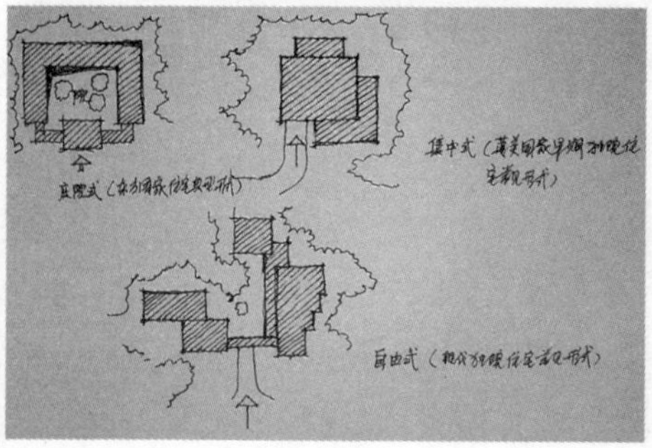

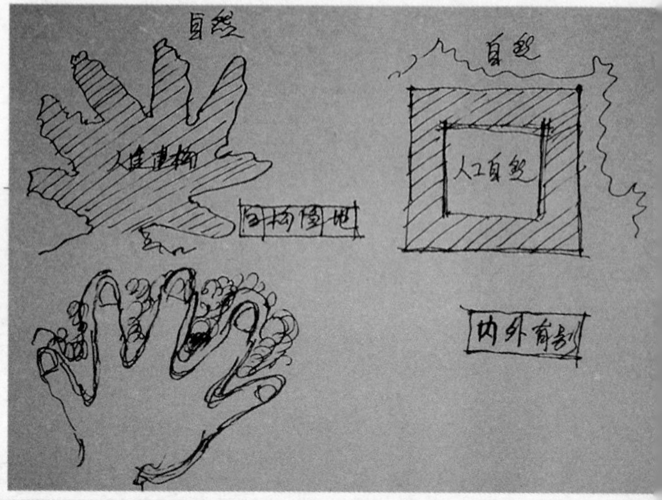

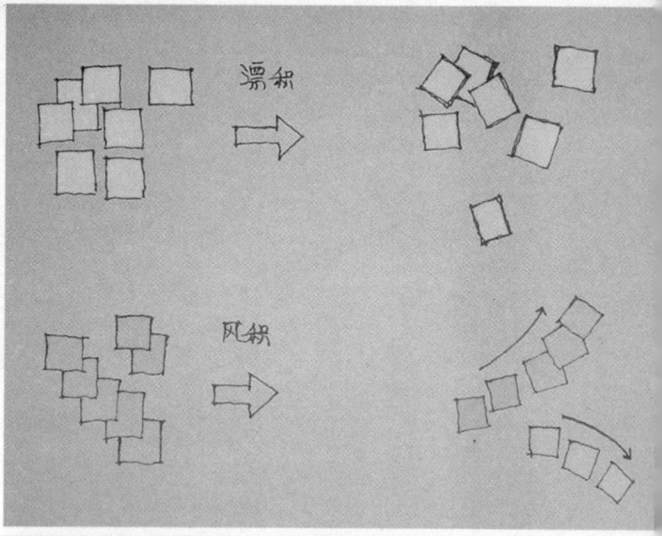

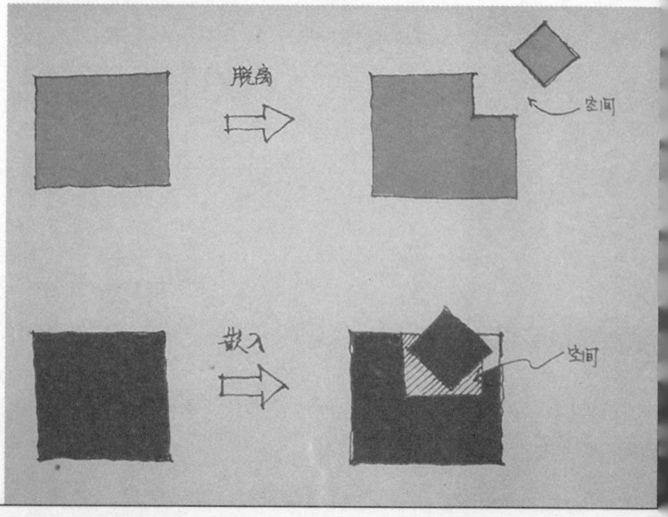

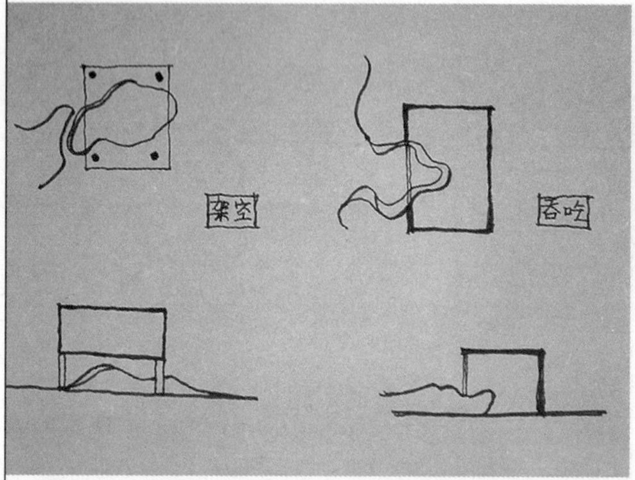

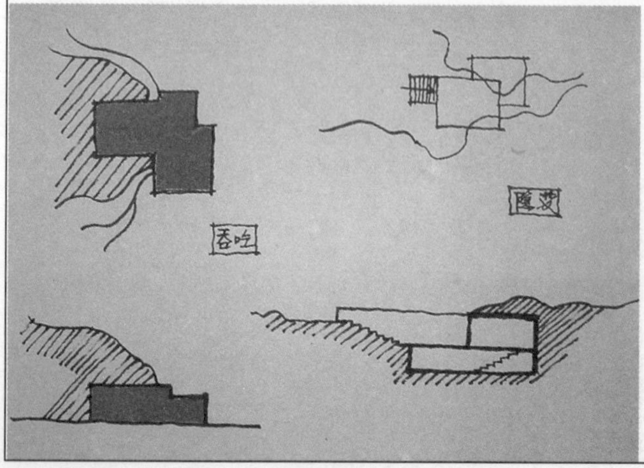

运用计算机进行外观图解

利用计算机可以直观地推敲方案的体型构成，并且可以多角度地浏览，这能帮助学生更好地把握设计的成果，了解建筑构成的规律，虽然在建筑设计的基础阶段不提倡用计算机绘制正式图，但对有能力的同学来说，越早掌握利用计算机进行辅助设计的方法，越对自己学习有利。下图是学生利用计算机绘制的方案体型分析图，非常清楚细腻，全面的体现了方案设计的意图。

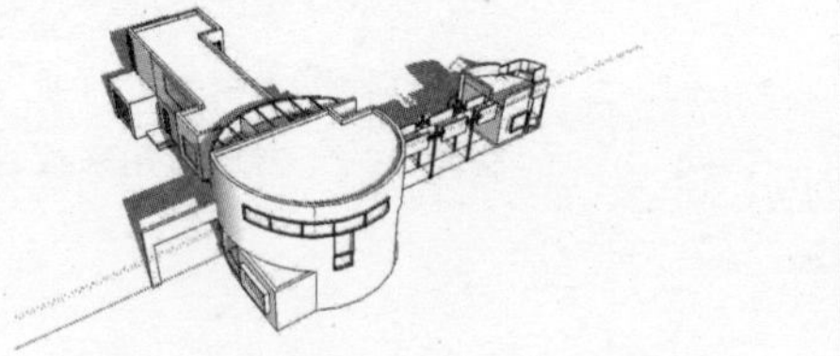

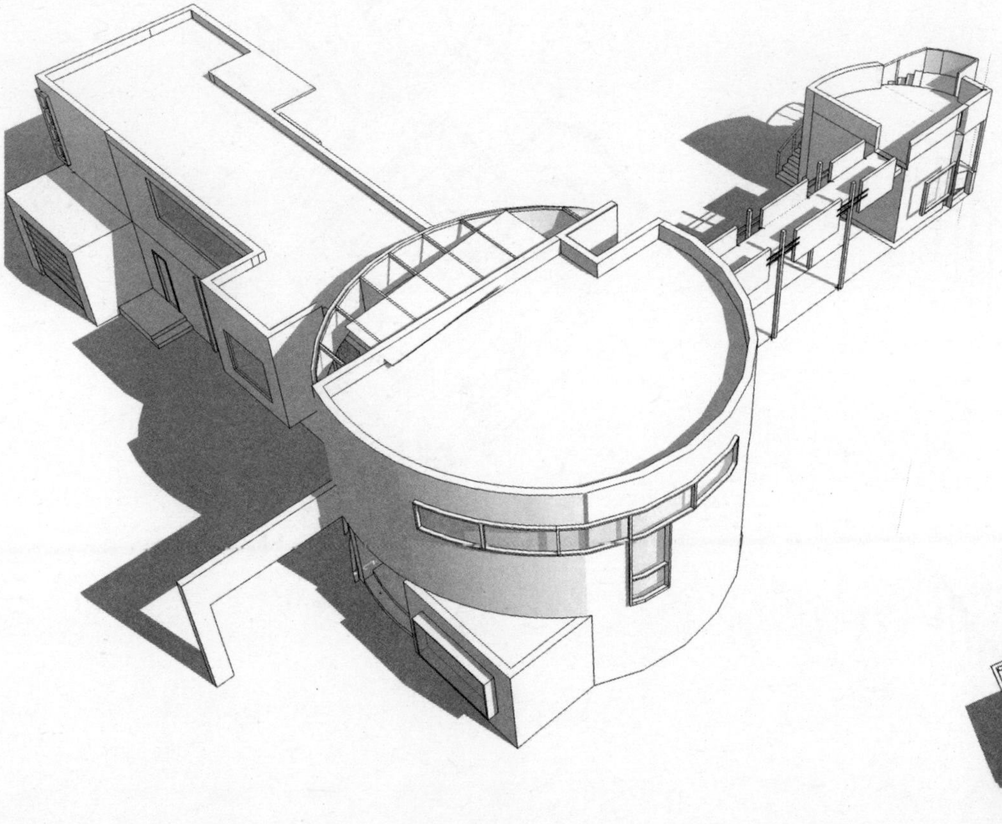

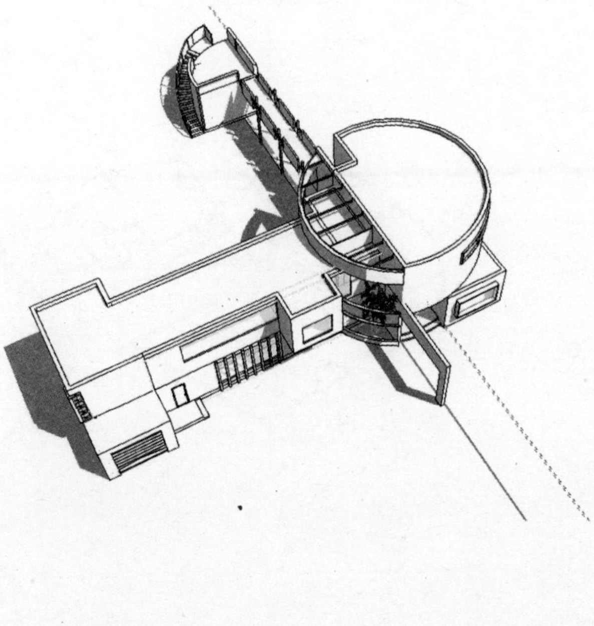

图　解

以表现空间构成为目的的轴侧图，是推敲建筑设计的非常好的手段，一方面可通过绘制这种轴侧图来分析空间，另一方面可用来检验设计的得失和体验空间。

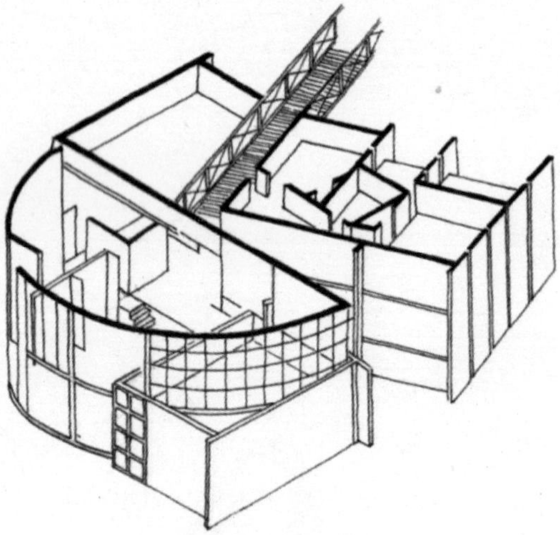

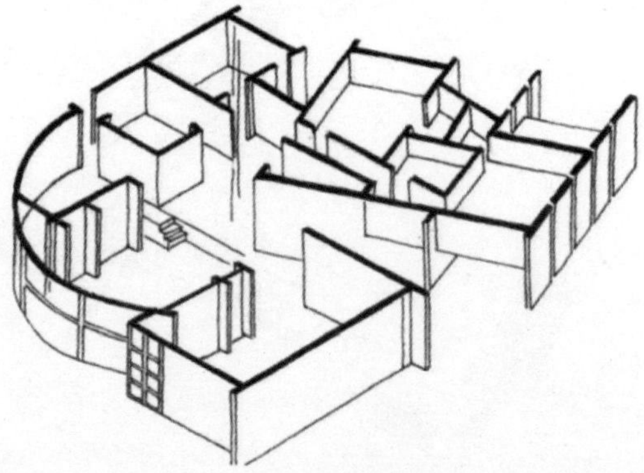

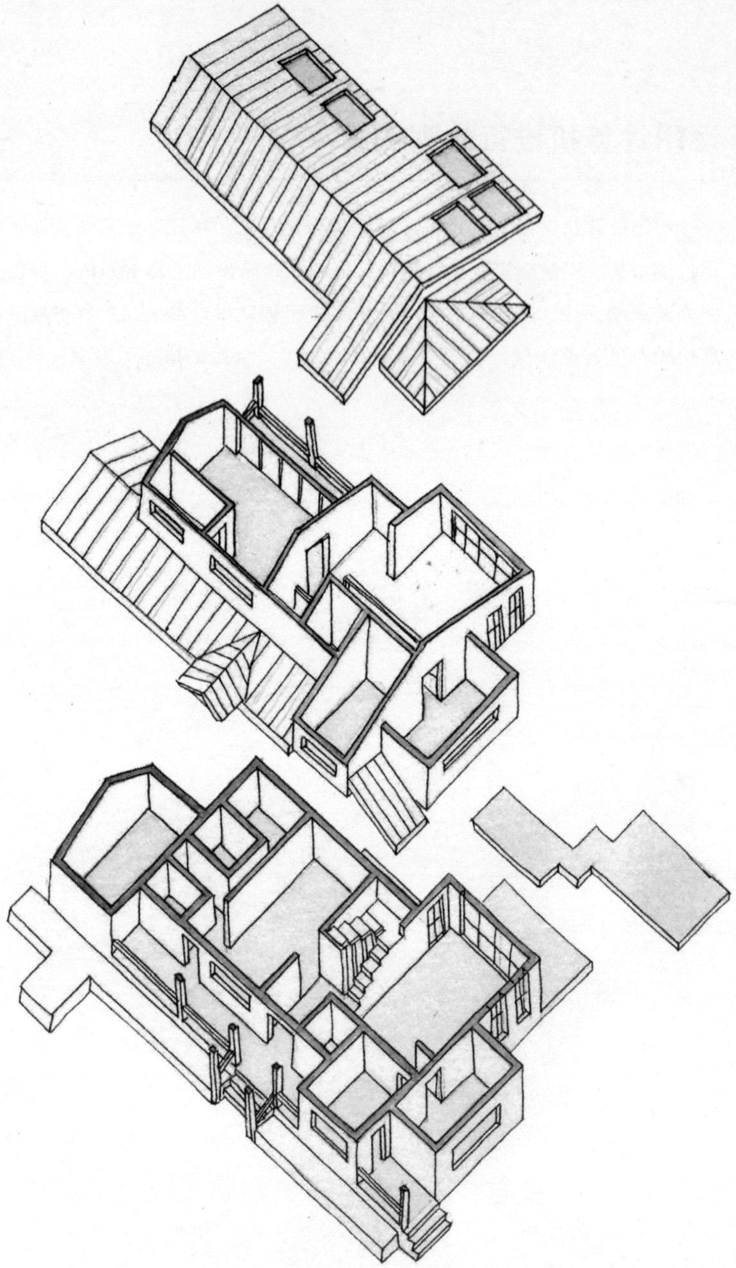

独院住宅设计点评

右图设计以树木为中心布置建筑，弧形的外廊成为设计的重点内容，但是因设计者缺乏设计手法，好的构思却没有取得好的效果。下图范例通过变化空间节奏，使弧形外廊富有生气，范例去掉了原方案外围的水池，并简化环境要素，目的是使设计的兴趣点更集中，如果有必要设计泳池，也可在围合的中心区设计。另外需要指出透视图的角度选取也并不理想，没有反映出设计的固有特点，需要再斟酌。

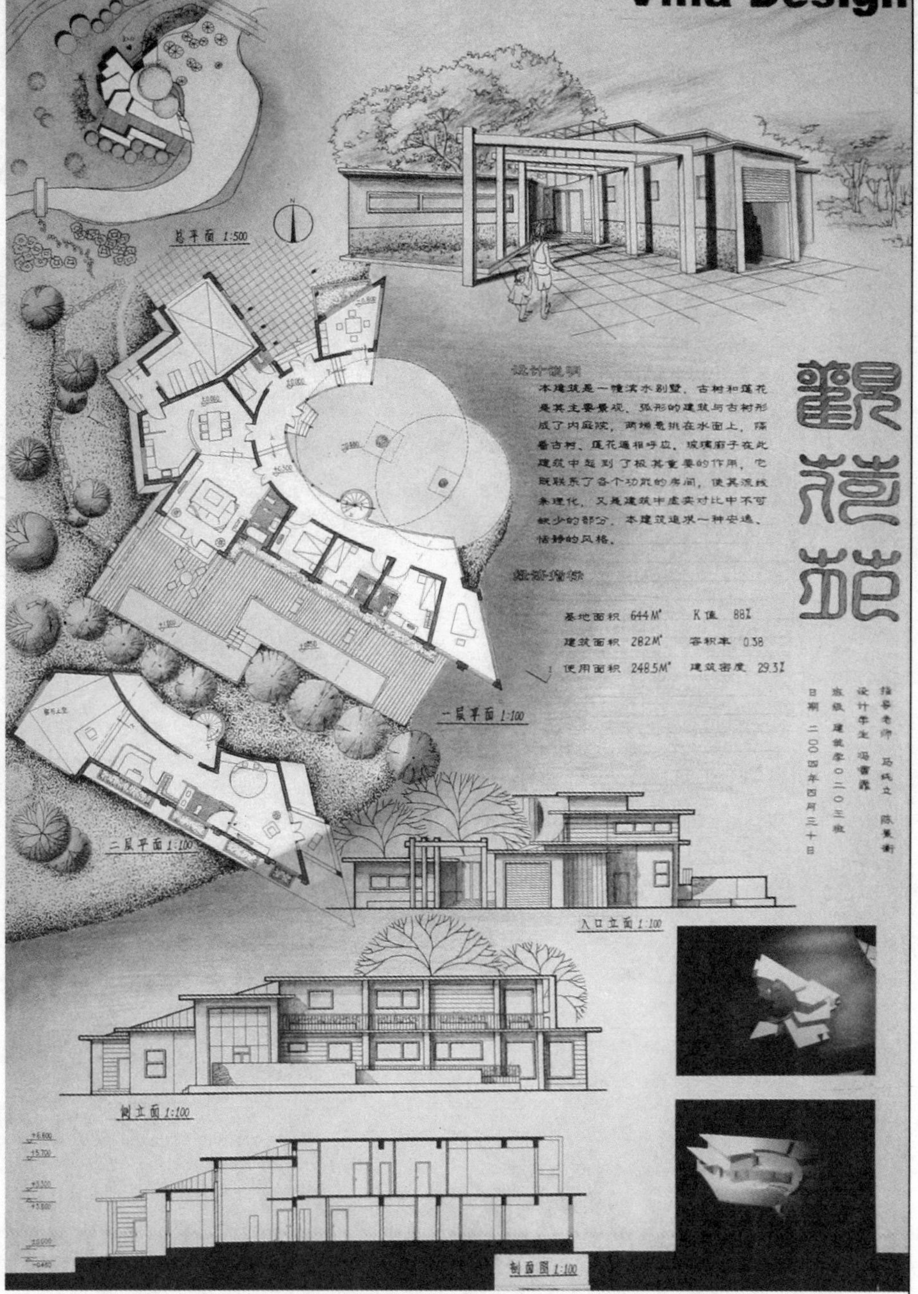

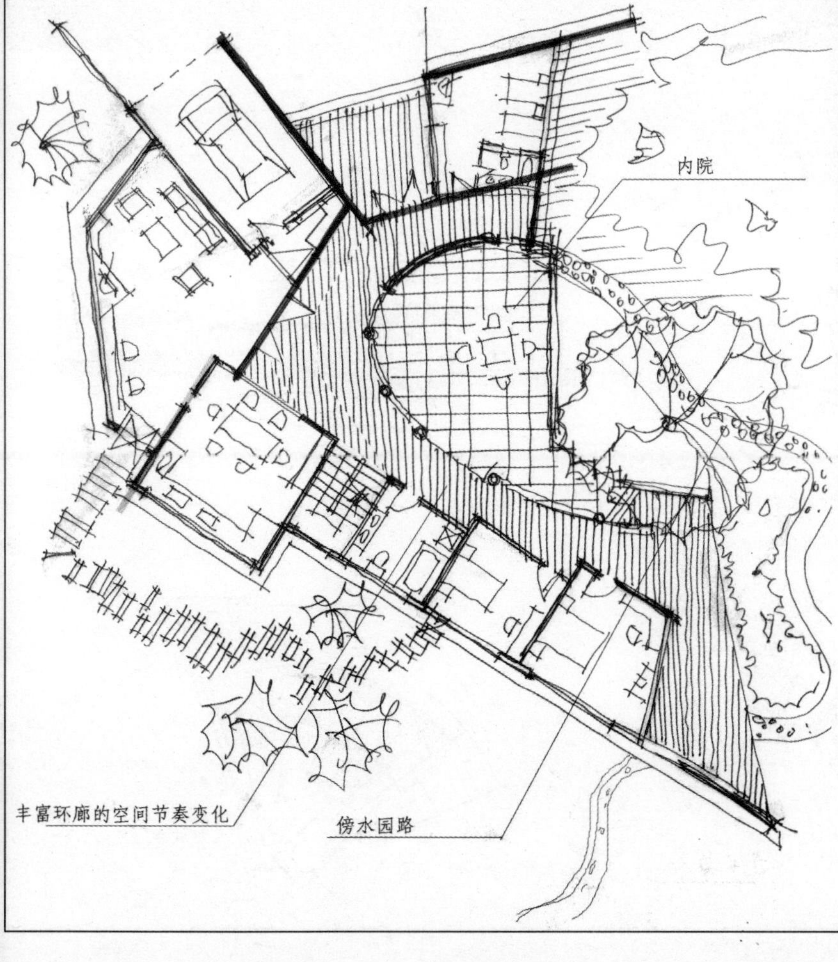

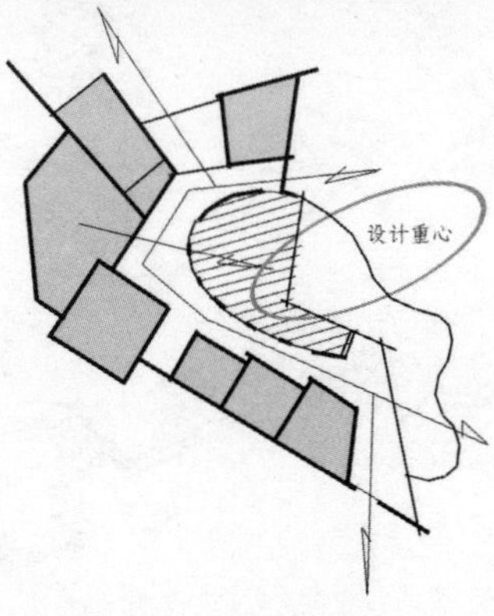

独院住宅设计点评

右图方案在建筑布局，建筑造型方面都较有特色，总平面塑造了很好的围合感。不足的是建筑空间比较单调，不足的是建筑空间比较单调，缺乏层次，虽然室内分隔采用了弧形墙，试图使空间丰富起来，但因手法单一，使空间流于平淡。下面的修改范例是在原设计基础上适当调整空间布局，使空间既体现出原设计的序列又张弛有度，显得好一些。

透视图可通过调整配景及构图，增强现场感和景深，也可增加画面的艺术效果。

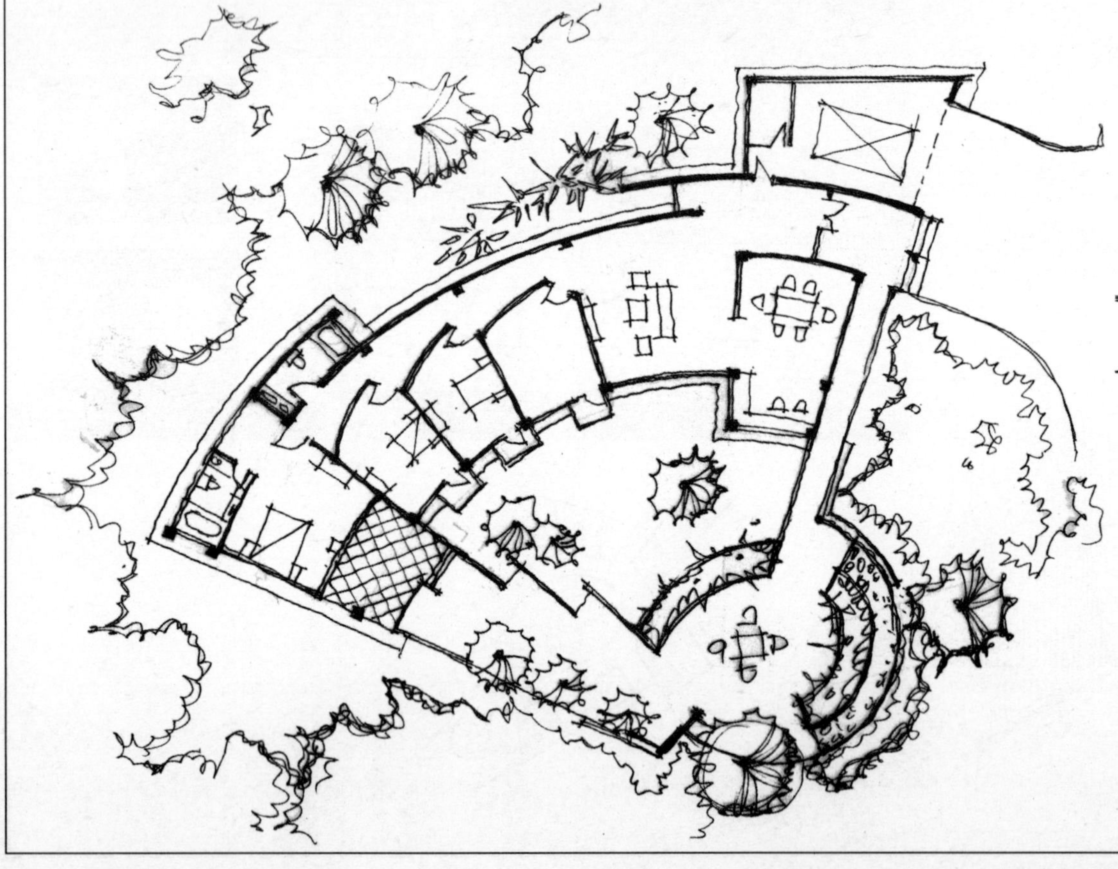

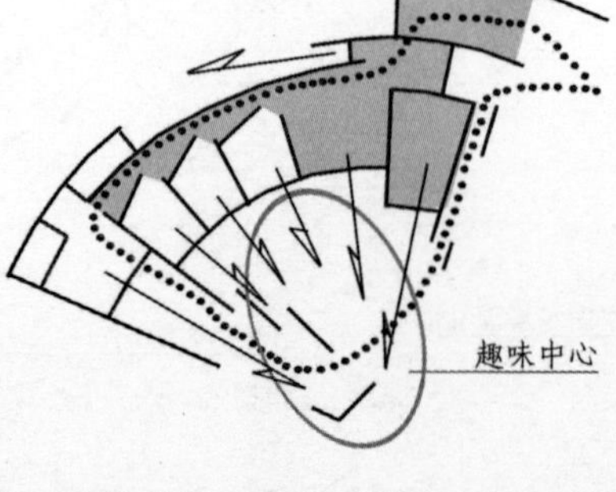

独院住宅设计点评

设计者运用母题进行平面构成创作，出发点是好的，但是不能因母题的引用而使建筑设计受到约束。右面的平面图是一个比较典型的案例，半圆的运用虽然使平面构成有一定规律，但刻意追求图案效果导致了建筑平面的臃肿不畅，而且有些地方显得牵强。下图范例适当简化了原方案的构成关系，使建筑设计的形式与功能更加统一。

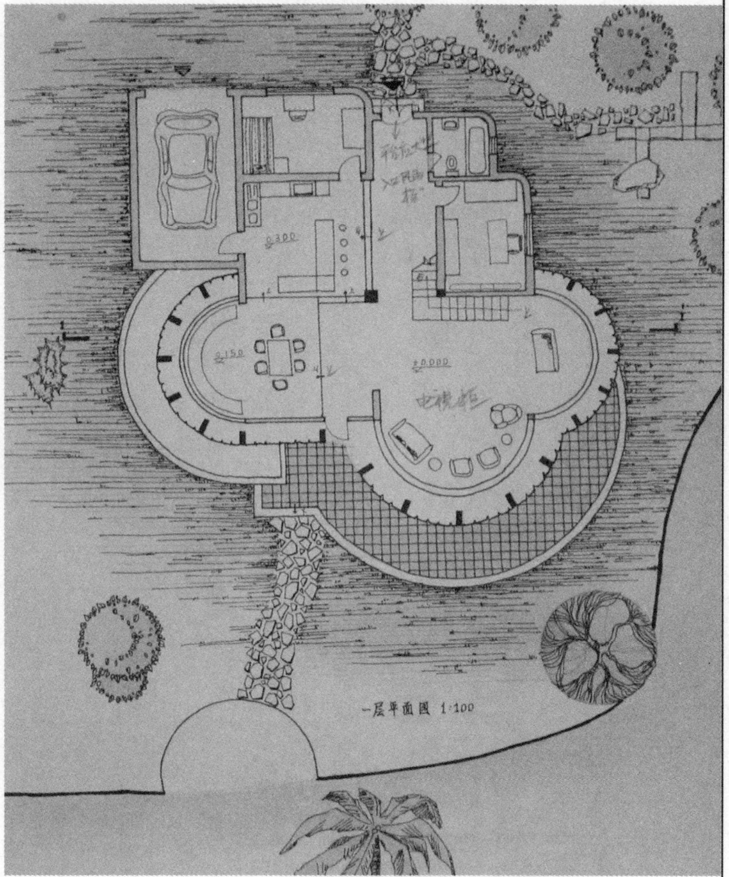

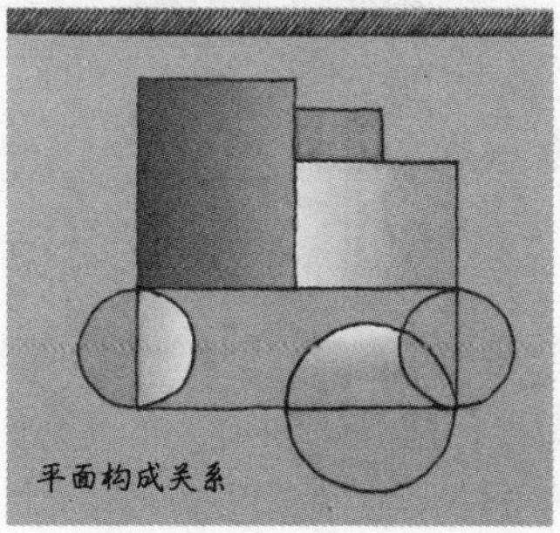

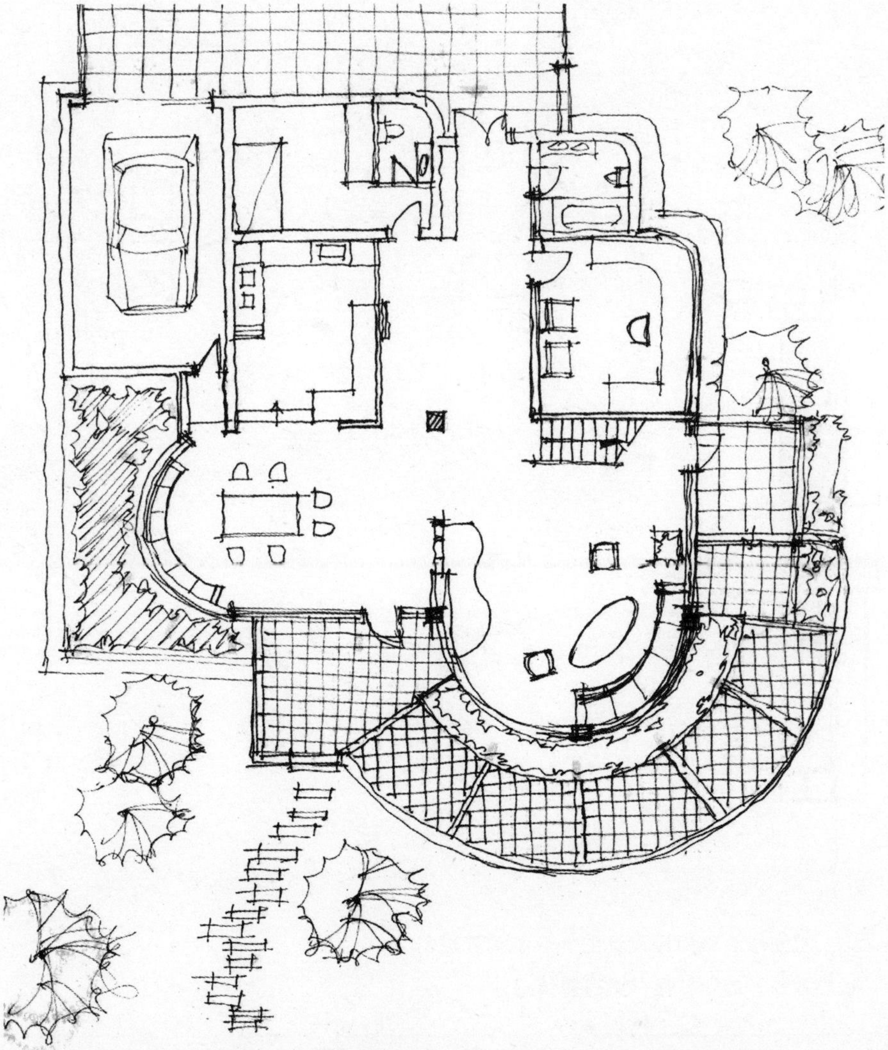

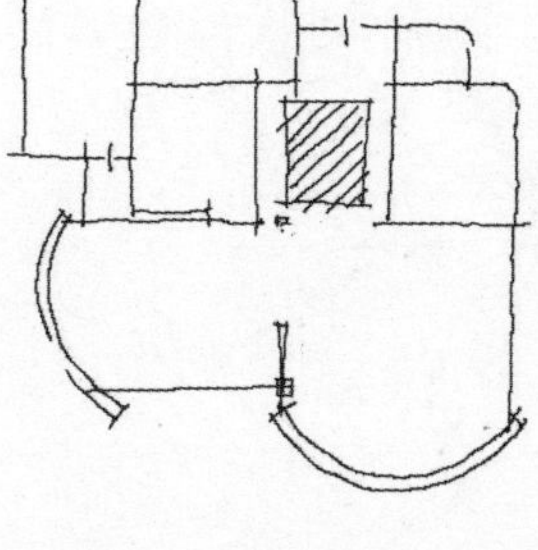

独院住宅设计点评

右图设计有大而不当的问题。建筑形态与环境构形的重复显得手法单一；外环境铺展过大而缺乏内容；外环境尺度设计不当。这是设计初学者易犯的毛病，要纠正这种毛病，可从两方面着手：一是要正确认识建筑外环境的设计意义，并不是设计的越多铺展面越大越好，而是应做到恰到好处，这种恰到好处是和人的行为分不开的；二是要正确处理建筑与环境的关系，建筑空间与环境空间是相互依存的，值得注意的是外环境设计不光是铺面设计。

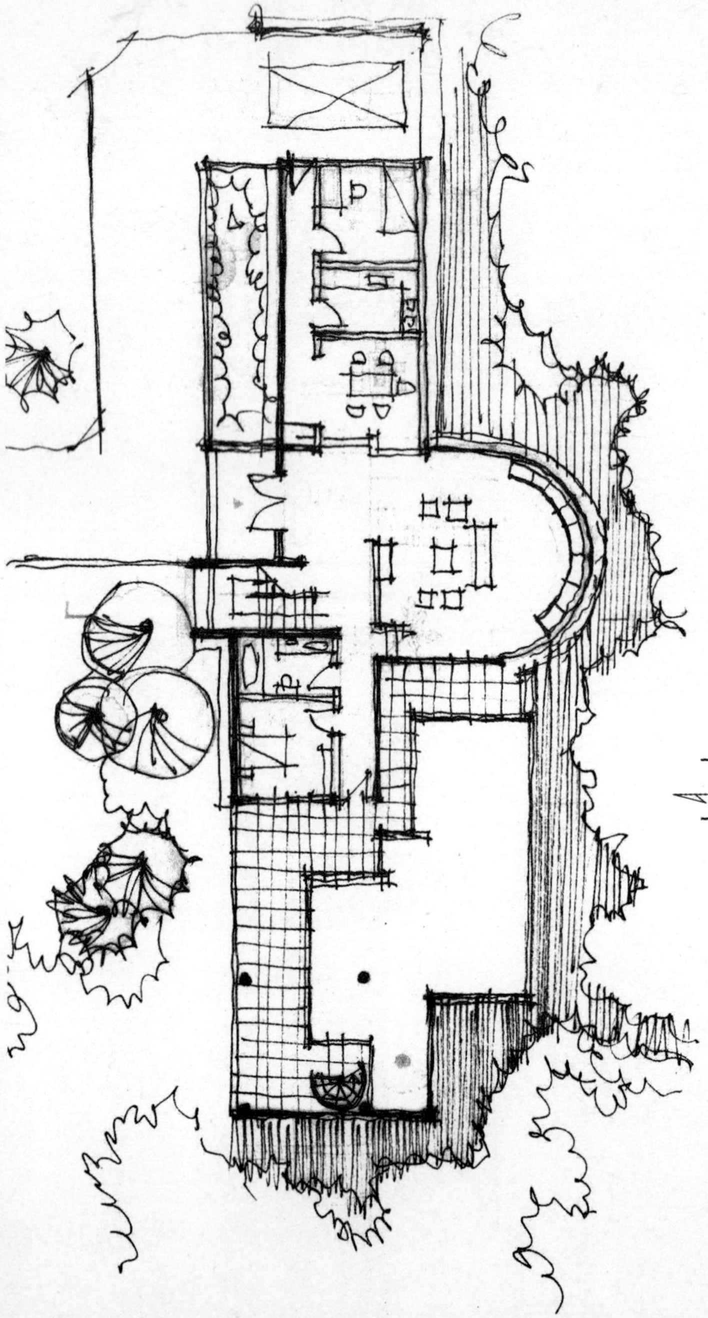

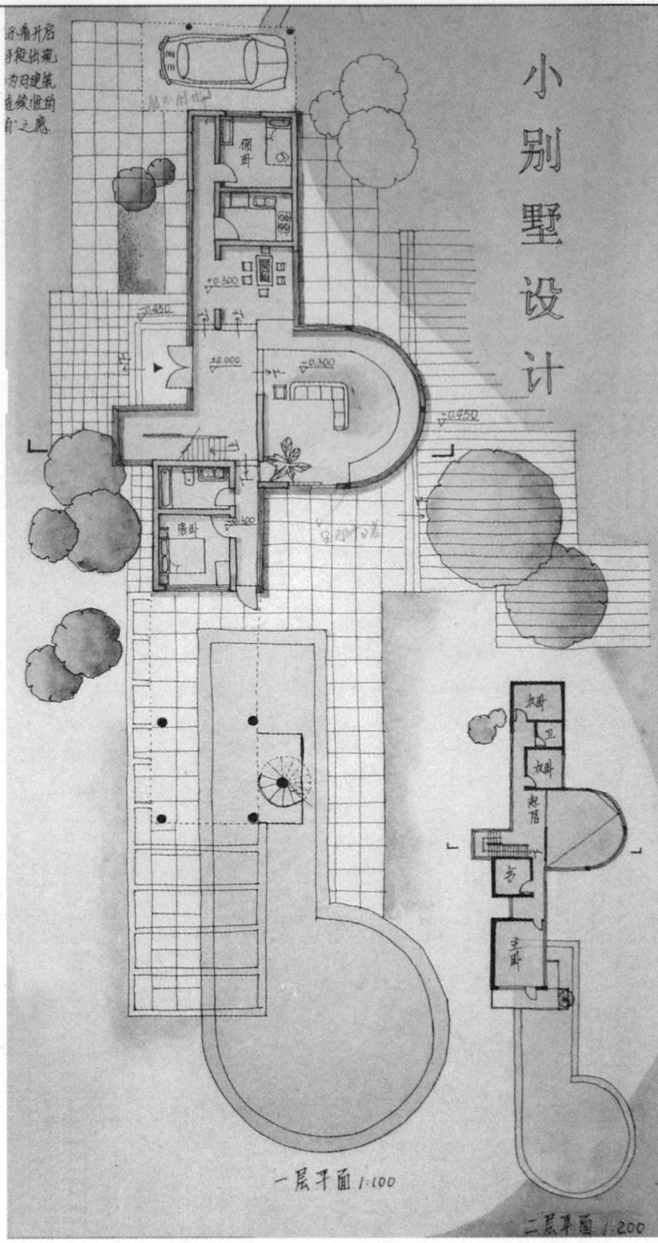

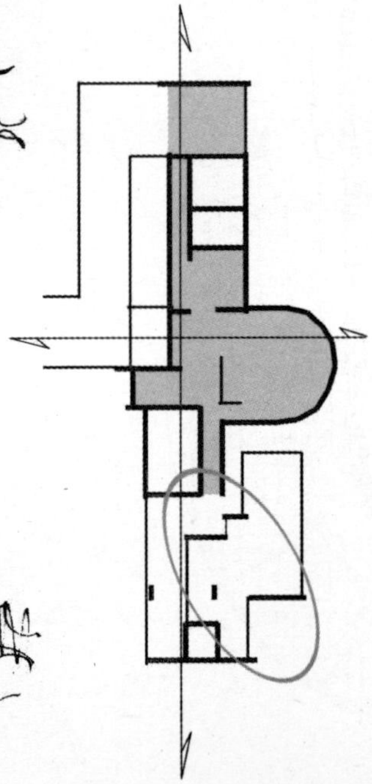

左图修改稿对原设计的外环境构成进行了适当取舍和简化，显得更有整体感。

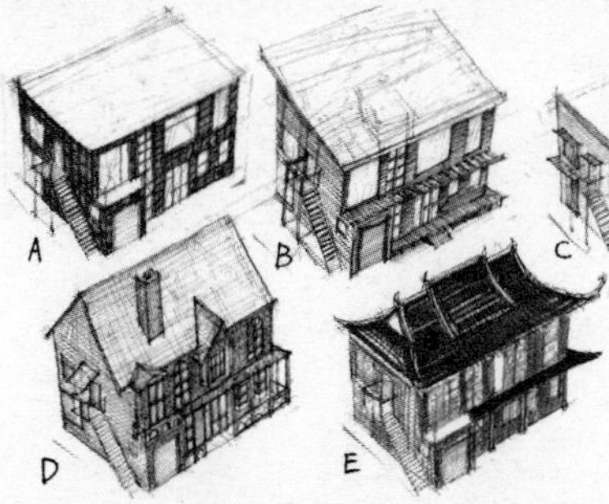

独院住宅设计点评

学生的方案推敲草图给人印象深刻，但最后的综合表现图却完成的并不好，问题是建筑内外空间都缺设计，建筑造型的比例推敲也不够精到。集中式布局的建筑空间简洁，处理不好就可能使设计变得平庸而单调。建筑设计包含多方面内容，室内空间与功能设计、室外环境设计、建筑周围道路设计以及建筑造型设计等，诸种内容共同构成一个完整的方案，缺一不可，可能是因为学生理解的不够全面，设计只重表象却忽视了内容，导致了设计整体上的不够完整。

下面修改的范例对原设计空间单调的问题，有针对性的做了些必要的调整，使建筑的内外空间增加一些趣味性。

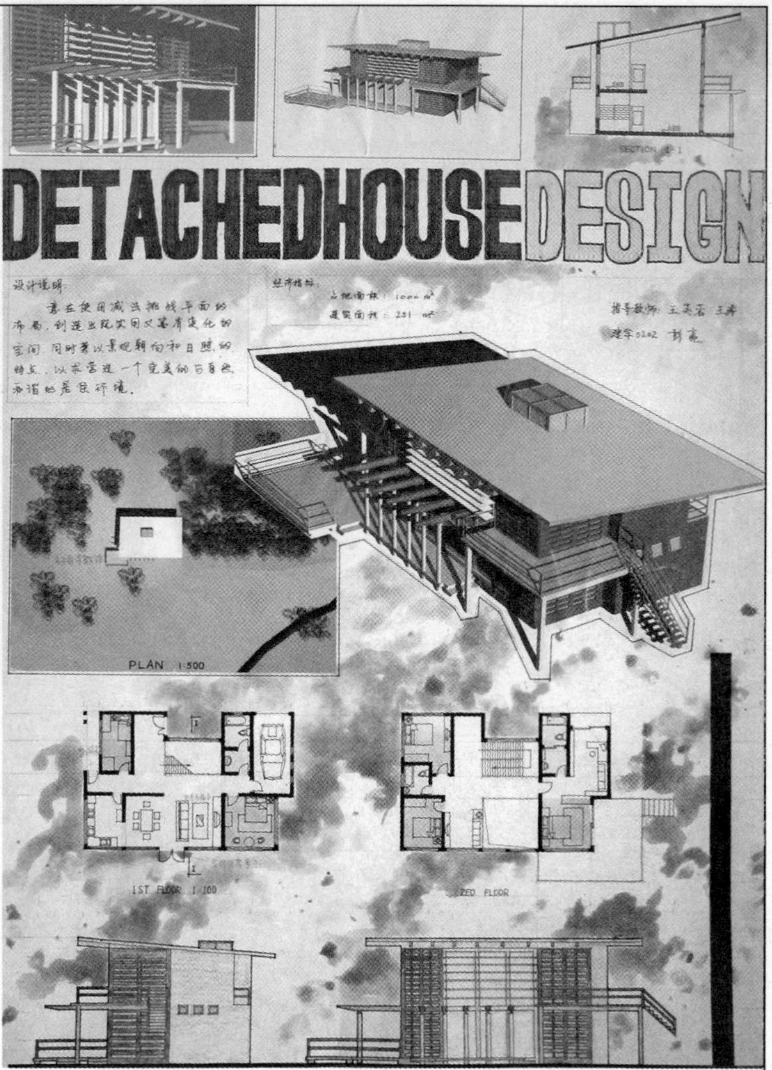

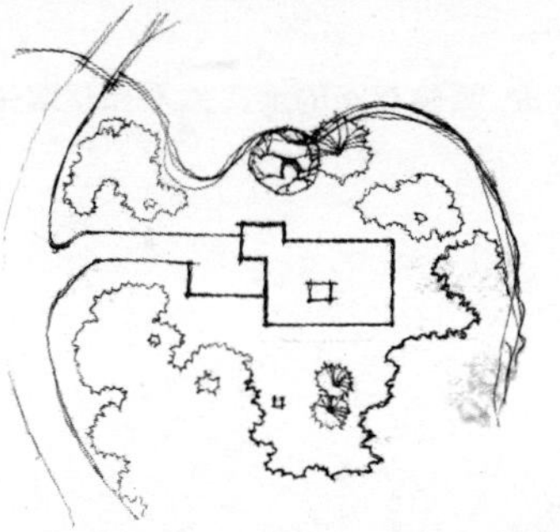

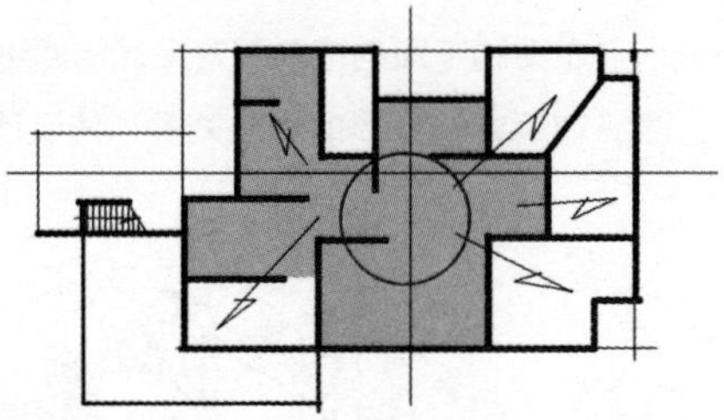

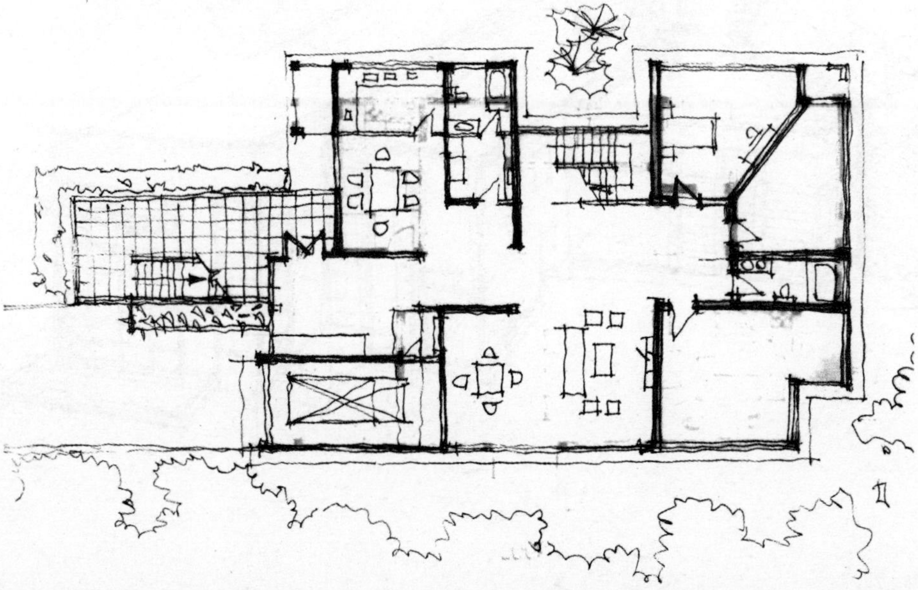

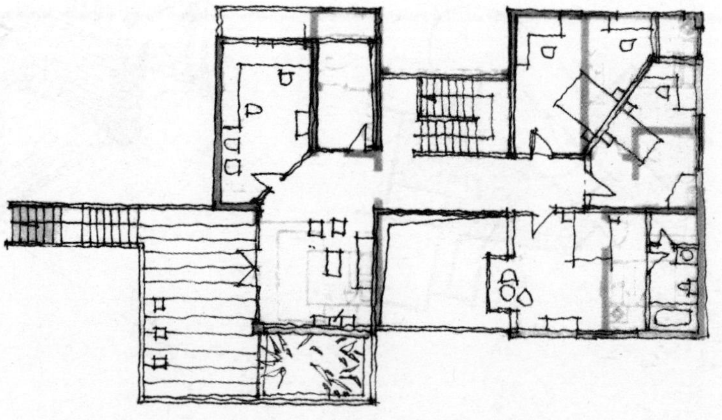

独院住宅设计点评

本作业设计者以"突围·家"为题，尝试通过建筑形体的扭转和内外空间的变化取得丰富多彩的空间，但总的看来，学生的设计手法还是比较生涩的，建筑空间的过度也不够顺畅，建筑体形组织缺乏一定程度的控制。

左图和下图的范例针对上述问题进行了一些改进，明确空间的虚实关系和从属关系，明确建筑体形的构成关系，使设计思路更清晰。

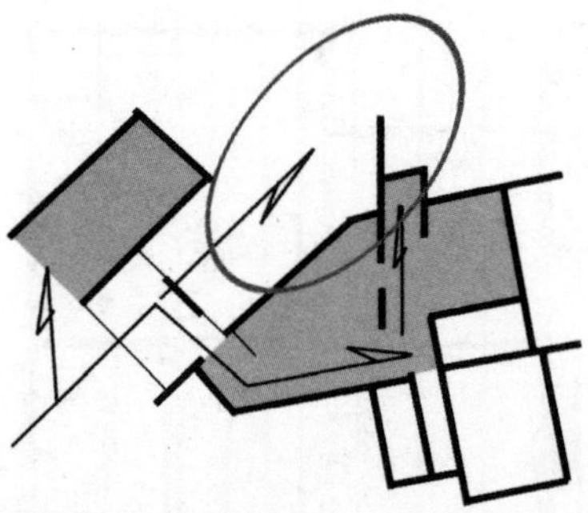

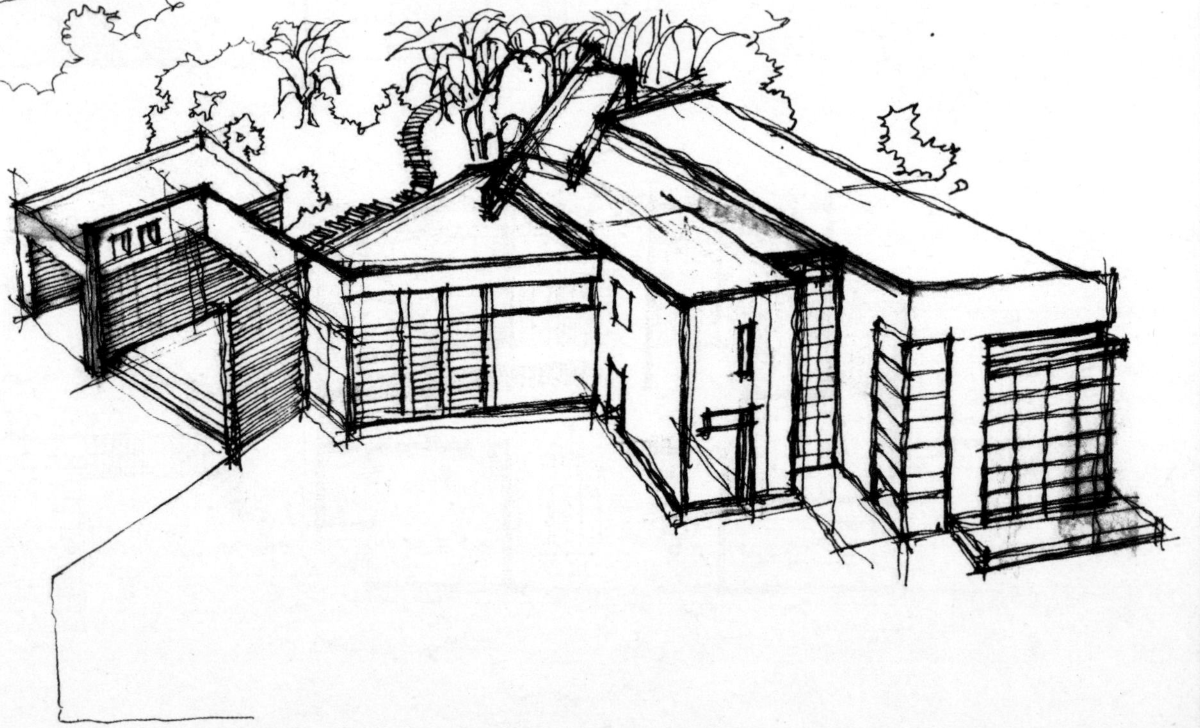

独院住宅设计点评

本设计空间塑造丰富，既有平面组合的轴线转换又有空间的层叠，该学生组织复合空间力度不够，使设计显得有些零乱，建筑的动线组织也不是很清楚。

对原设计进行一些调整，强调主流线的有序和变化，在配合建筑周围的自由园林路的设计，使设计在严谨中透出灵性，如下图所示。

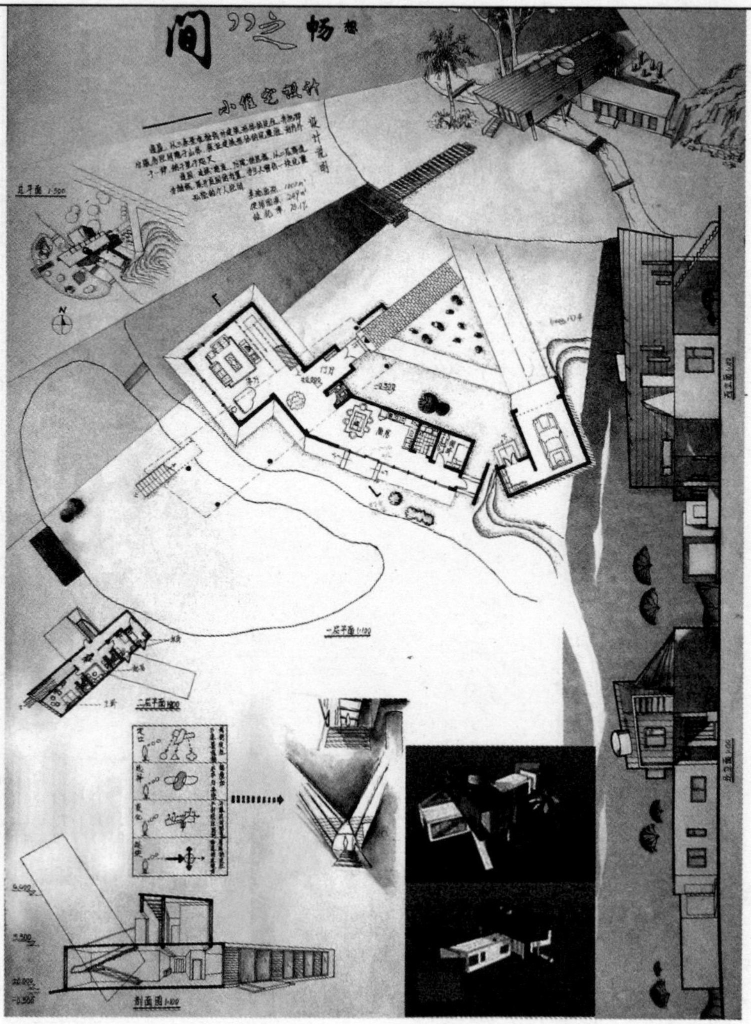

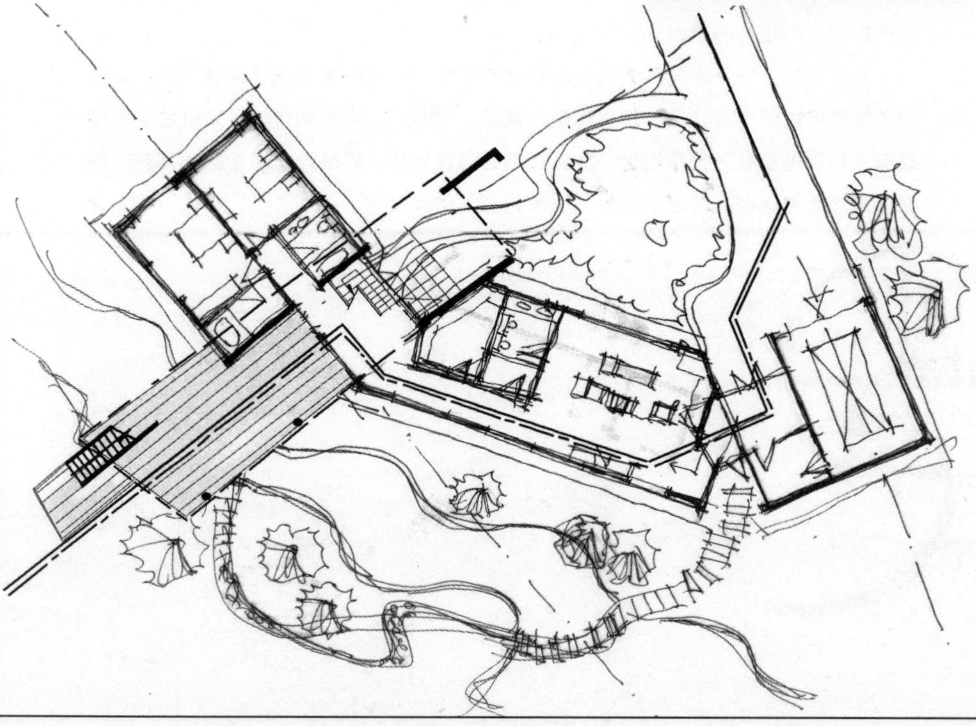

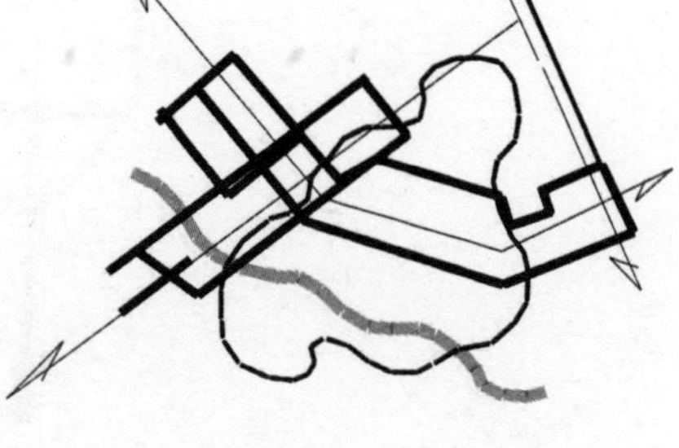

独院住宅设计点评

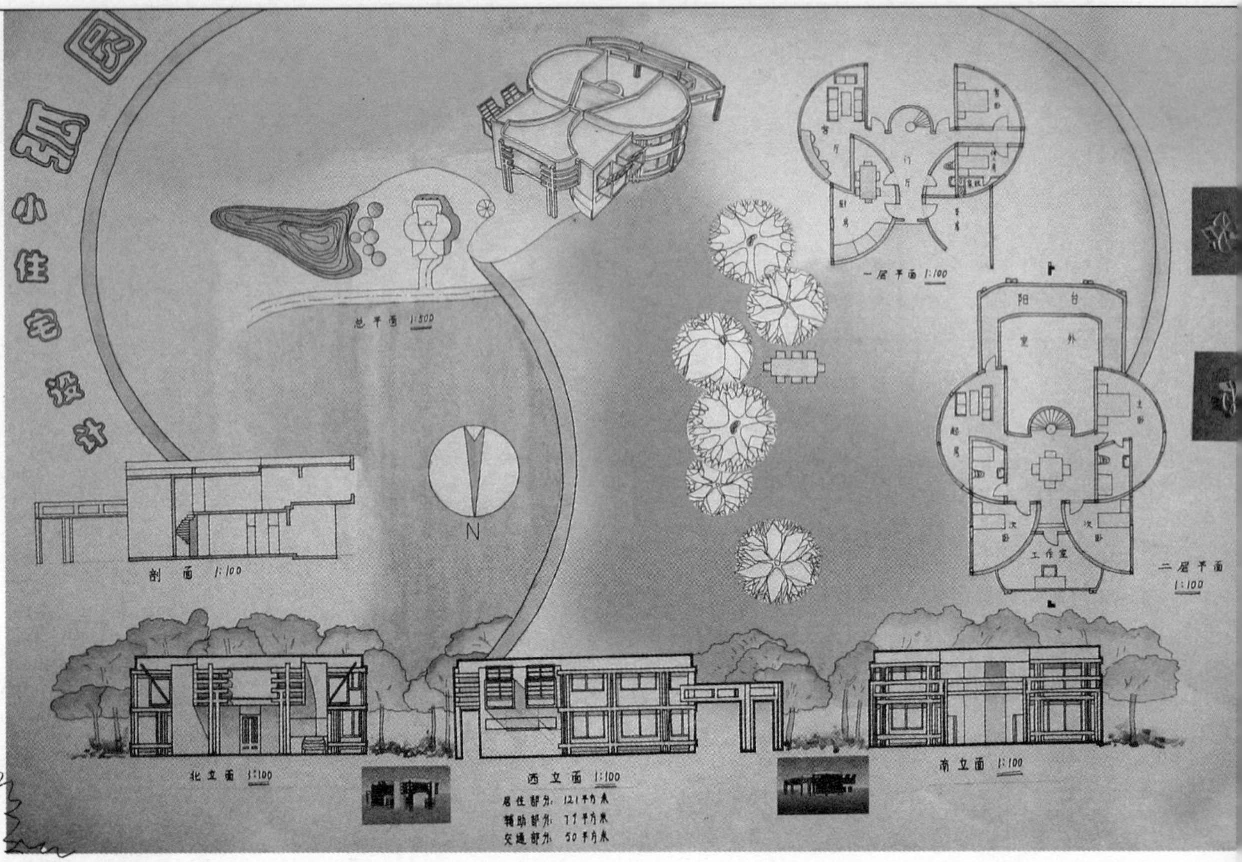

初次涉及建筑设计，学生常常采用或参考具象的形式，并以此出发进行空间与形态的建构。仿生设计是设计的一种方法，但要正确理解其含义，在建筑设计领域的仿生设计不应该把仿形态作为重点，而是应在充分理解内部规律的基础上去升华自然规律，用建筑的语言去表现空间。

上图的学生作业建筑形象类似蝴蝶，不管其本意是刻意去设计蝴蝶形态，还是运用弧形母题进行设计，其结果都是一样的，显得过于牵强和单调。如果是参考蝴蝶形态利用母题进行创作设计，就大可不必强调对称，而是如左图示范的那样，根据建筑功能需要进行自由的组合，去取得空间的丰富感。

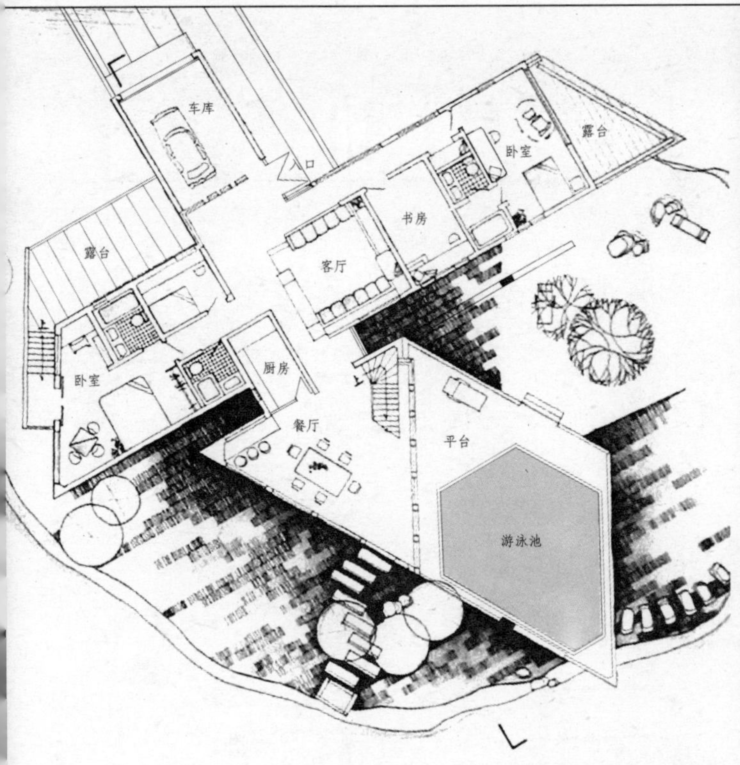

一层平面图

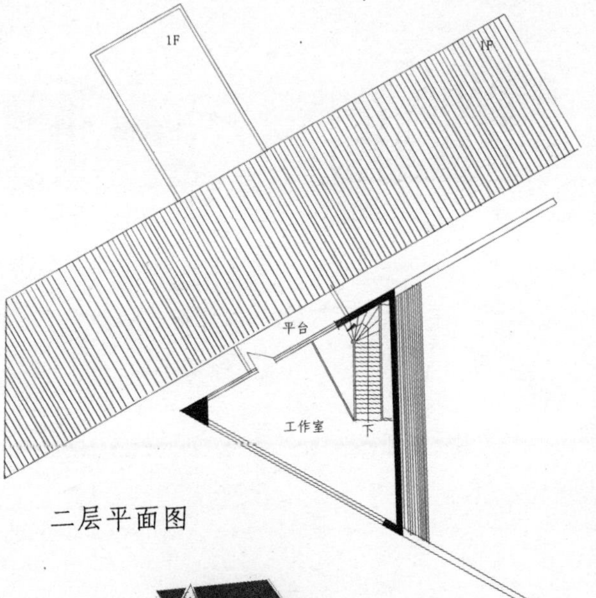

二层平面图

体型设计示意图

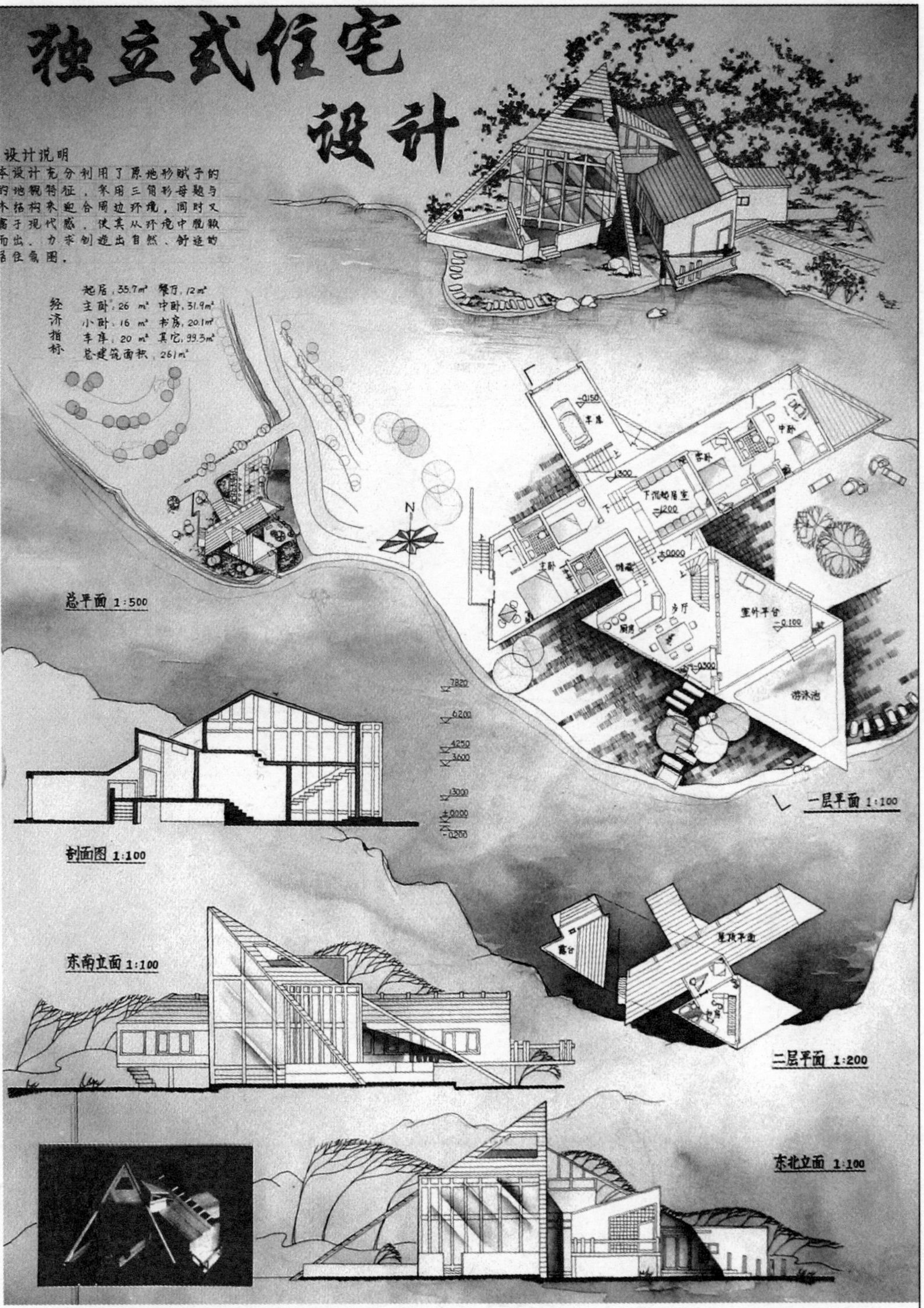

上图实例是空间概念不清楚，平、立、剖面所指含糊的典型案例，在初学者中比较普遍，应当受到特别重视。如果设计者对自己的方案都没有弄明白，怎么可能叫别人明白你的设计意图呢？即使自己清楚自己的方案，也要动脑筋想办法把构思表现的清晰明了，方便别人理解。左面的教师所做范例，简洁扼要、图形所指明确、关系交代也比原图清晰。

独院住宅设计点评

在建筑设计基础教学阶段，外环境设计不完整、设计重点不突出是非常普遍的问题。右图即是一个比较典型的例子，在这一实例中，建筑空间设计和建筑造型设计完成的还不错，但建筑入口环境设计不到位，一是入口组织比较分散，二是外环境的界线模糊。下图修改范例把原设计的入口合并成一个主入口，以庭前绿化组织空间，使建筑与环境设计相辅相成。

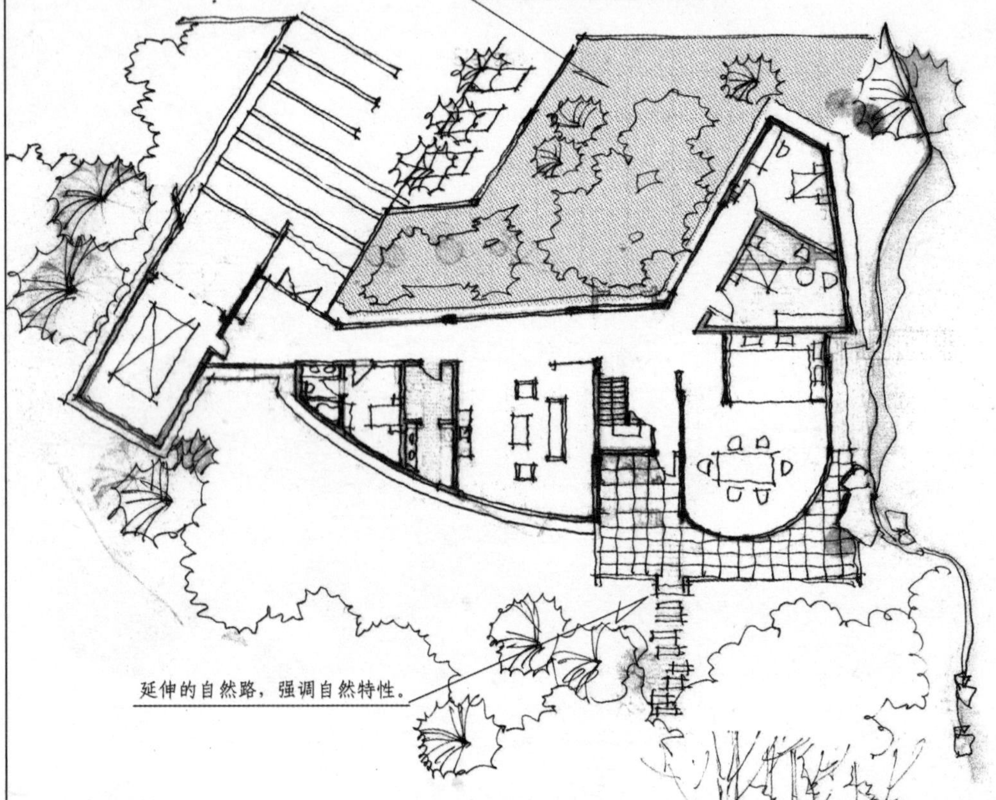

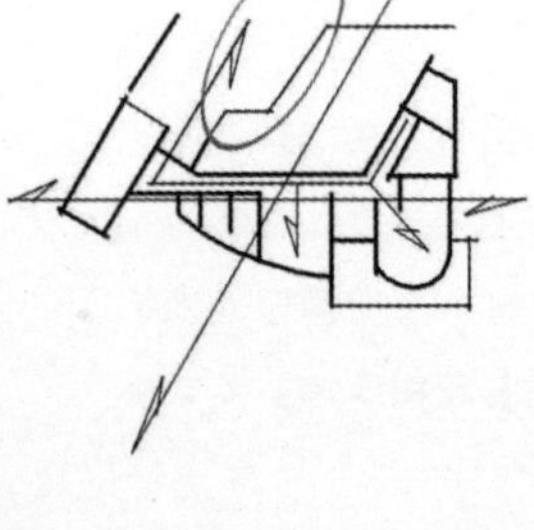

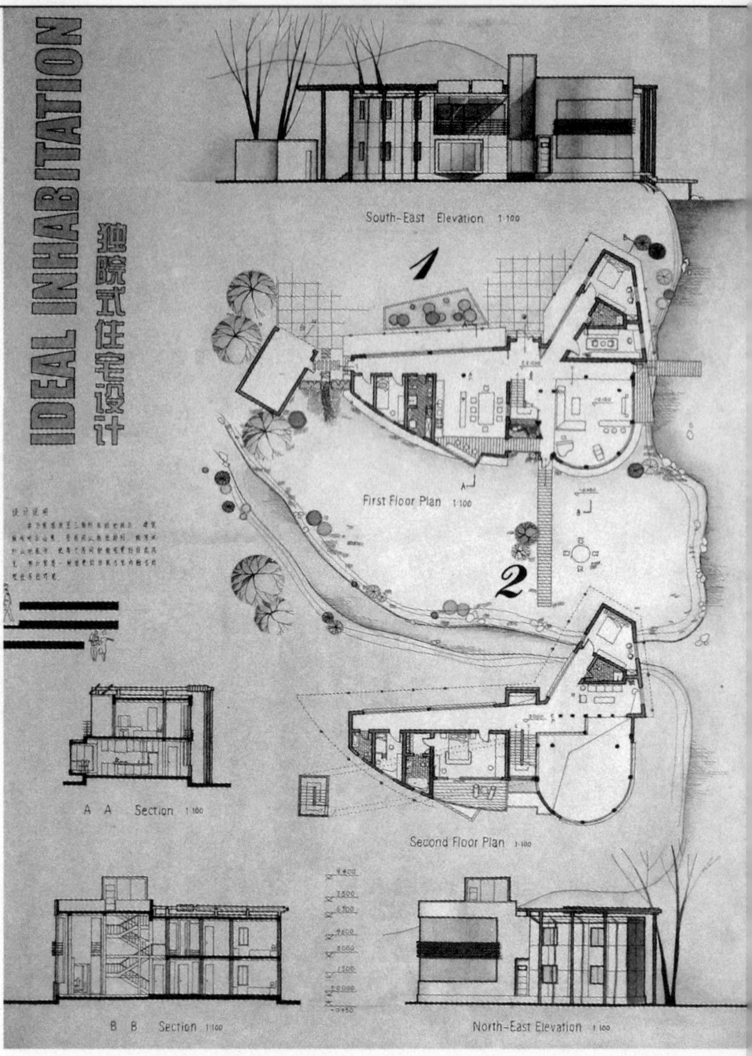

问题焦点：1处道路与庭院的关系不明朗

2处设计生硬呆板

对建筑造型进行一些改进，会显得建筑更舒展。

独院住宅设计点评

右图方案在发挥景观优势，创造自然清新的建筑方面做得很好。但是方案的不足也显而易见，平面铺展的过开，使设计有画蛇添足的感觉。很多学生在做建筑设计时，有意将建筑范围扩大以取得设计的丰富多彩，适当增加建筑的外延是可以的，但要有度，不能无限制。下图范例对原设计尤其是外环境进行了一些必要的精简，使设计显得更合理一些。

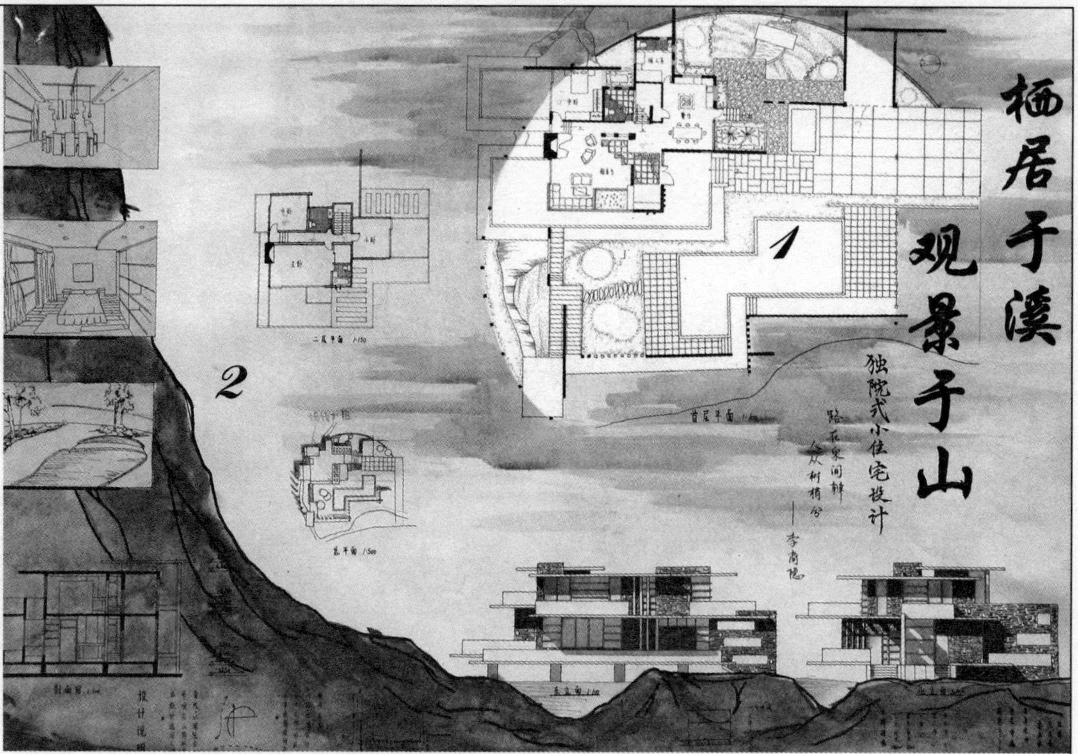

问题焦点：1处设计过于分散，铺展过大
2处的山形绘制太过夸张

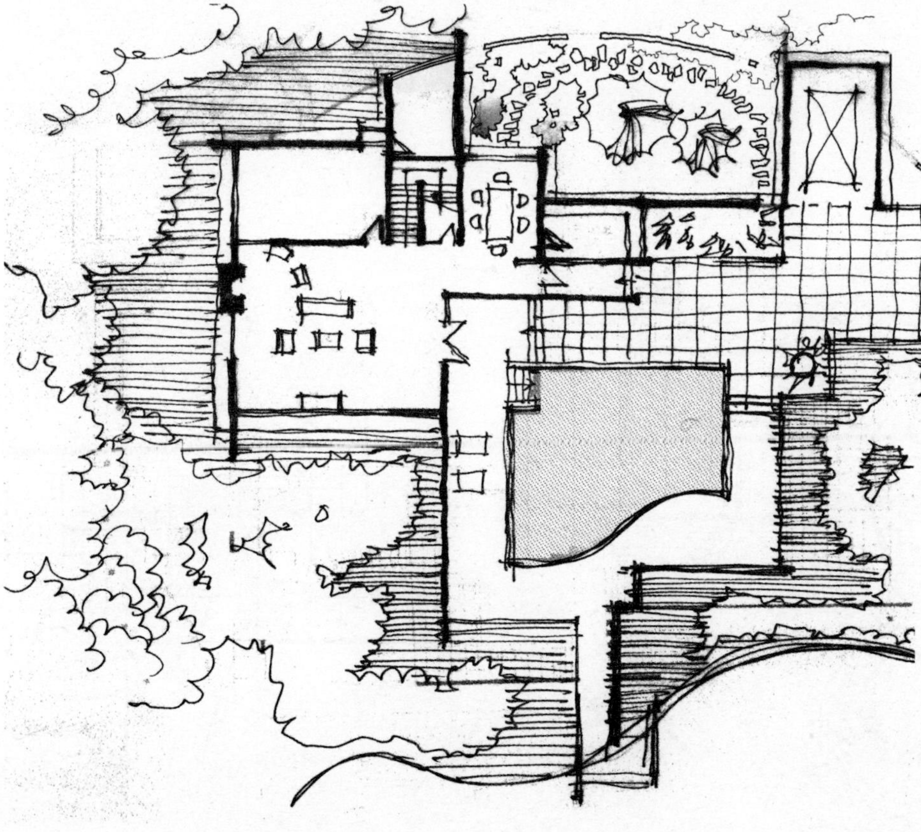

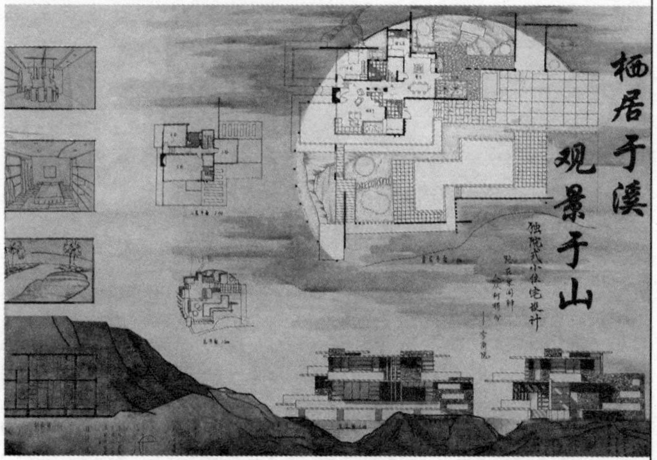

图纸构图进行适当的调整，使环境气氛更符合实际。

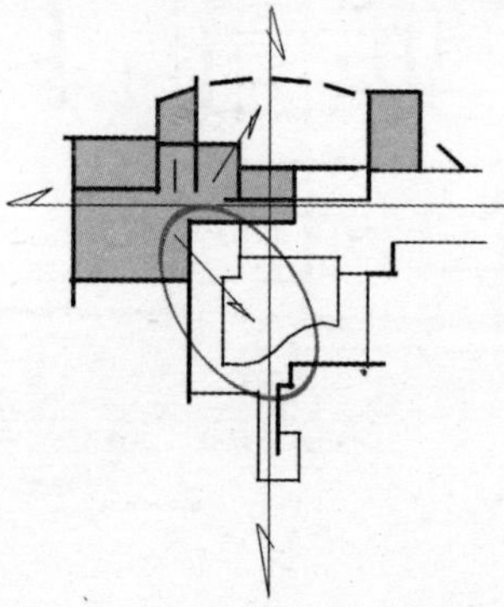

独院住宅设计点评

评价建筑设计好坏的原则不仅仅是空间及造型的丰富性，简洁也是很重要的因素，尤其内外空间的有序组织更能体现设计者的专业素质。右图虽然在空间的丰富性上下了很多工夫，但因设计重点分散，使设计显得有些零乱，比如图中跨河的连廊，挑台、汀步之间就有重复的问题，如果对设计进行一些简化，会显得成熟一些，如下图所示。

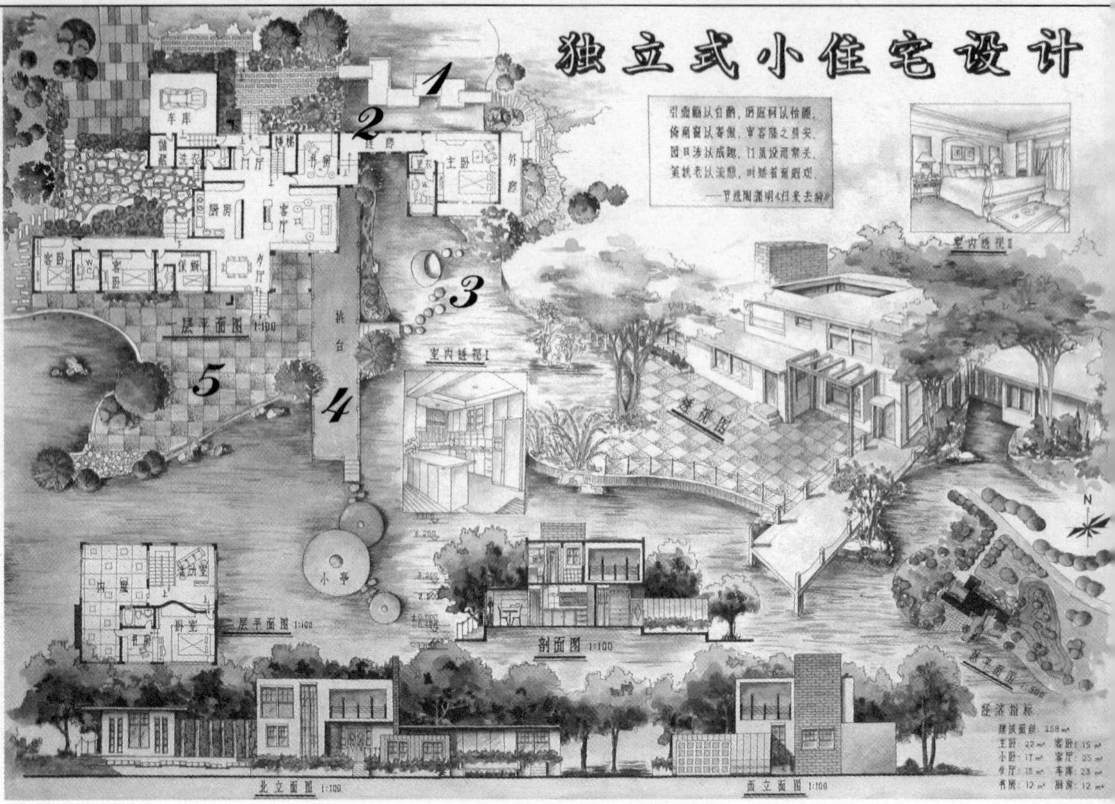

问题焦点：1、2、3处设计重复，
4、5处重复且大而不当。

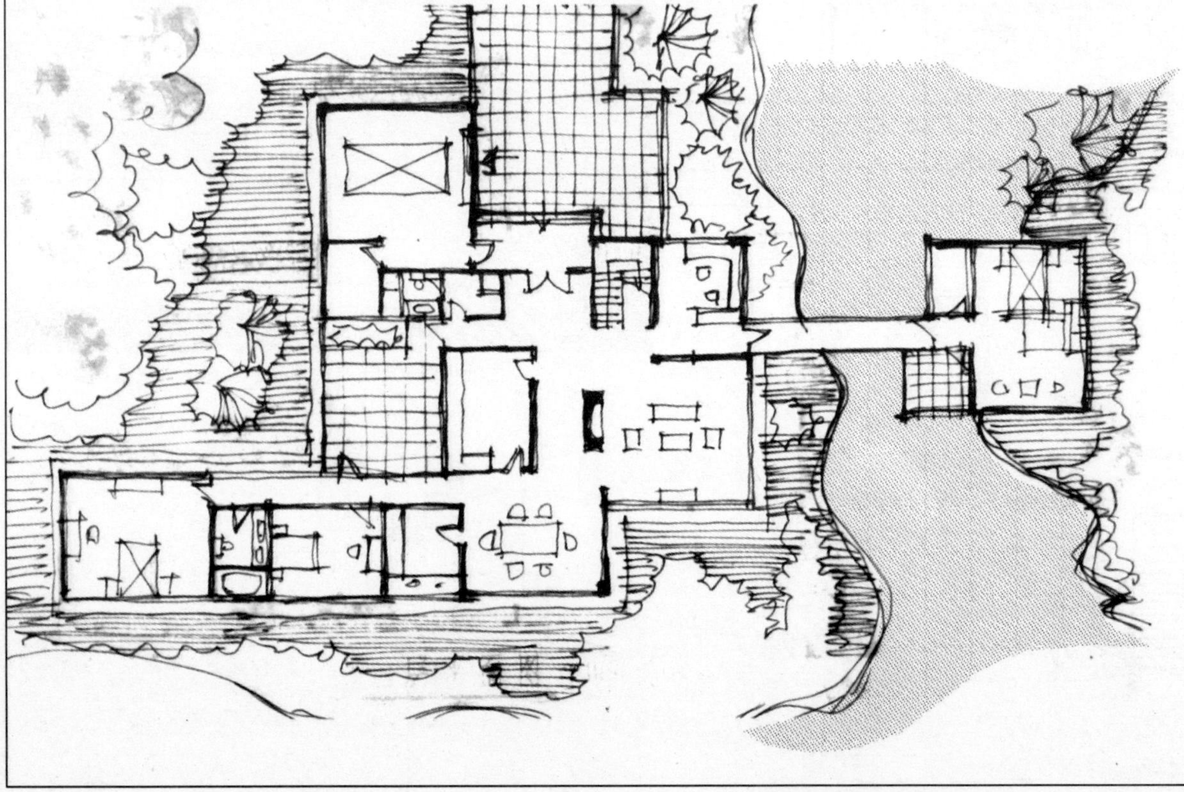

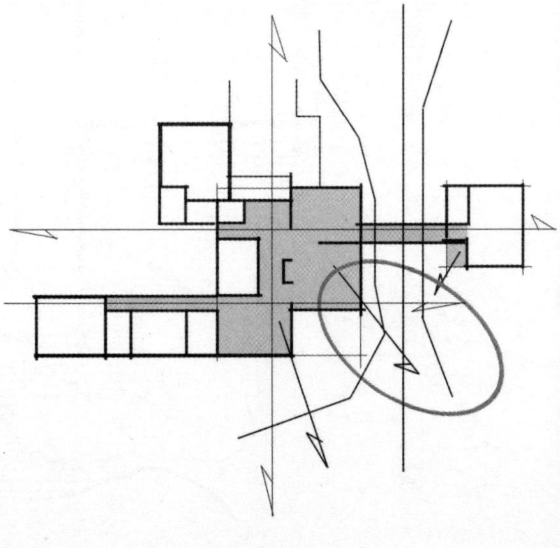

独院住宅设计点评

过度强调平面的构图关系，缺乏有效的功能支撑是学生易犯的毛病，如右图，虽然学生意识到了这一点，并且结合平面形式设计了一些内容，但还是显得内容单调琐碎，下图通过均衡内容与形式，形成功能中心，使设计更充实，也更理性。

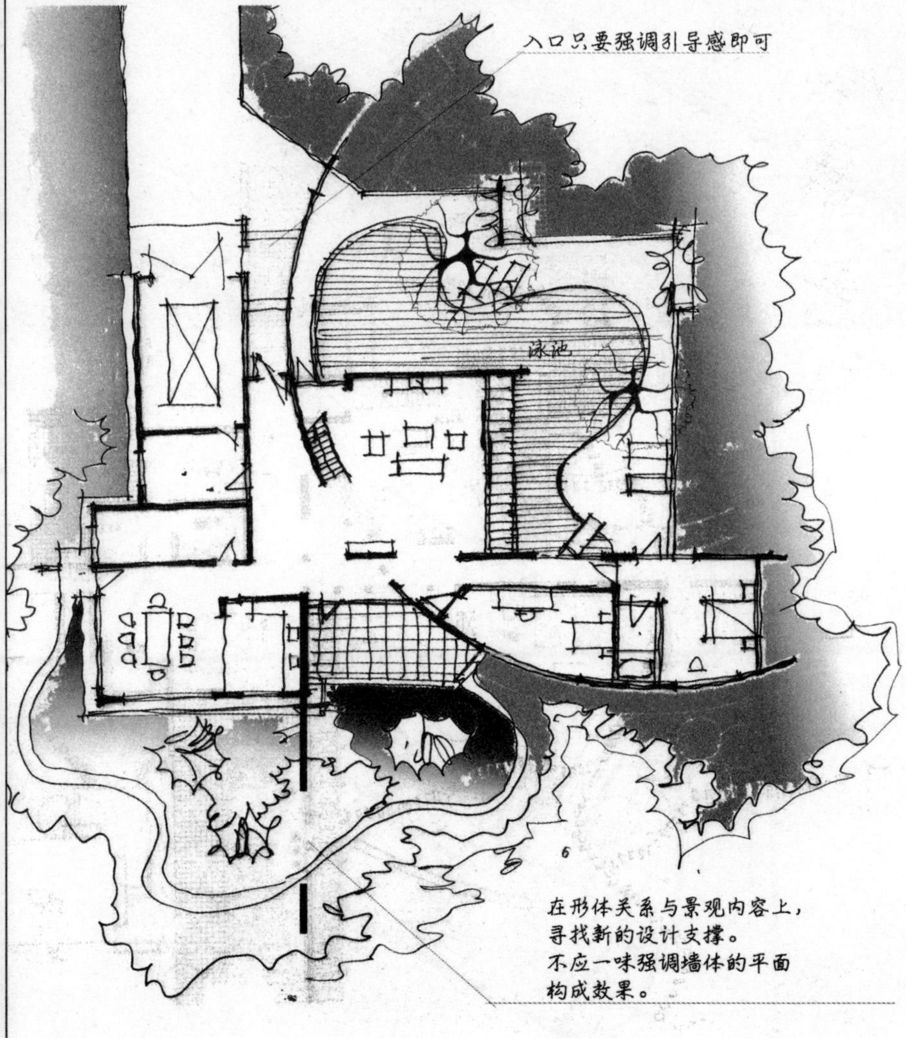

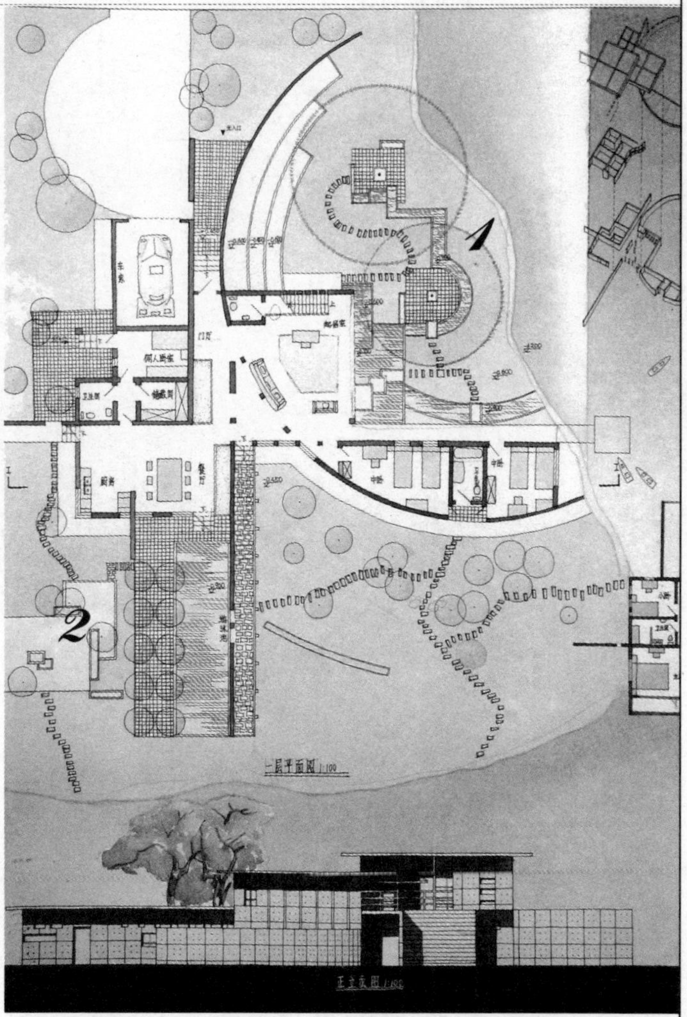

问题焦点：1和2处的设计使方案趣味中心过于分散

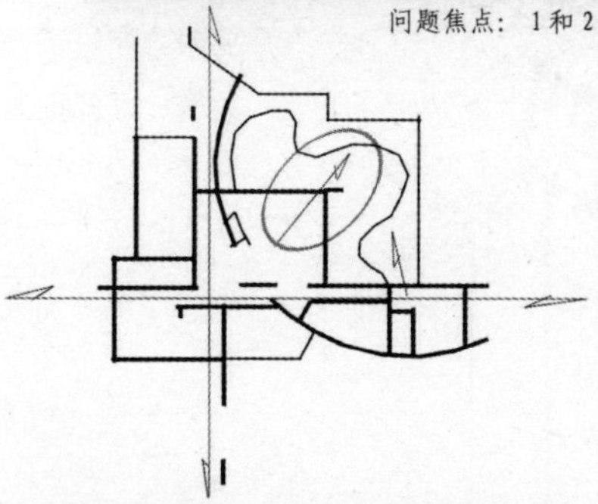

独院住宅设计点评

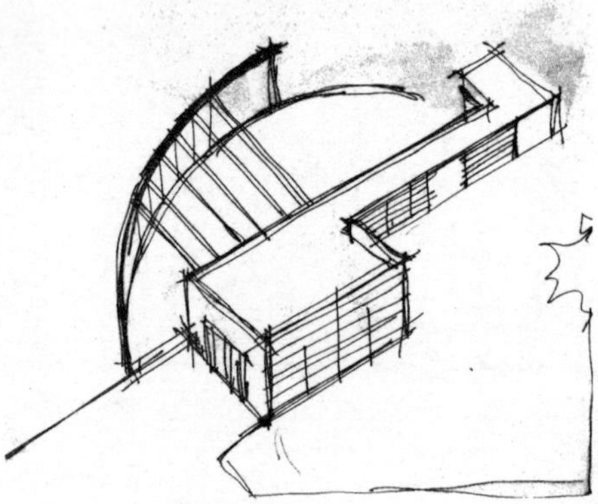

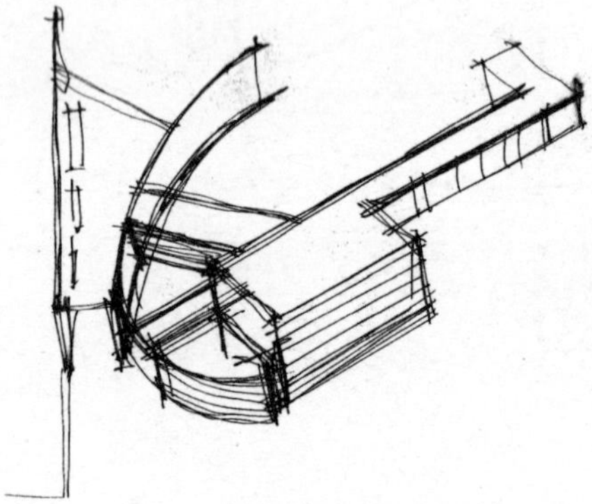

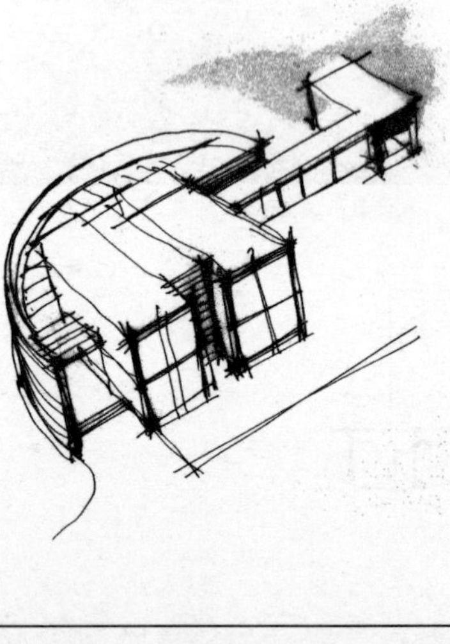

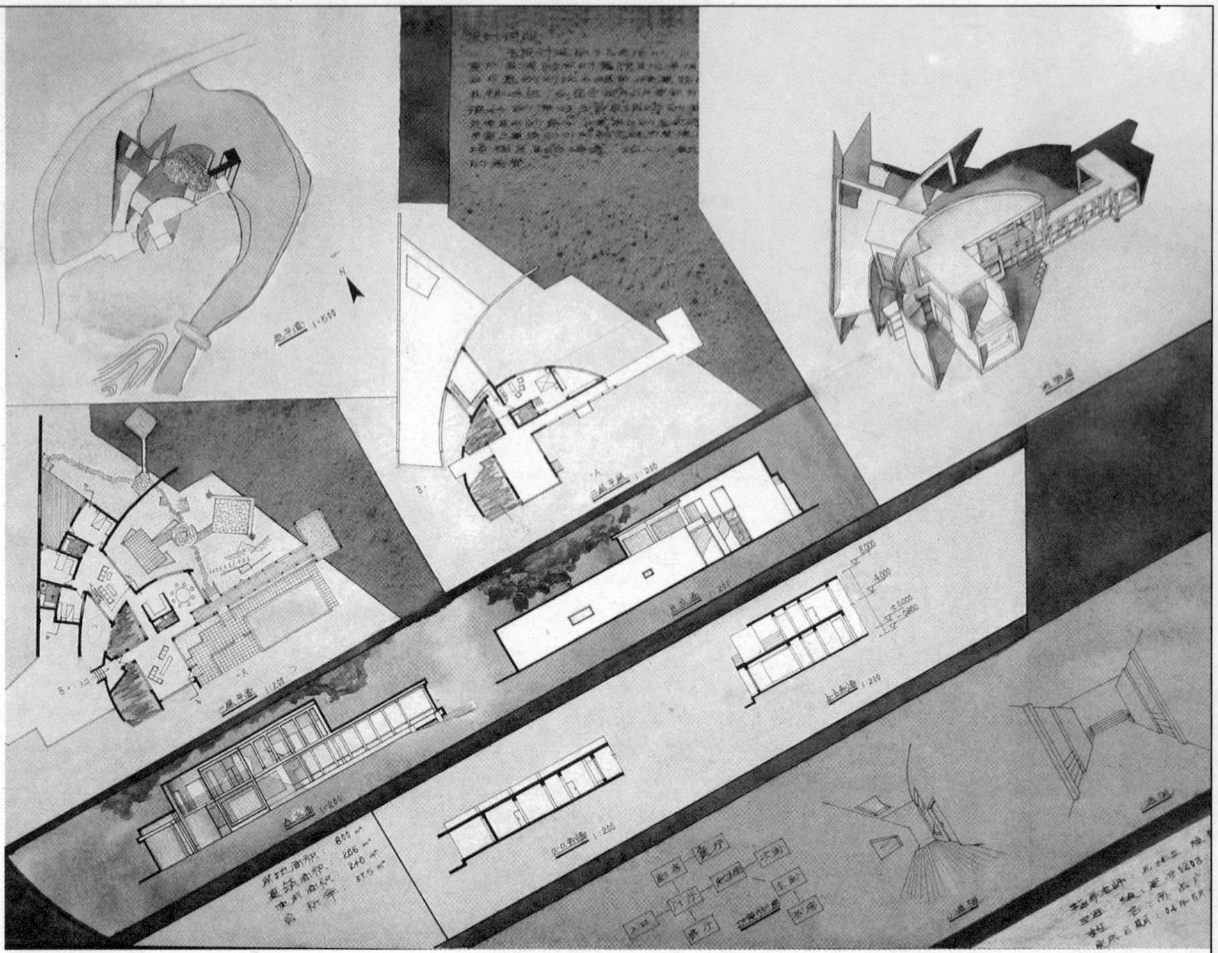

上图设计可分解为几种设计，形式与出发点不同，但都合理，如左图所示，也就是说，原设计的空间塑造手法过多了，带来的弊病就是拖沓不爽快，这种问题是初学者普遍有的，要避免犯这样的毛病就要对方案进行仔细的推敲，不断的改善，才能提高设计能力。

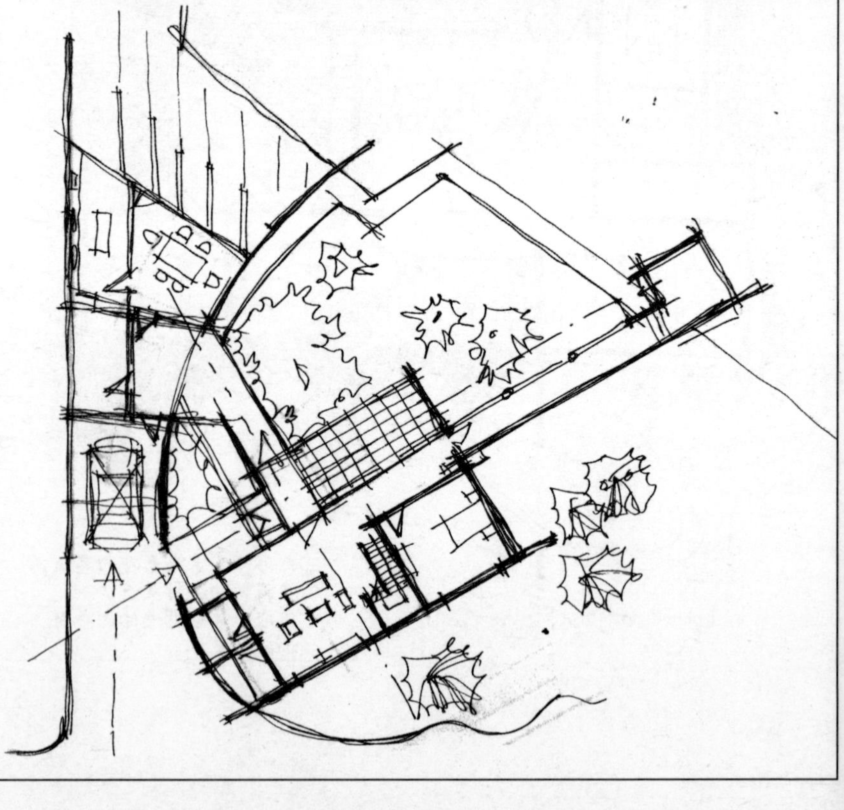

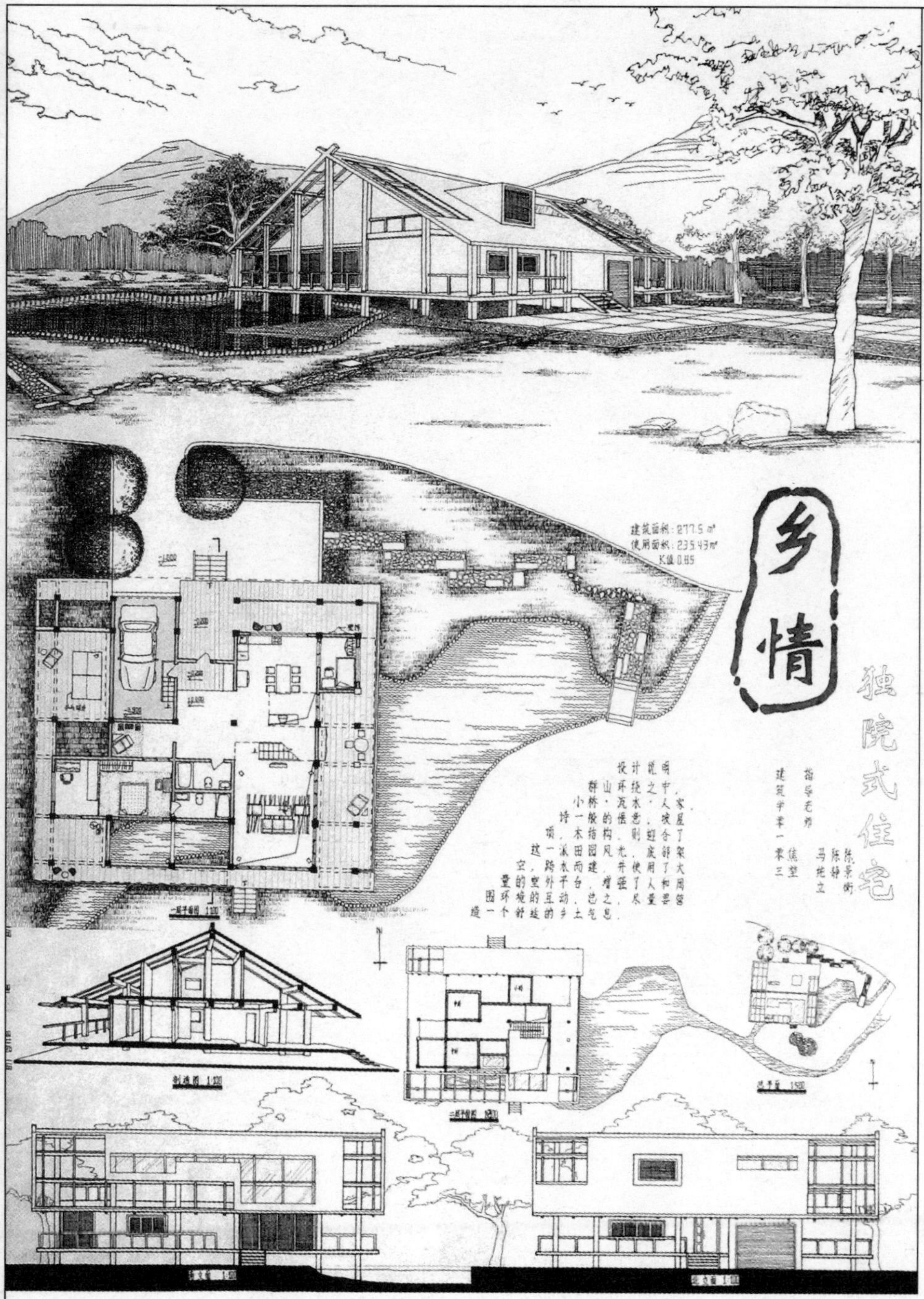

通过调整总体布局，可使建筑与水体的关系更明确，适当调整功能布局，打破方形布局，引入环境因素，可使空间更显通透流畅，突显建筑与环境的融合关系。

独院住宅设计点评

右图设计以“乡情”为设计主题，以木架斜屋面造型和临水平台等作为设计的典型要素，手法干净利落，图面处理为设计增色不少。

突出的天窗与斜屋面显得不够协调，去掉换成平开窗更协调一些。

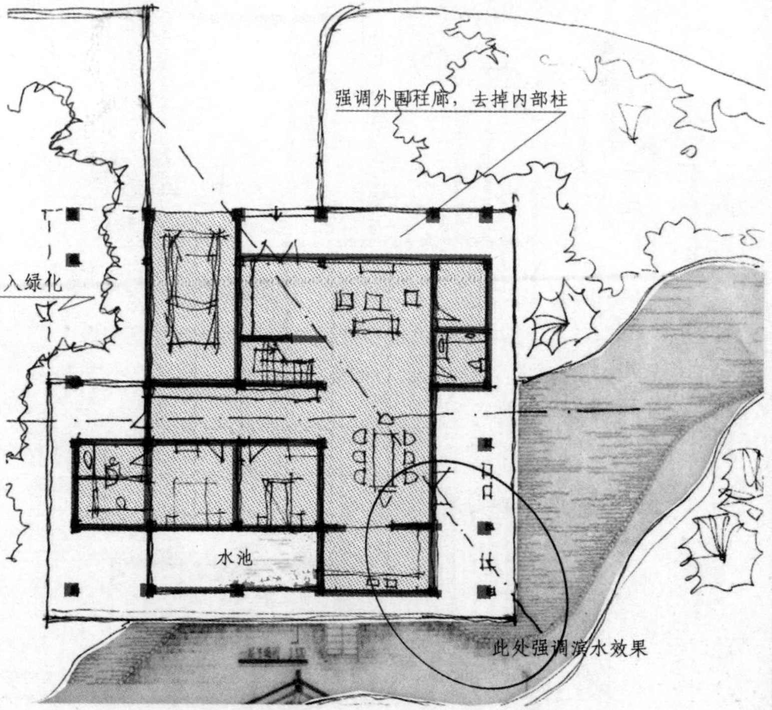

独院住宅设计点评

右图设计在建筑的入口关系及内外空间的过渡方面处理的不够理想，一般地说，建筑室外空间尤其是平台广场的设计一定和室内空间功能有关，室外场地不是越多越好，而是要做到恰到好处，以满足行为需求为准。下图通过合并入口，减少平台场地来体现设计的流畅和功能的理性。

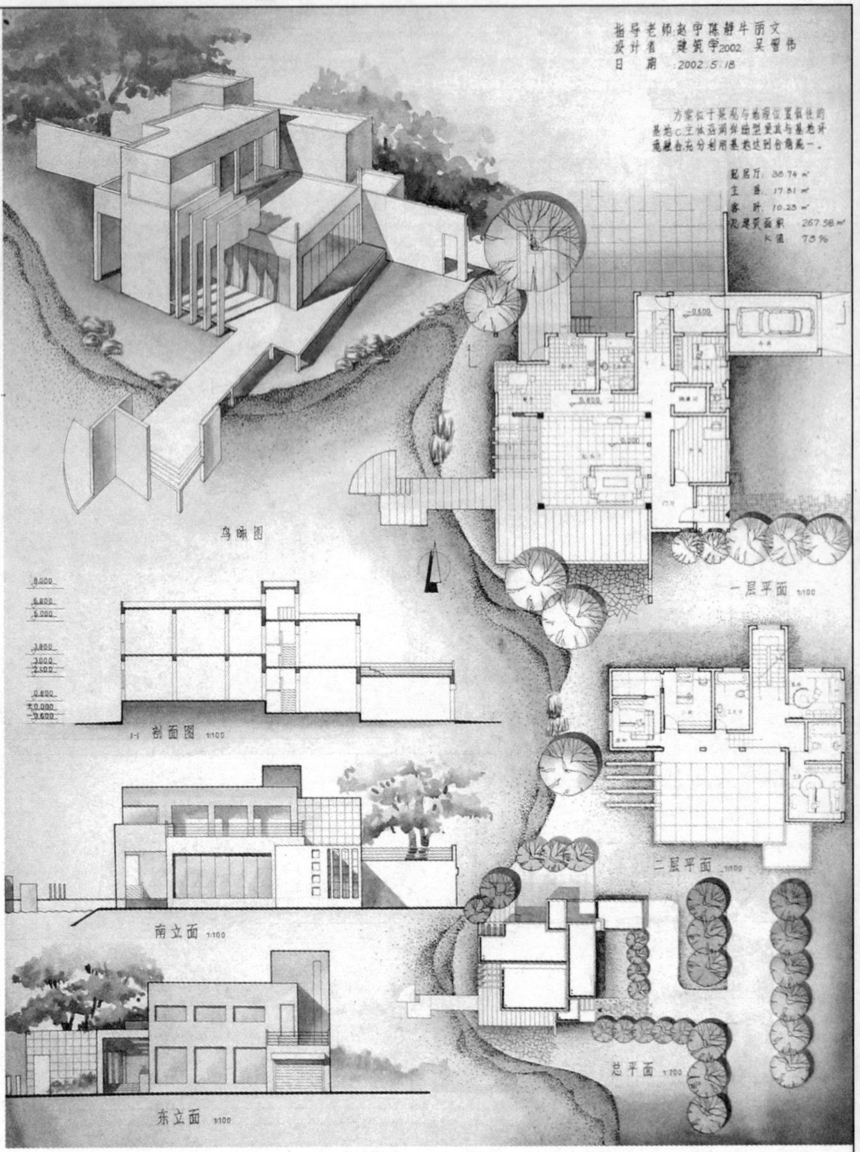

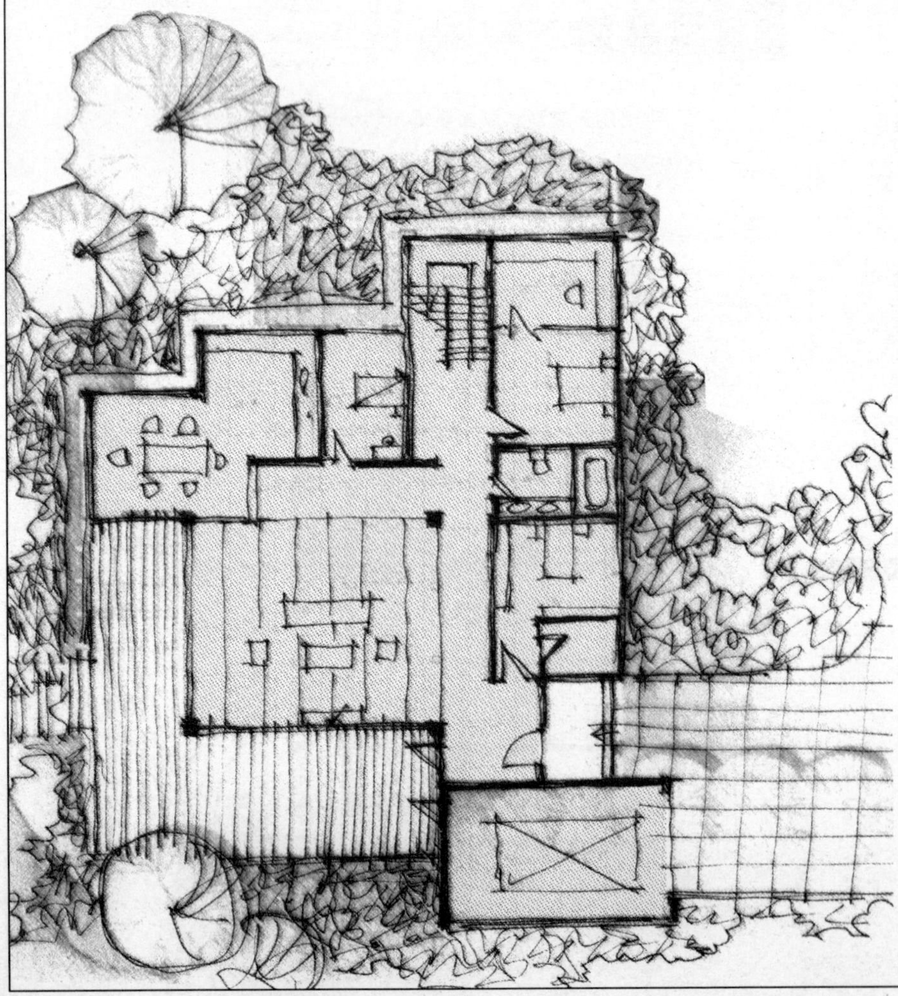

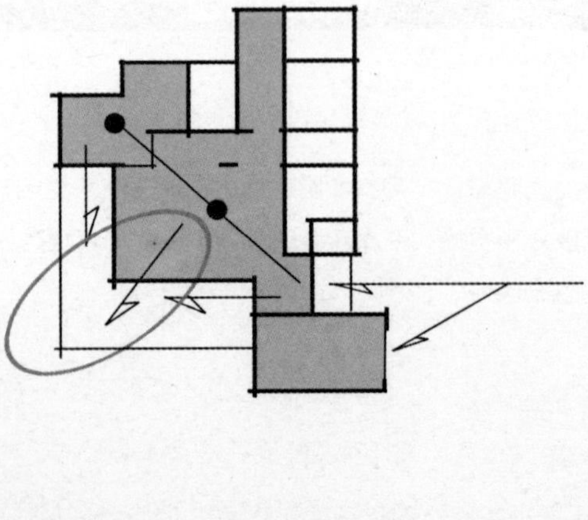

独院住宅设计点评

这一方案在利用自然环境方面做得不错，只是空间设计稍显封闭，如果有意识的在建筑中间连接处引入一些环境因素，会使建筑更显自然，滨水建筑的特点也会更明显。

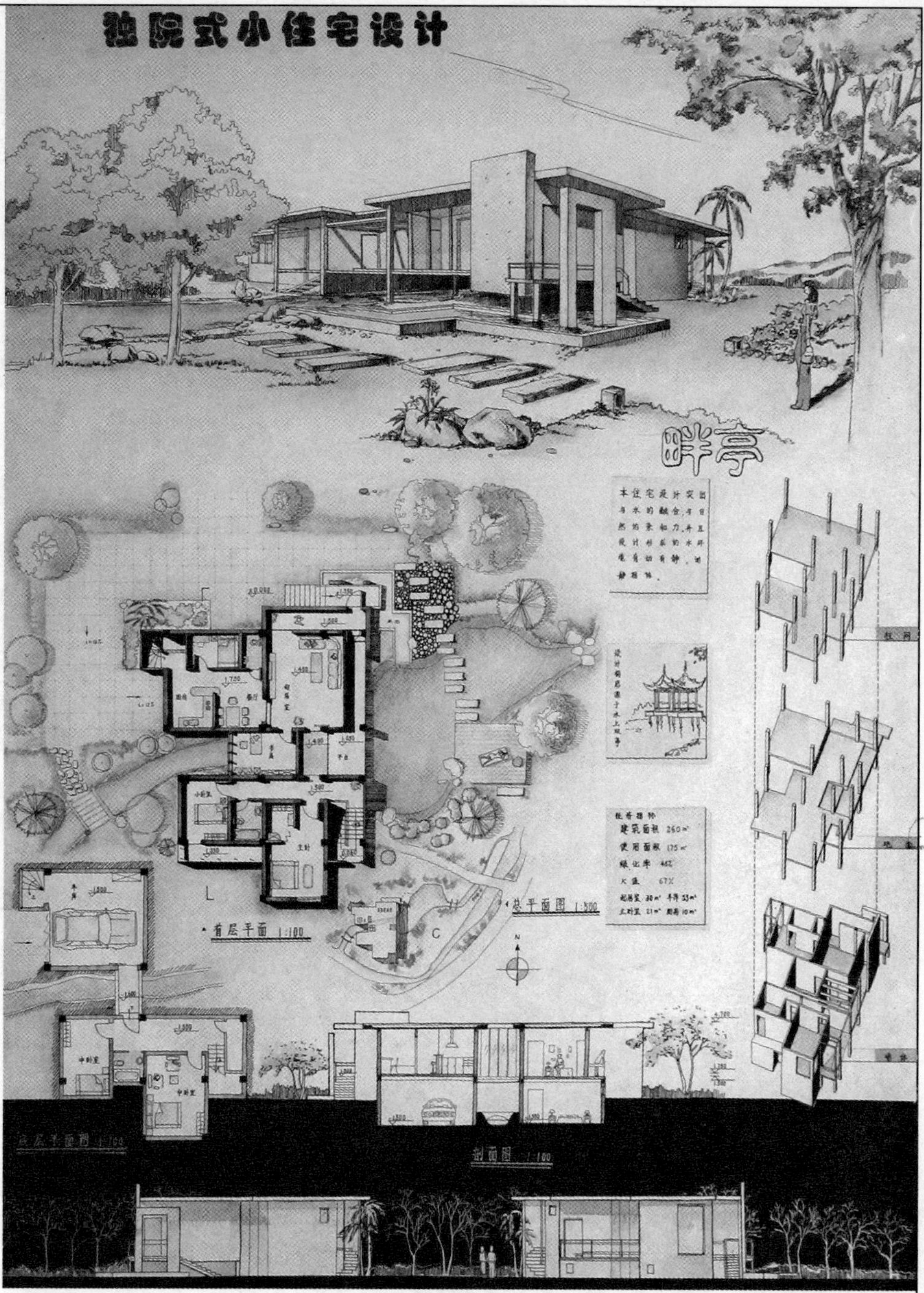

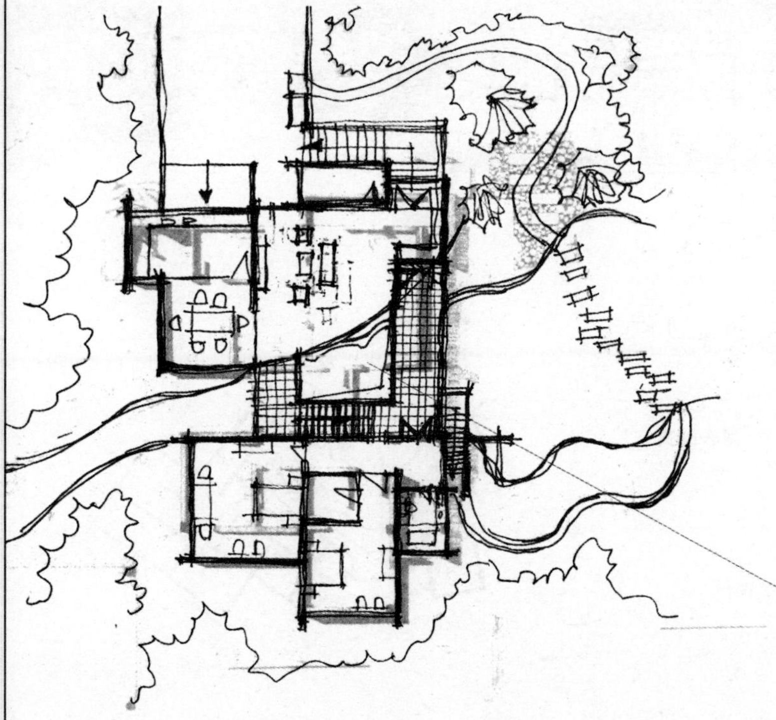

打开连接部分，使方案透气，
在空间组织上引入水体要素，
使其成为空间设计内容。

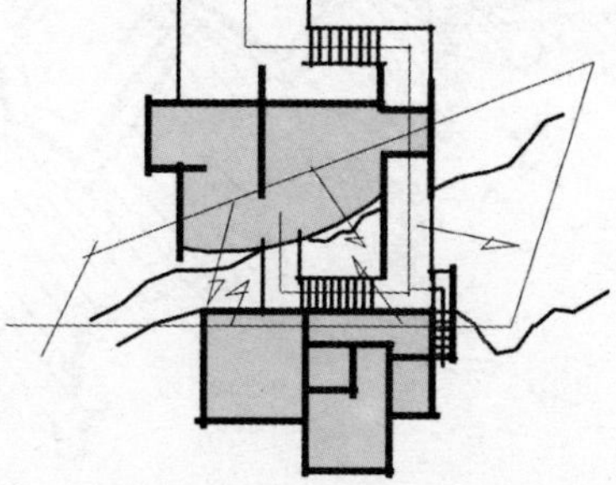

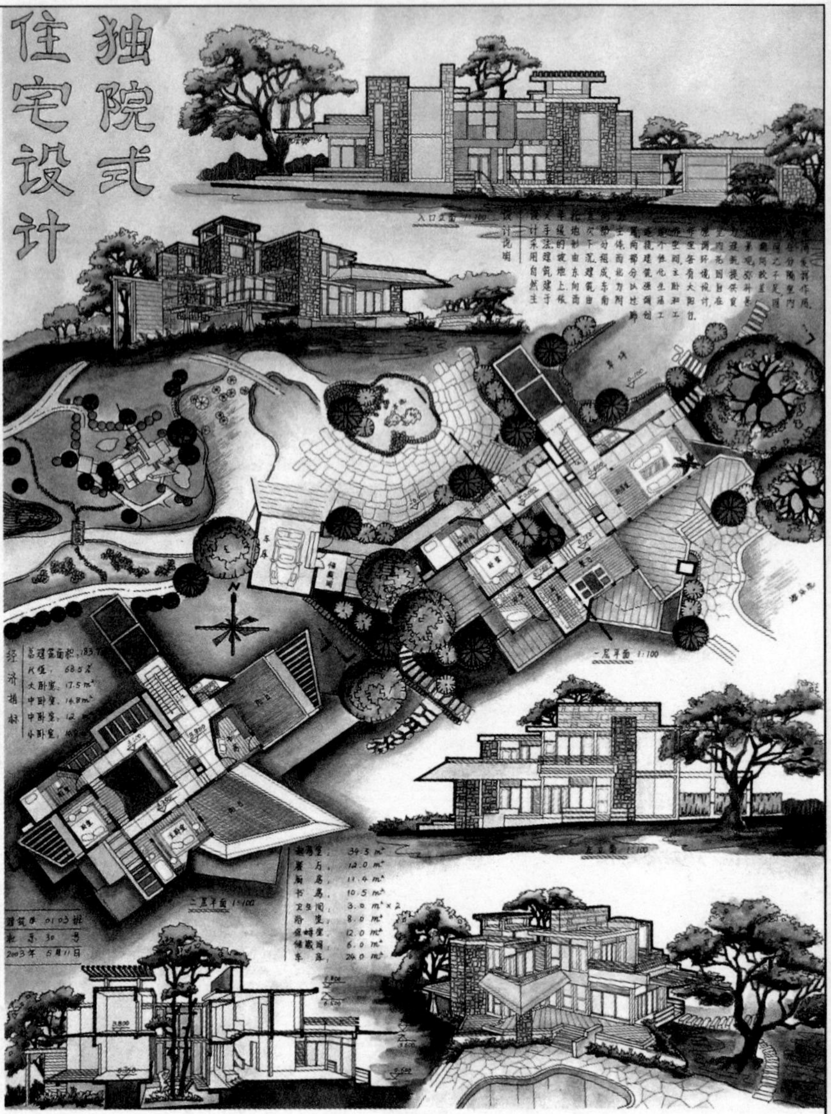

独院住宅设计点评

这份设计总得说来完成的不错，空间塑造也很丰富，但有个问题应该指出，因为设计的兴趣点过多，反而削弱了设计的主题。原方案建筑布局有明显的围合感，前面的小水池部分成为不可替代的视觉中心，这一部分的设计也就显得非常重要了。一般说来，设计中有一个趣味重心就足够了，接下就是如何组织空间与功能，建立空间场所了。

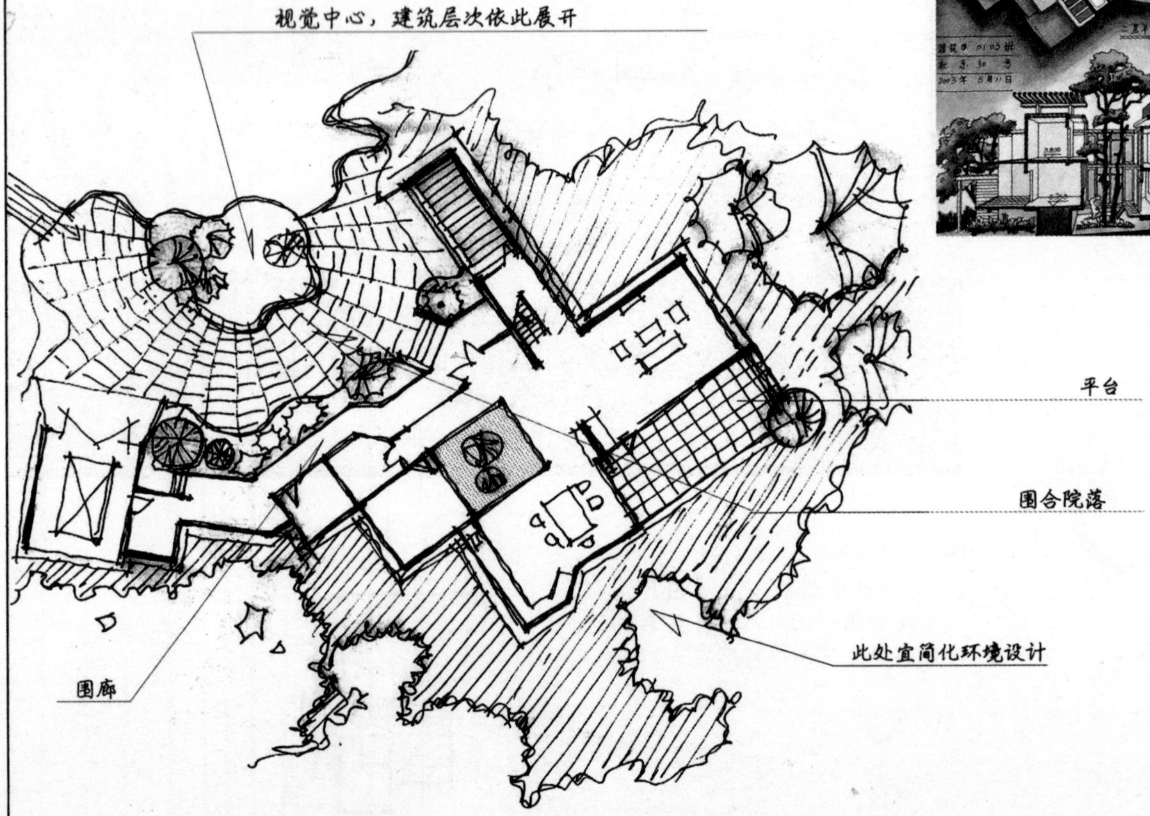

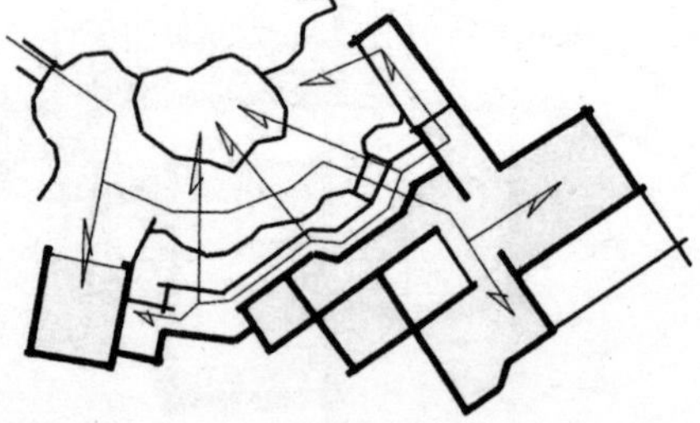

独院住宅设计点评

右图设计采用围合的建筑手法创造建筑与环境融合的人居空间，设计概念是清楚的，只是手法运用不是很成熟，空间转换、对景、借景等处理手法运用较生硬，有些墙体运用也显得牵强。下图在原方案的基础上进行了一些调整，在入口处设计趣味空间，围绕中间庭院设计回廊，适当梳理功能布局，使建筑设计更加理性化。

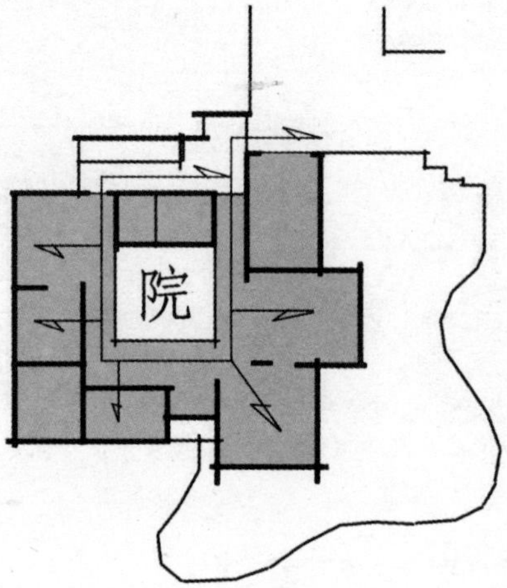

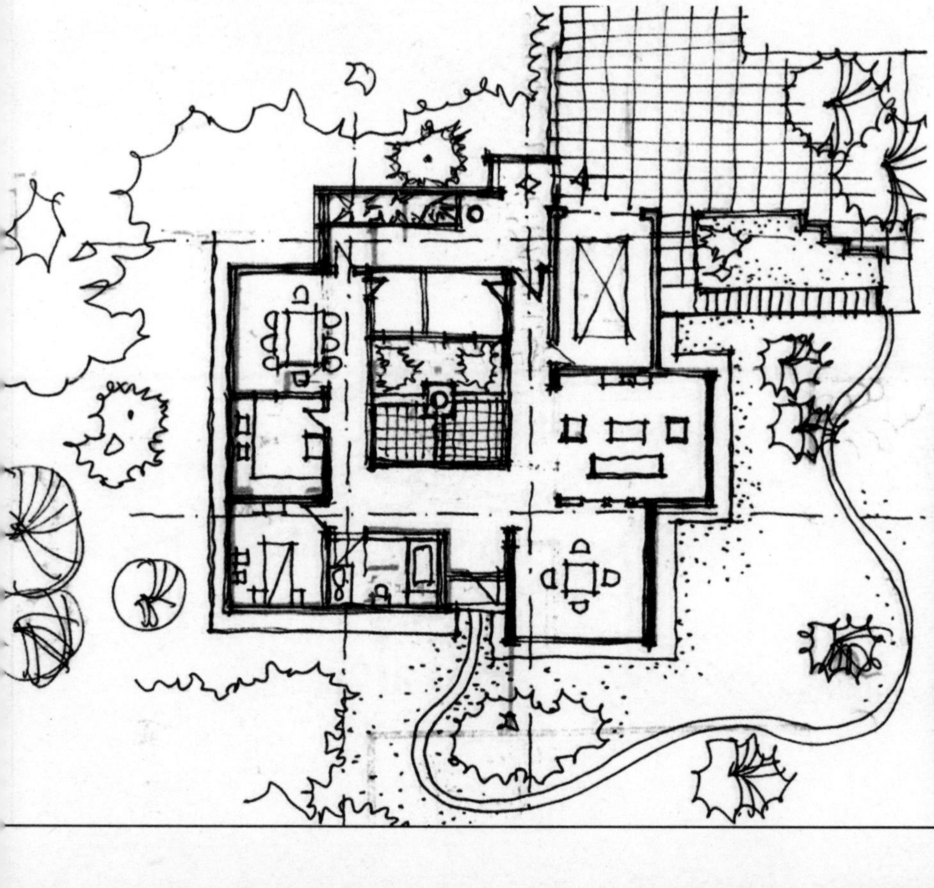

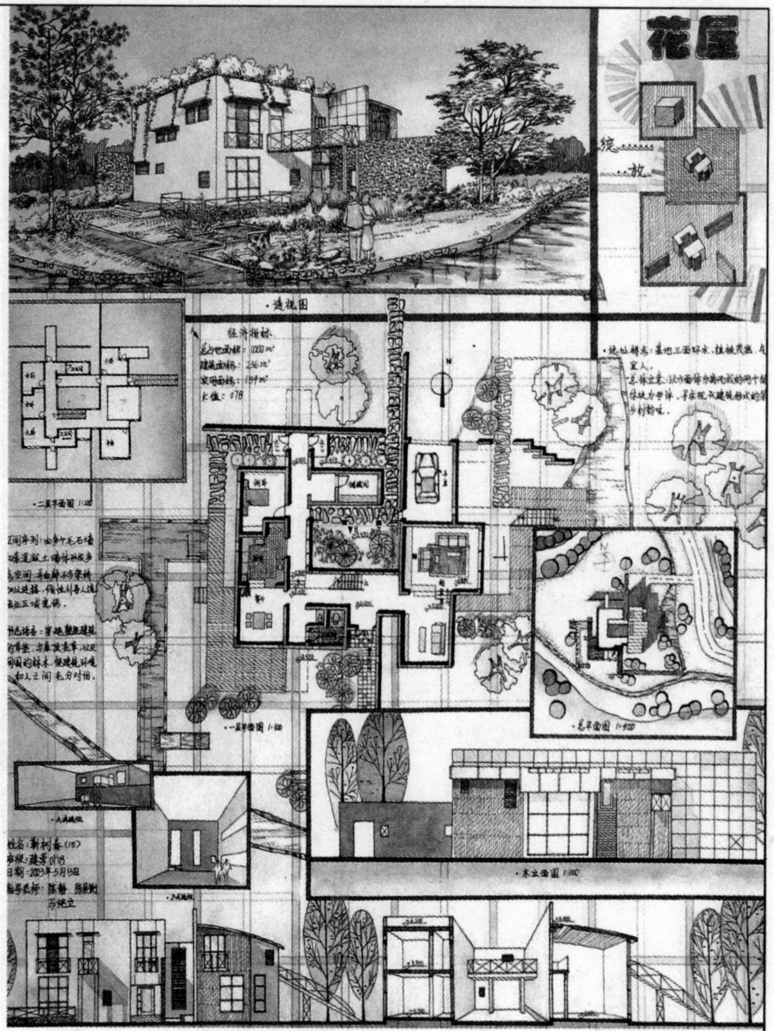

独院住宅设计点评

设计者通过形态的转换，使建筑空间富有变化，不同形态，不同方位的图形之间逻辑性越强越简洁，就越能表现设计的意图，右图整体设计概念还是可以的，但是设计手法繁复，空间处理显得比较拘谨。

下面的改进范例从强化形态构成秩序入手，对内部功能重新进行组织，使建筑有张弛有度的空间感受。建筑造型在形态设计上进行简化，并且体现出形态构成的秩序性。

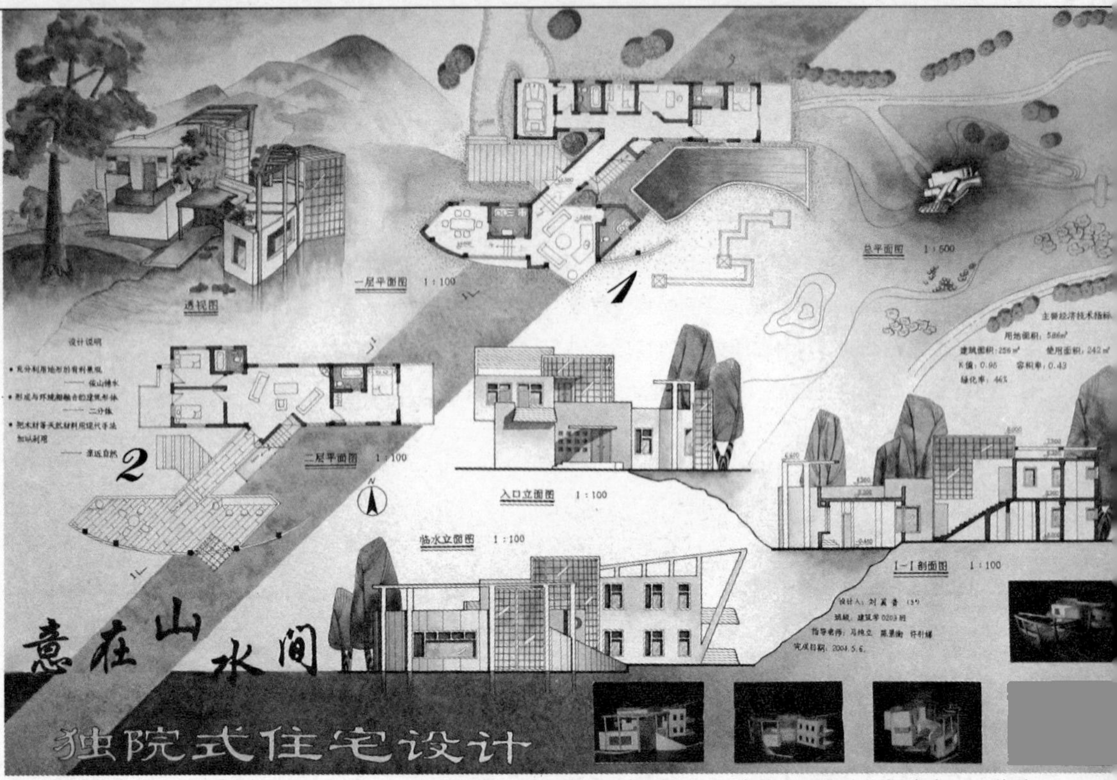

问题焦点：1处缺乏主导形式，形体琐碎；2处雨棚多余，不简练。

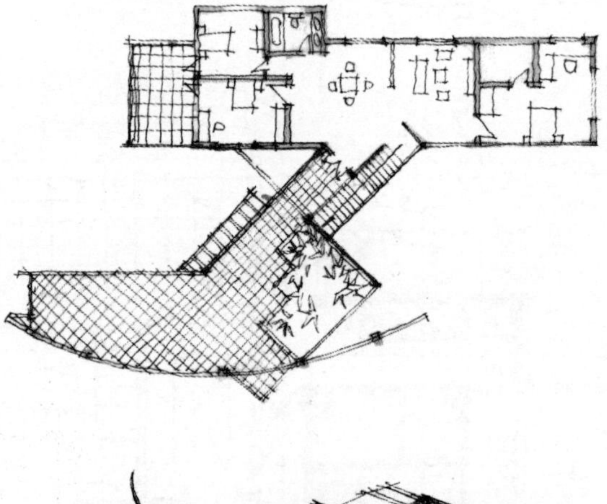

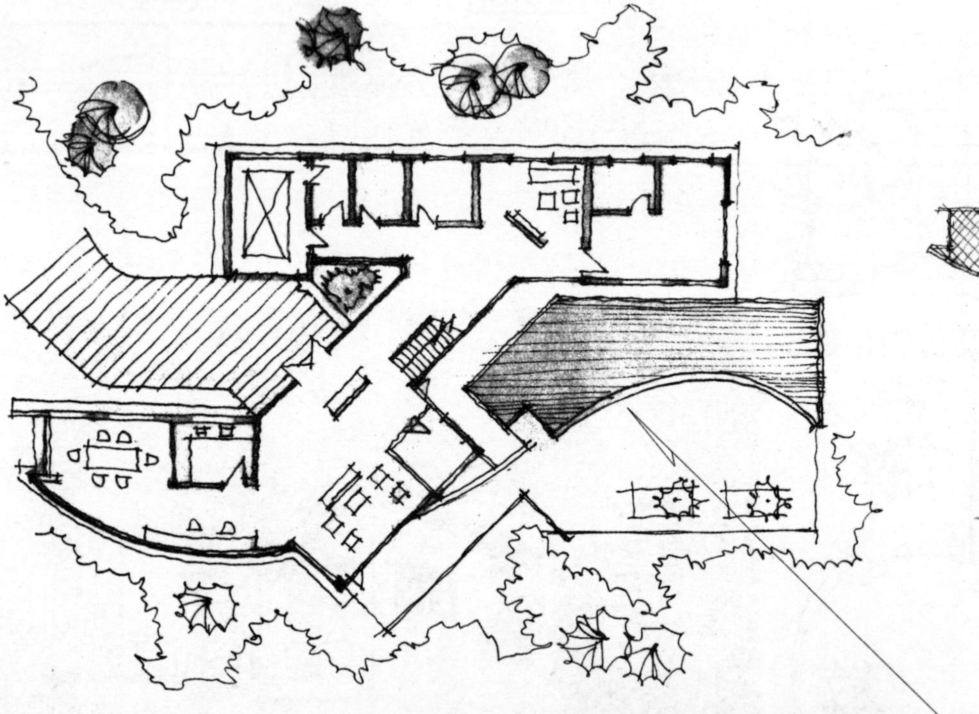

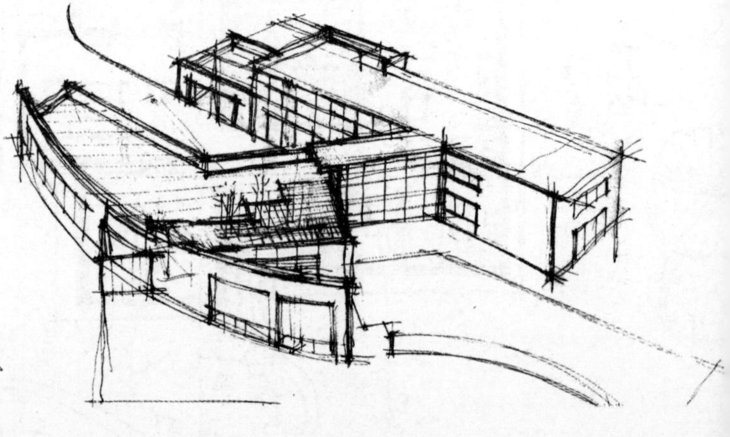

弧线是设计中的重要一笔，应强调其连贯性和舒展性。

独院住宅设计点评

上面设计通过组织空间序列，取得室内外空间的过渡和互补，设计中也充分注意了临水环境的设计，只是因设计手法的单一和重复，致使有些空间效果显得累赘，如果按左图稍加改进，平面效果会更好。

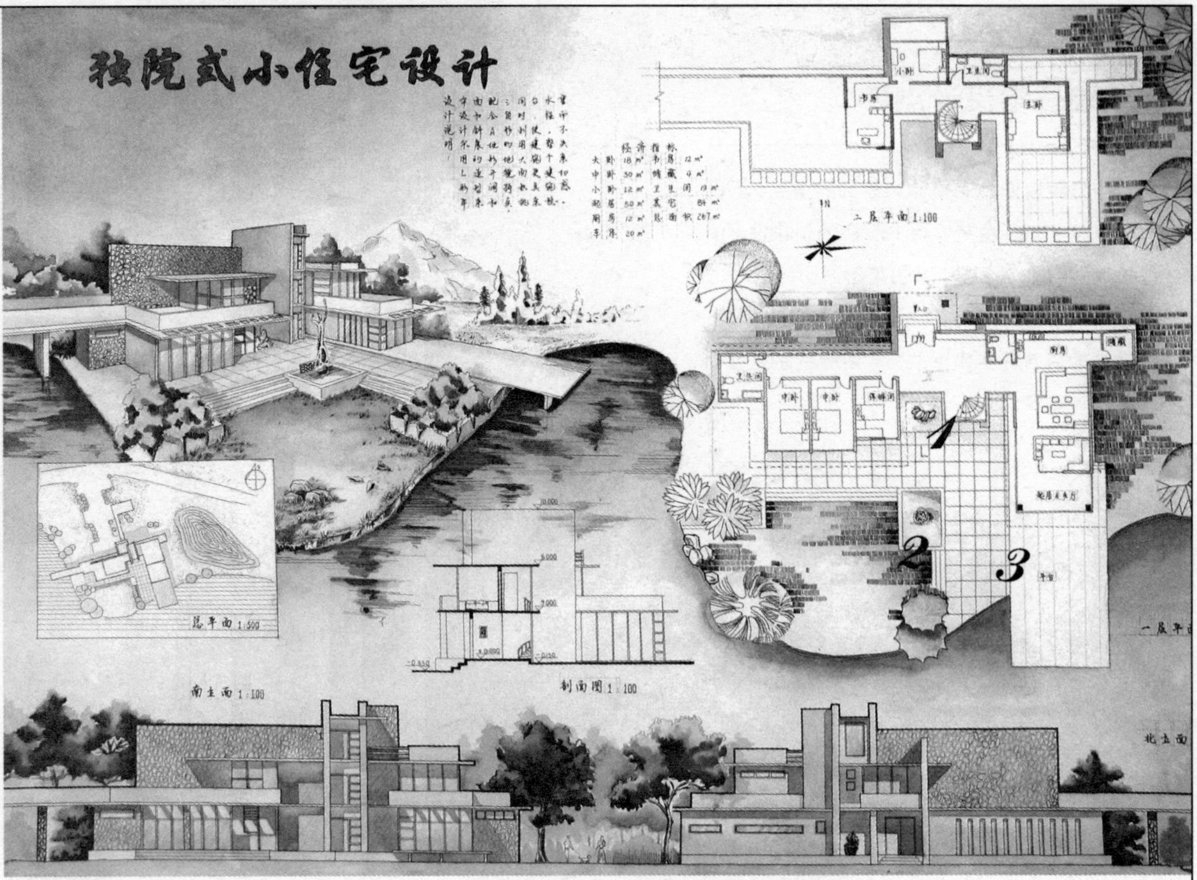

问题焦点：1、2处的景观塑造重复
3处的平台和铺面重复

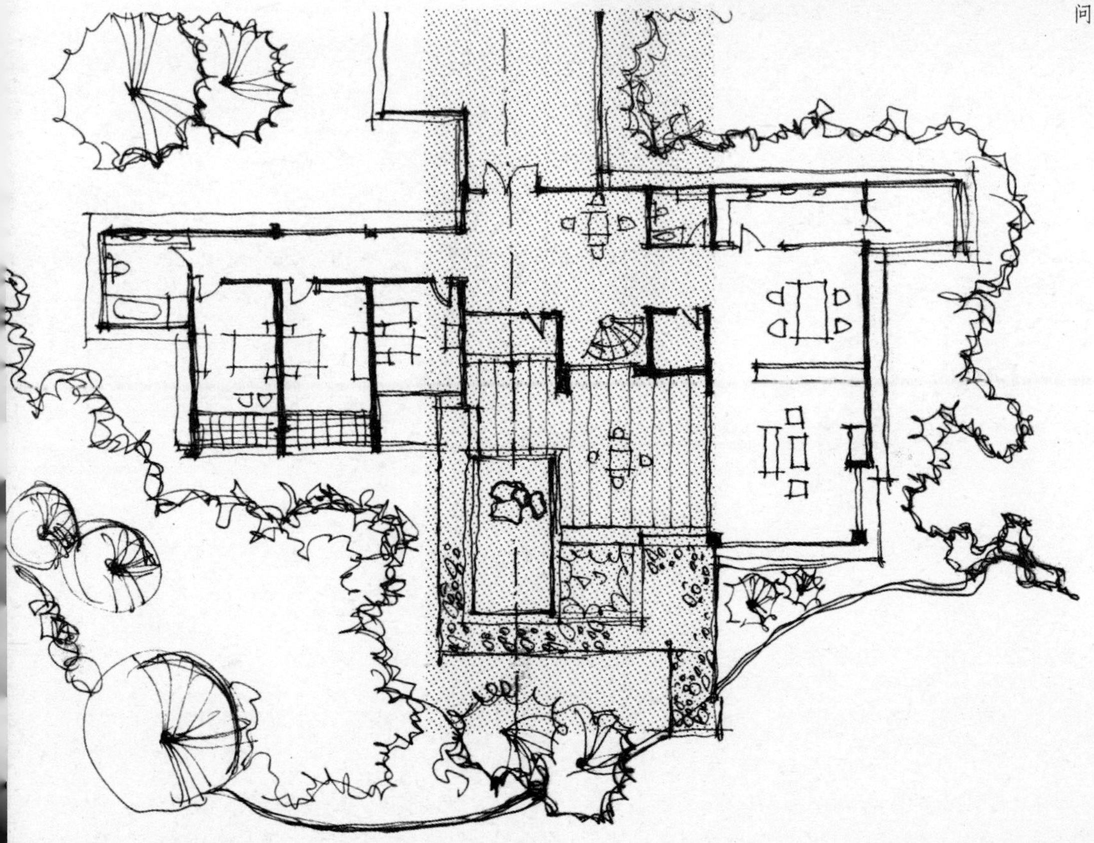

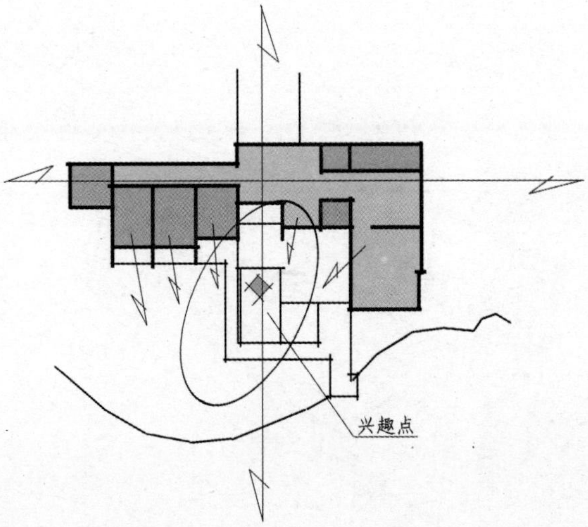

独院住宅设计点评

方案以亲水廊桥作为设计的重点，但设计深度不够，没有体现出廊桥的趣味性，使设计显得非常乏力，下图范例说明只有对方案的特色部分进行深入研究与雕琢，并赋予其功能内容和丰富形式，才能吸引别人，成为设计的亮点。

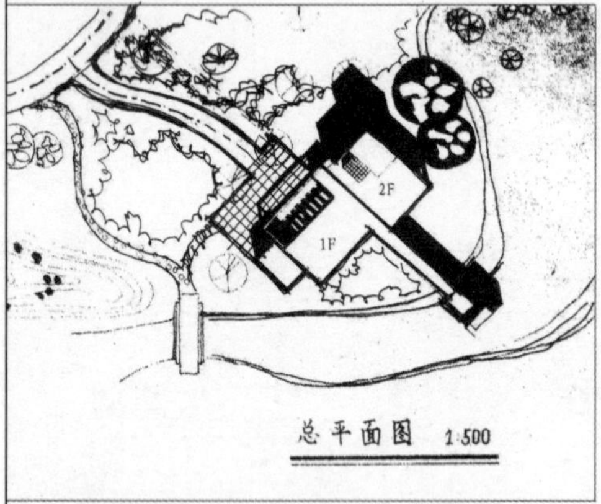

总平面图 1:500

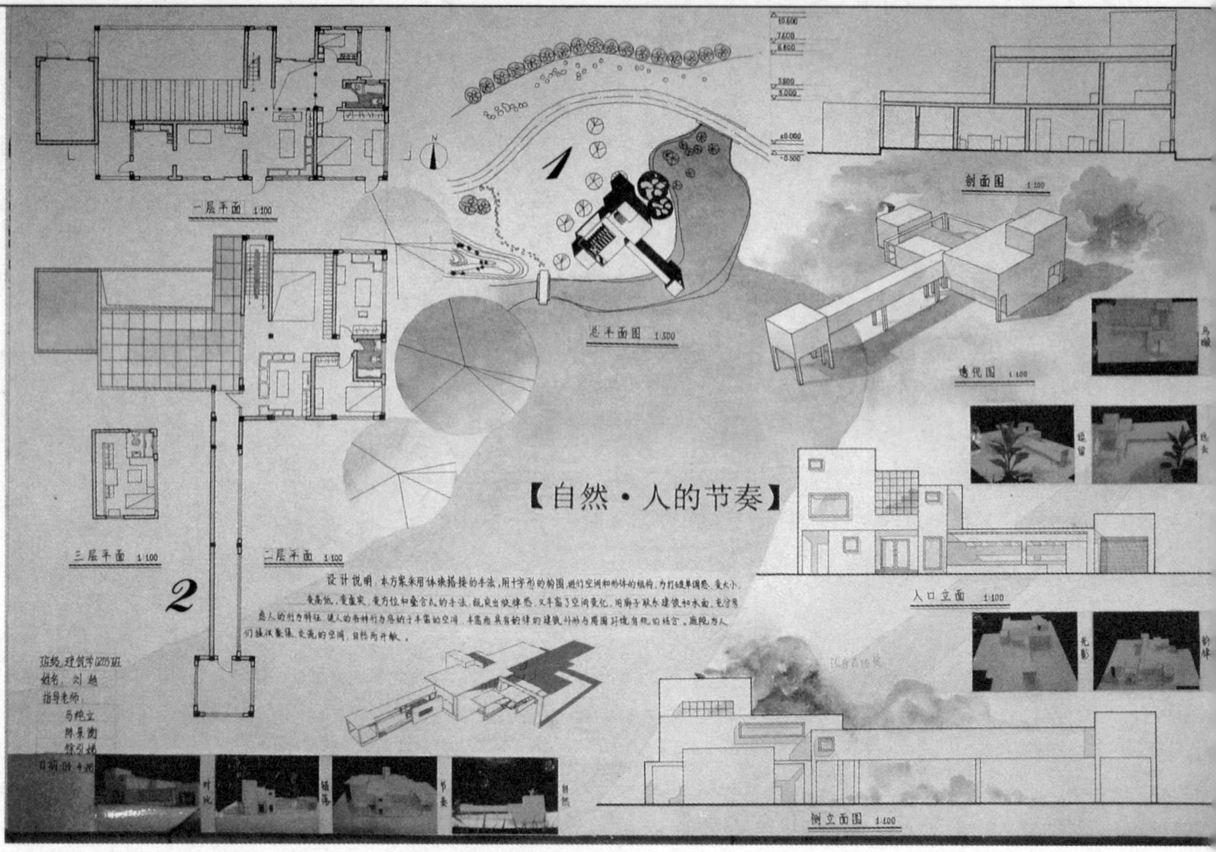

问题焦点：1处缺乏环境设计
2处长廊缺少趣味和细节

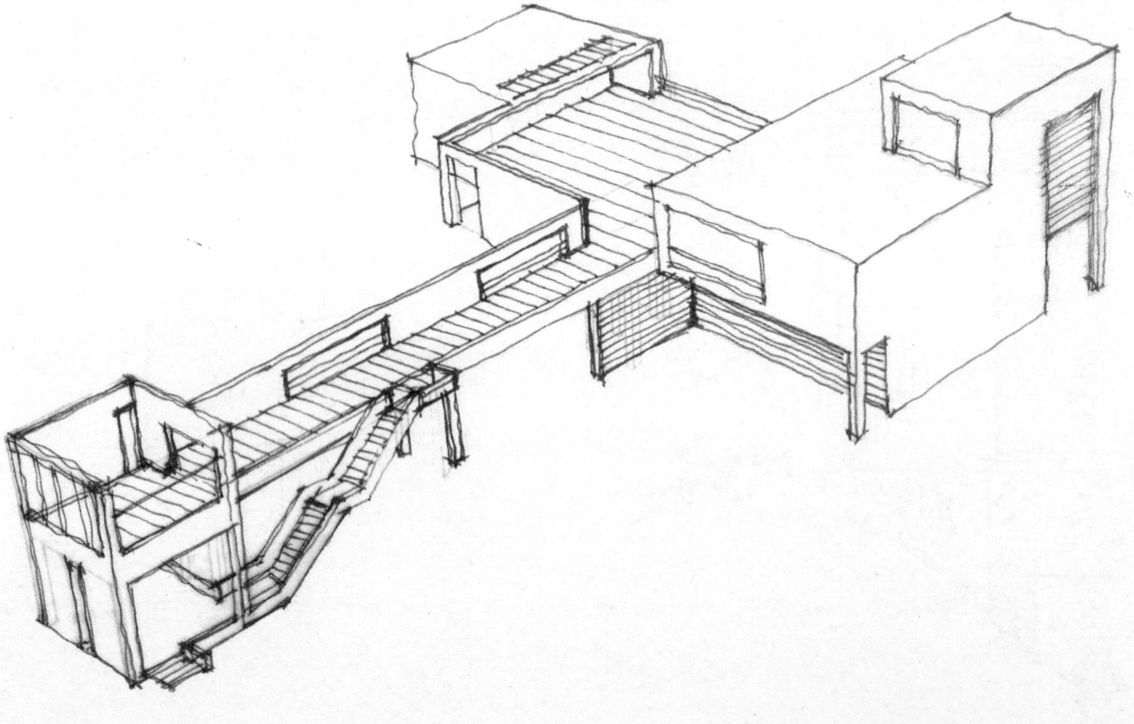

独院住宅设计点评

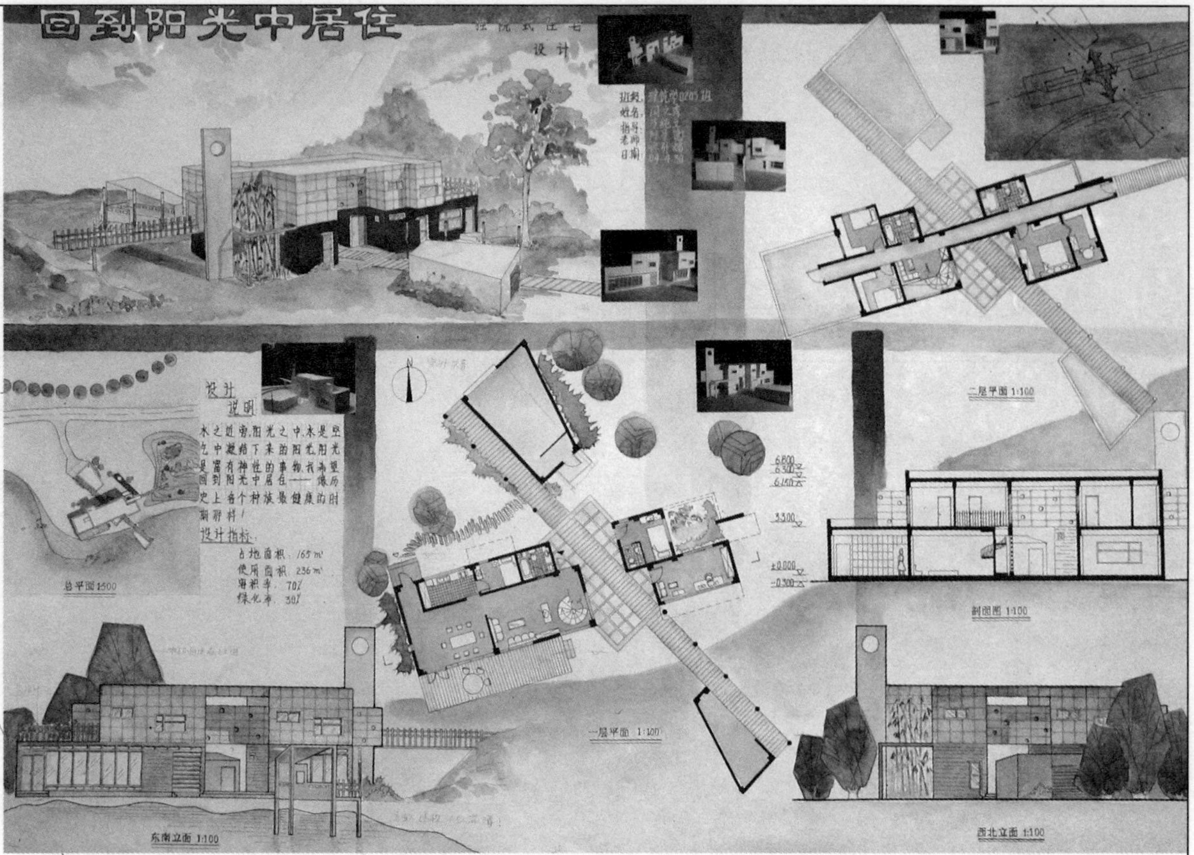

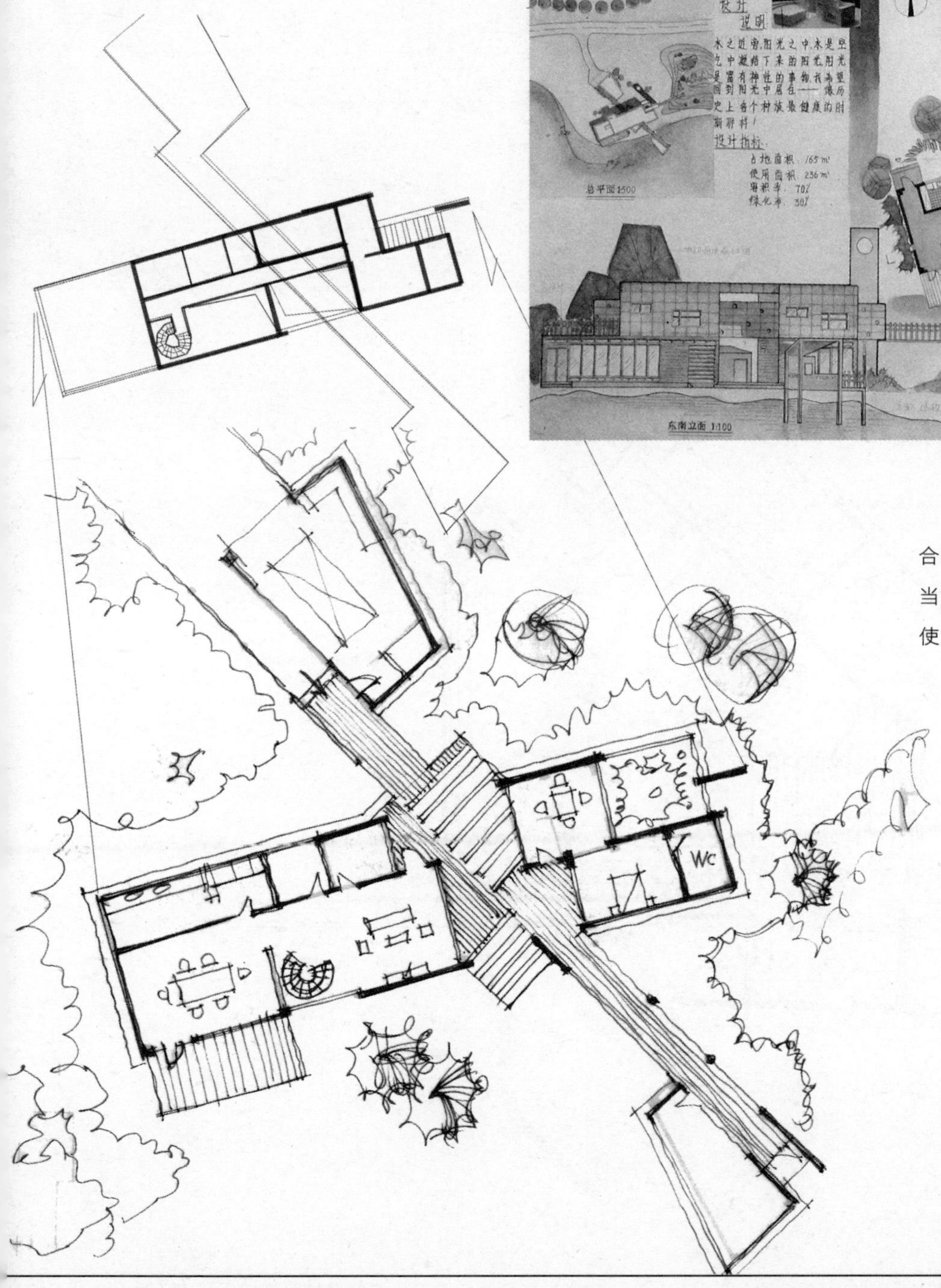

方案采用分散组合设计,这种方案的精华一般集中在建筑体围合的虚空间处，作为设计的兴趣点。原设计在功能安排上有些不当,围绕兴趣点的两个卫生间大煞风景,如果适当加以调整,就会使方案更具特点。

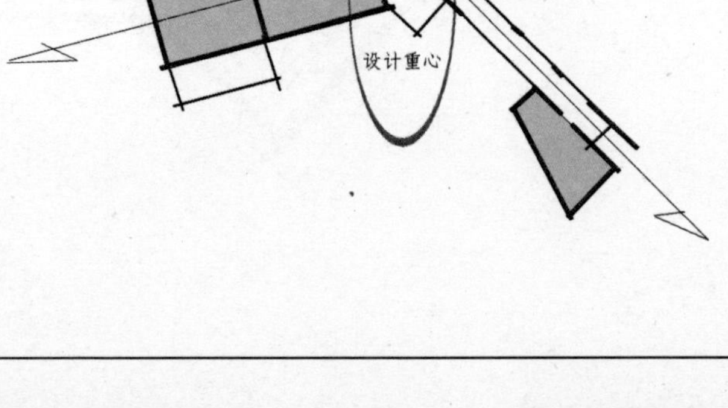

独院住宅设计点评

方案有一定特点，平面组织运用轴线的转化形成了一种较灵活的空间形式，原方案对外环境的设计不够。如果按下图范例进行一下功能的重组，使建筑平面分区更明确可能会更好一些，也使轴线转换显得更合理。

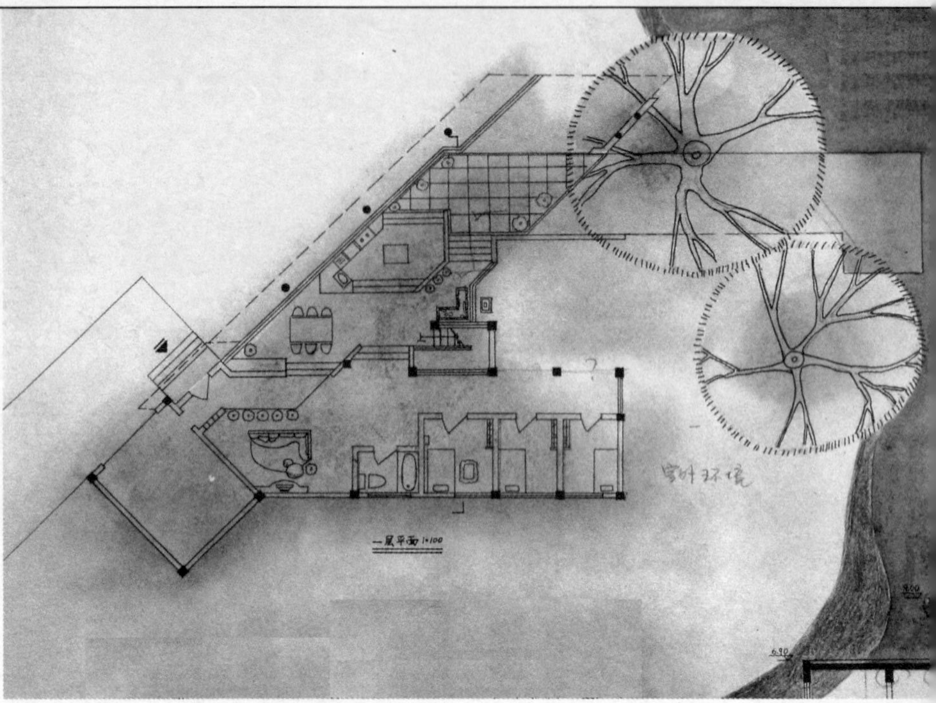

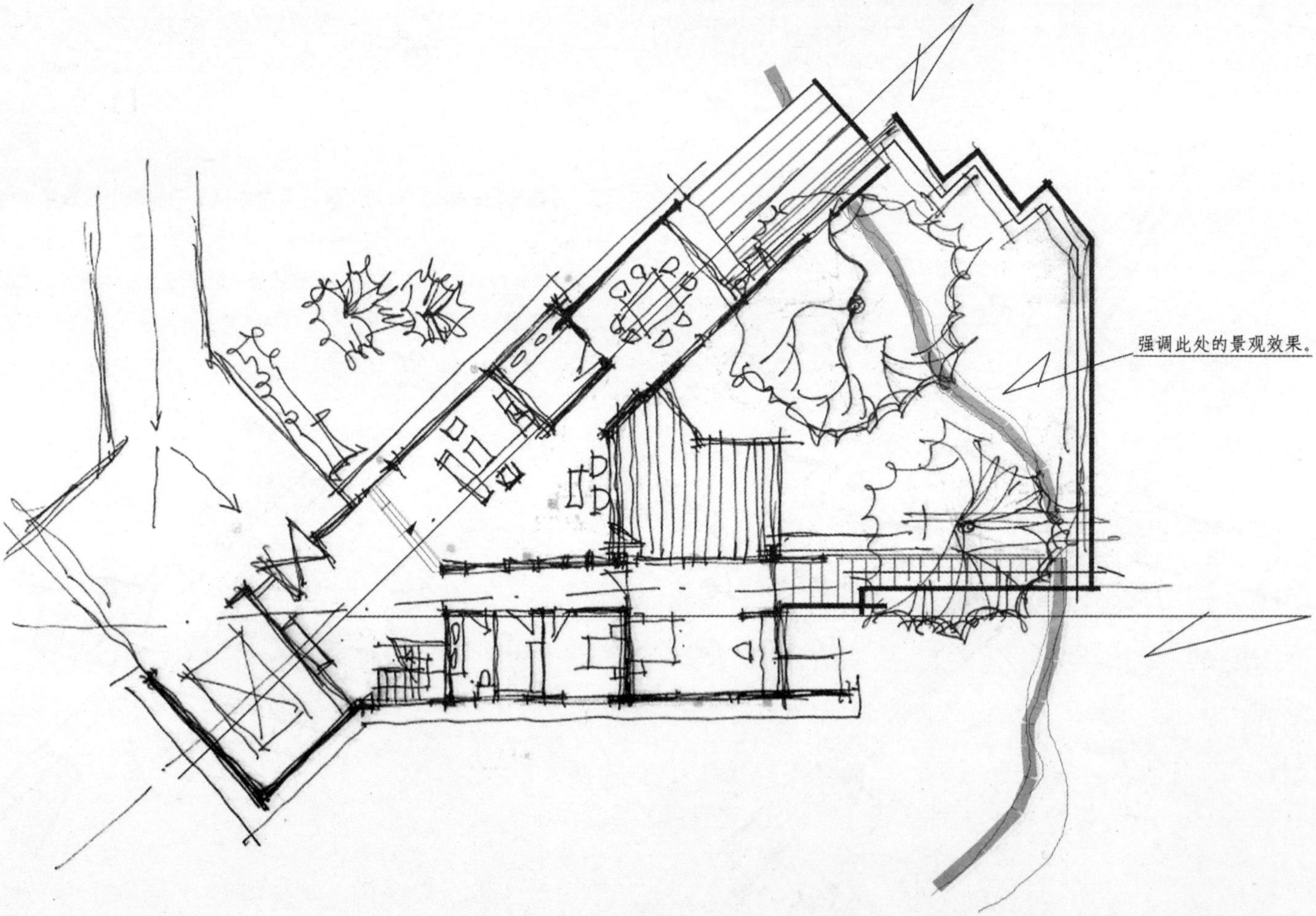

独院住宅设计点评

本方案构思是可取的，能够充分利用环境因素，构筑自己的设计特点是非常可贵的。存在的问题有两方面：一是概念表达不够规范，建筑的高差层次不明确；二是设计的还不够充分，尤其是山脚庭院孤家寡人地设计不够完善。下面的平面图示意了方案改进的一种可能性，充分利用一切可利用的因素，为设计提供有利条件。

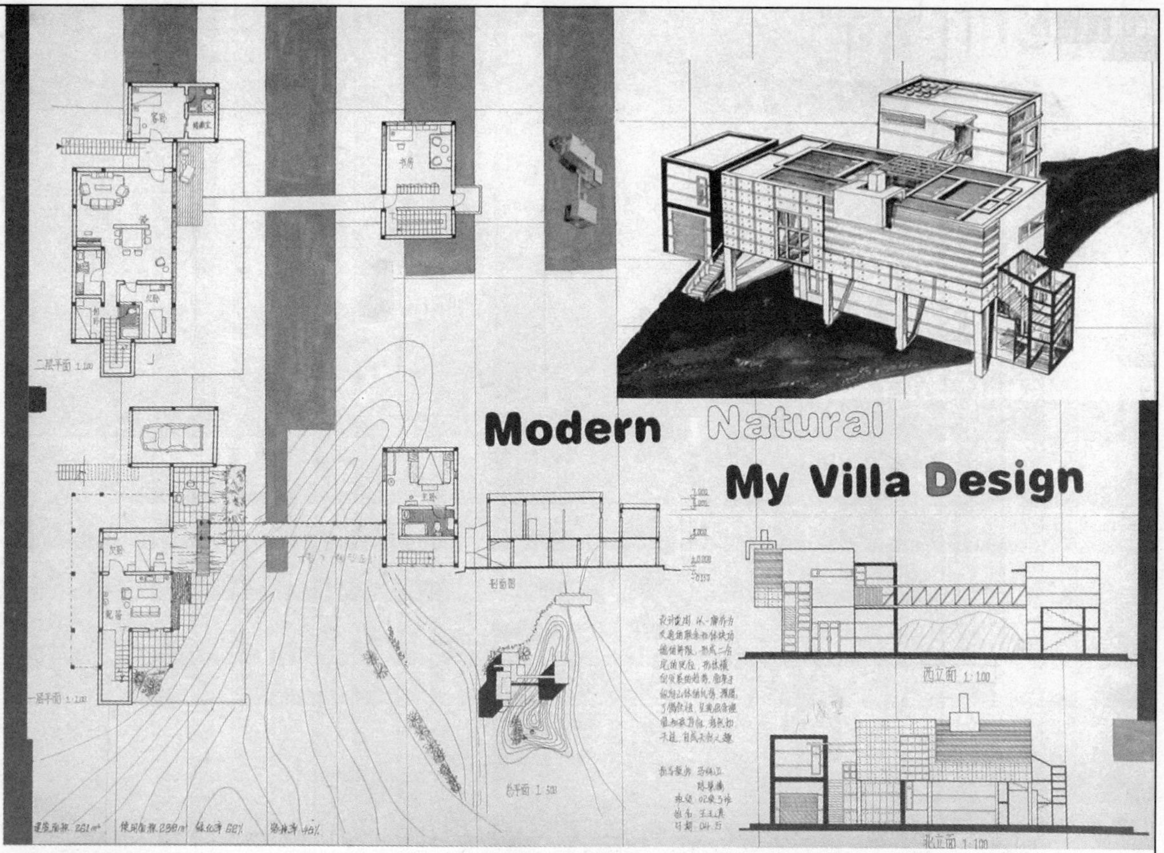

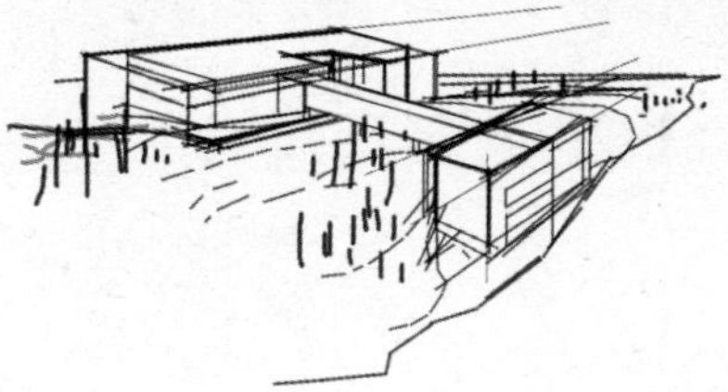

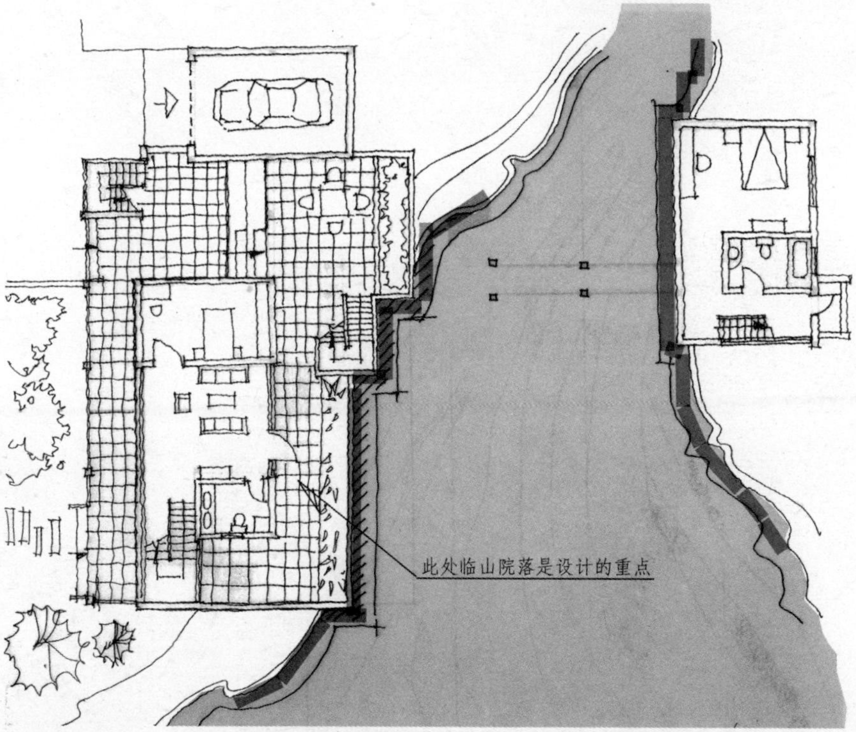

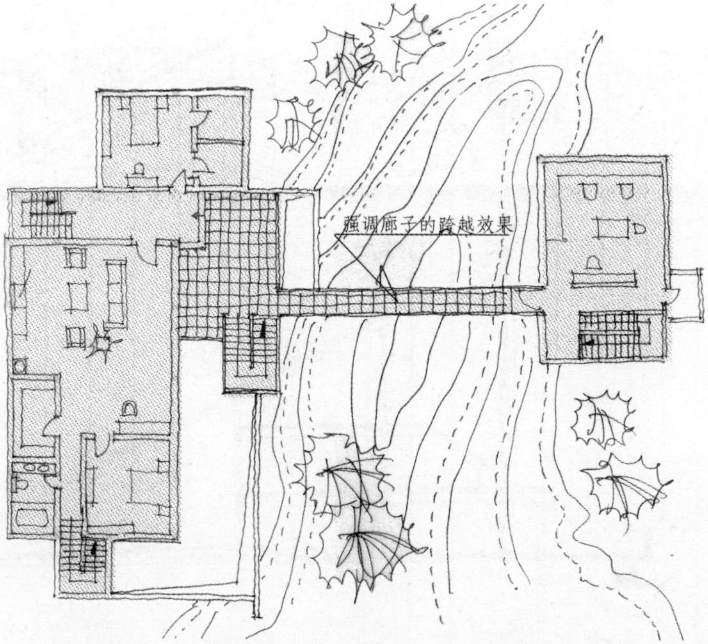

独院住宅设计点评

有些学生造型能力比较强，方案设计有很强的个性，右边作业建筑造型新颖，也能很好的和基地环境协调，但仔细分析设计的内涵就会发现问题，建筑造型与内部空间不一致，建筑内部功能与空间诉求之间也有不和谐的地方。这样的问题应在学习过程中逐步解决，以提升设计质量。下面草图说明建筑造型是如何与建筑空间协调的。

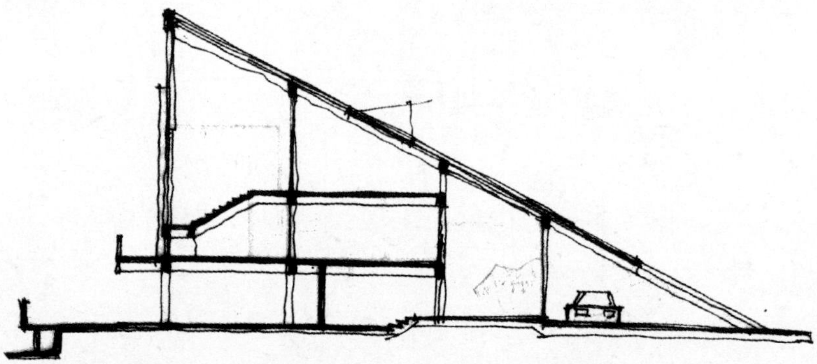

独院住宅设计点评

我们常对学生说形式与内容要一致，也就是说建筑造型要与空间塑造相辅相成，脱离功能的造型要有意识的避免，上面的学生作品在建筑的表面设计了一层伞状遮蔽物，赋予建筑以新意，从形式上表现的不错，但因伞状遮蔽物只是纯形式，而和建筑空间、建筑构造或建筑功能需求之间缺乏必然联系和必要的设计，致使设计本身流于肤浅和平庸了。

下图平面示意是通过造型与空间的契合，来完善构思意图。虚线部分的技术设计是设计成败的关键，而原设计恰恰缺少这一内容。

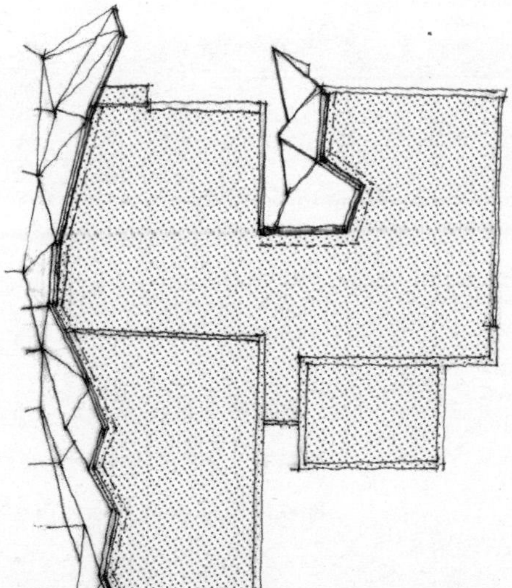

独院住宅设计点评

右面的设计有一定的立意，以古树和莲池作为设计的兴趣点，建筑设计也有意识形成与环境的亲和感，设计思路是正确的，但是设计深度和设计表达却不尽人意，一方面图纸空泛，配景有画蛇添足的感觉，而且尺度失当；另一方面设计也不是很到位，尤其建筑空间显得不够丰富。这份作业中出现的问题在低年级设计中比较普遍，这就要求学生在设计时不光要有构思，还要有支撑构思所需的设计手法。

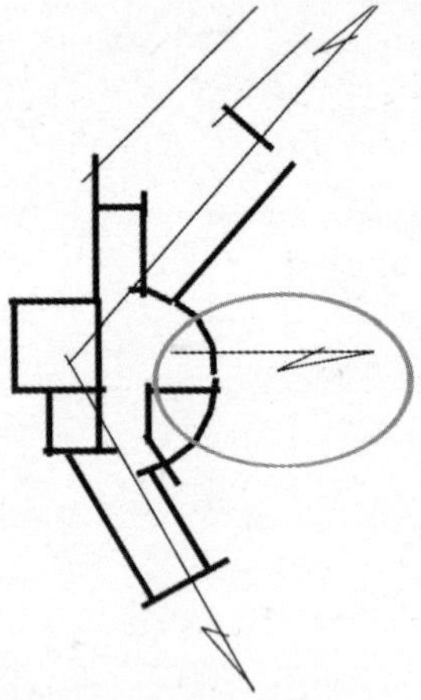

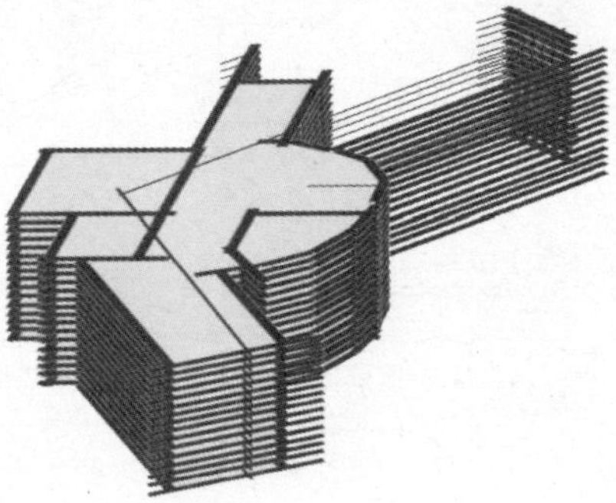

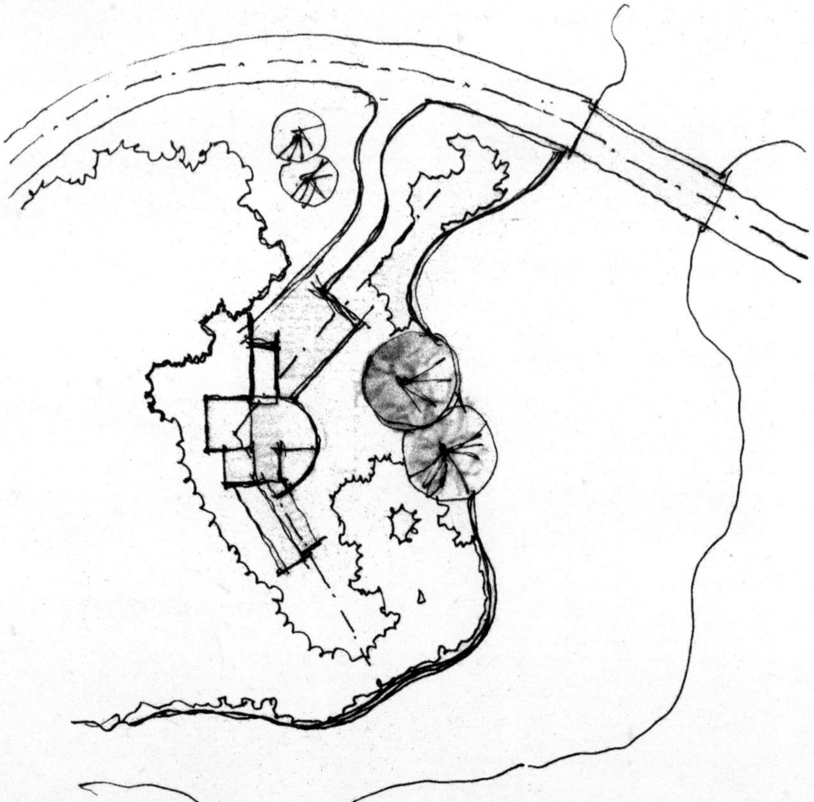

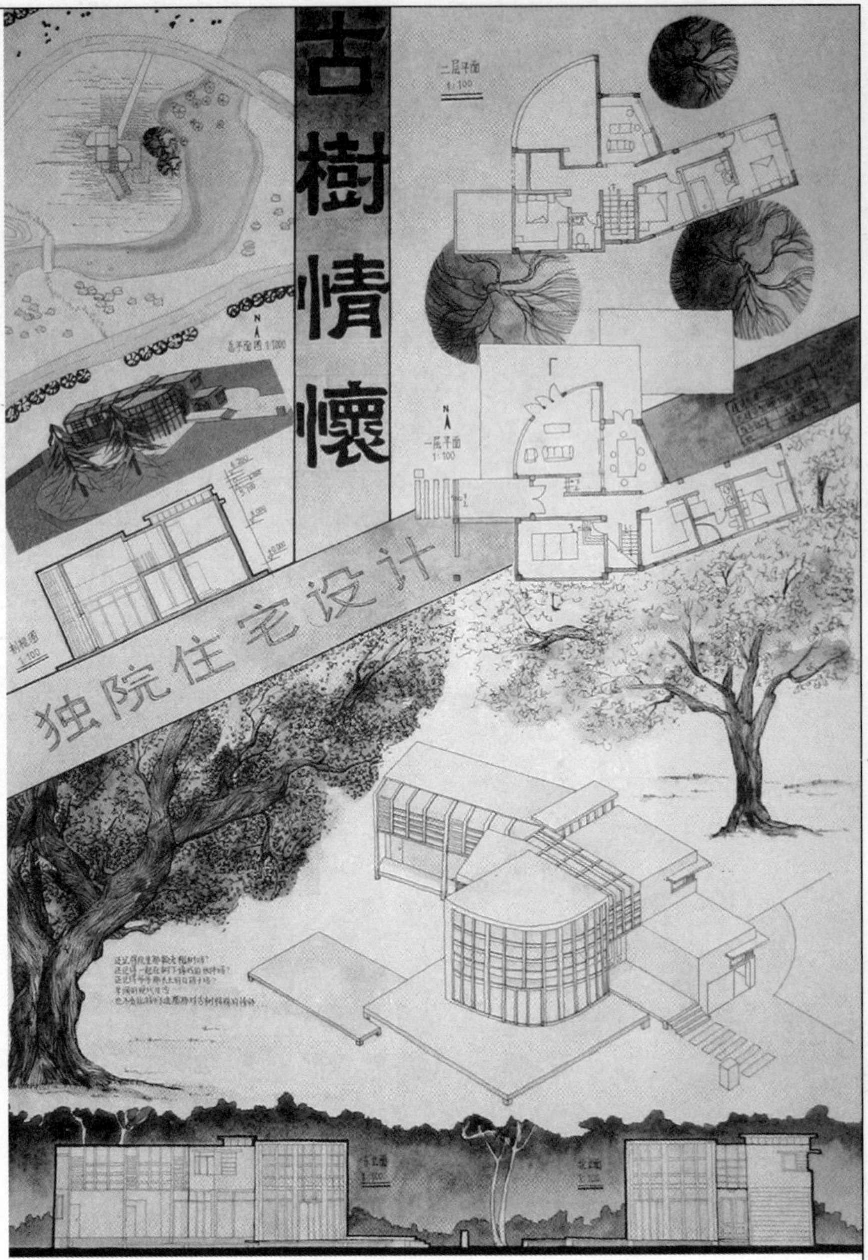

左图是教师对方案总平面试作的调整，通过轴线转换，建筑形体组合，道路关系的组织，形成内部秩序，以表达和强化古树情怀的设计构思。

独院住宅设计点评

右图方案设计在建筑造型设计上花了很多工夫，建筑的基本特点是表现出来了，但因设计者的空间塑造手法不够简练，设计重点不突出，设计整体上显得拖泥带水。下图是对平面做的一种调整尝试，适当精减原设计的组成要素，赋予建筑空间一种内在联系，在建筑造型处理上强调功能与形式的统一性，对比一下，是否显得好一些？

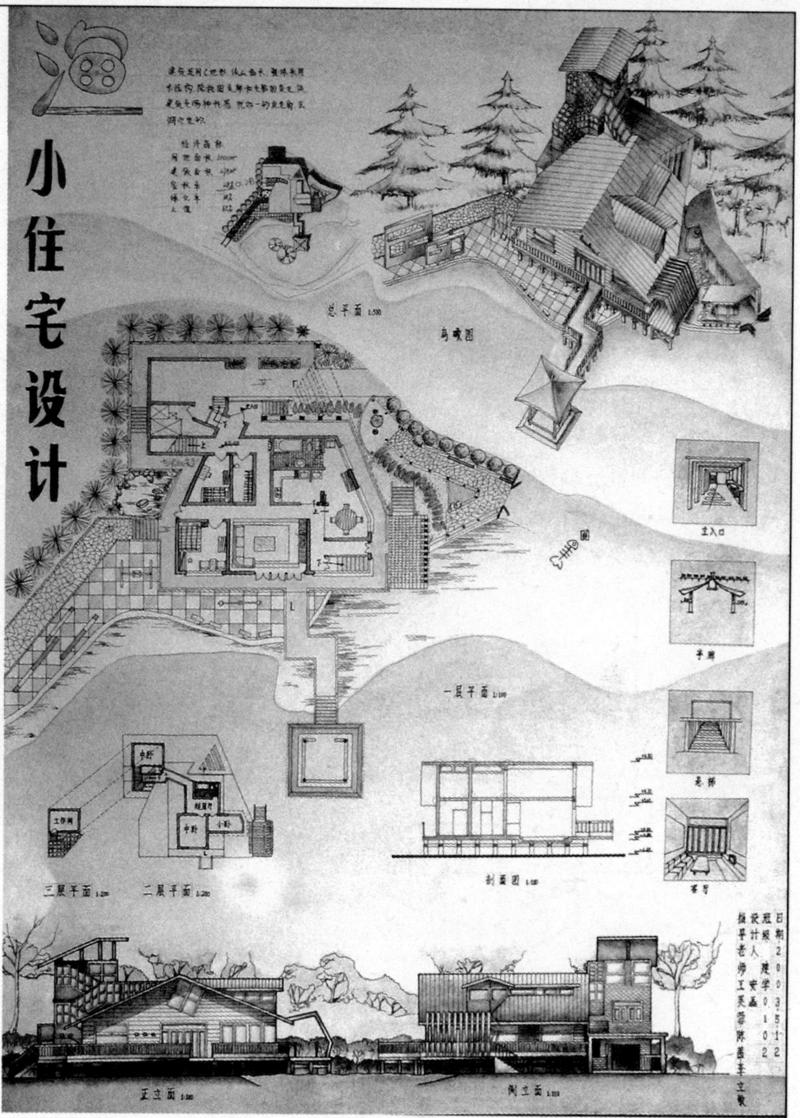

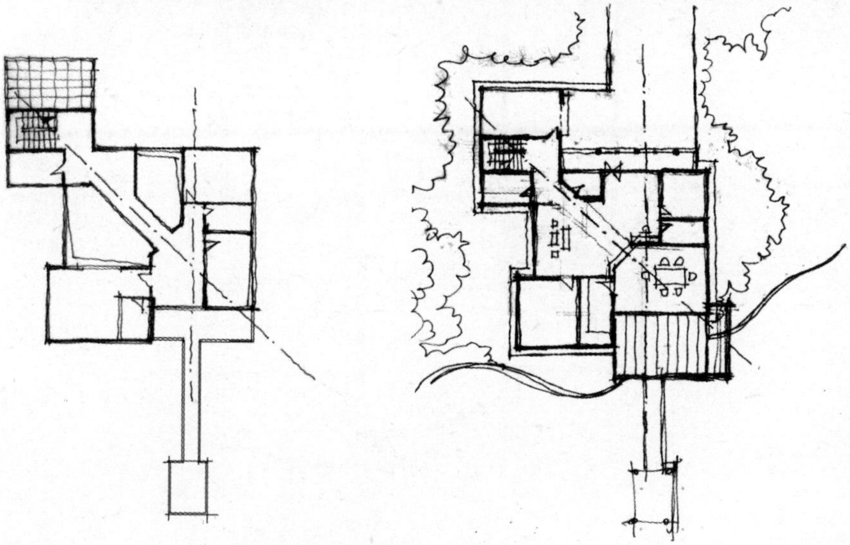

对平面做的修改

独院住宅设计点评

这份设计总体上说还是不错的，造型设计手法和空间塑造都完成的较好，只是显得稍微繁琐了一些，还可以进一步完善，如下图所示。

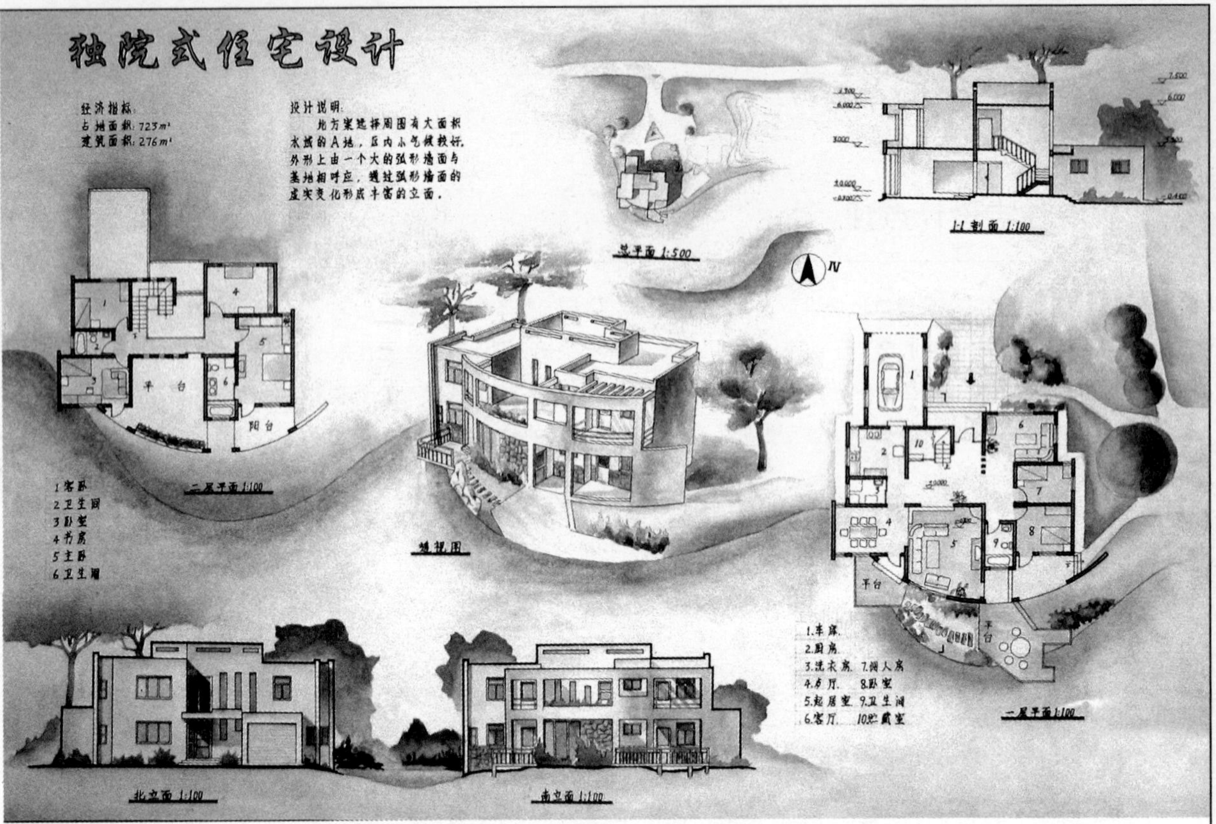

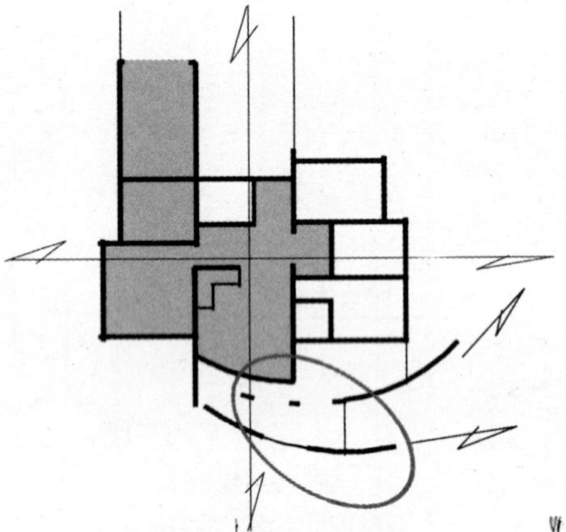

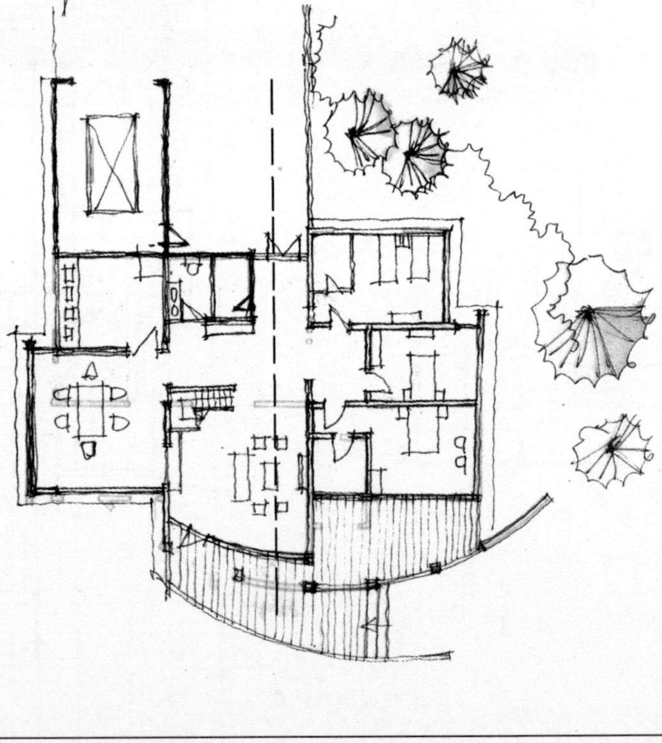

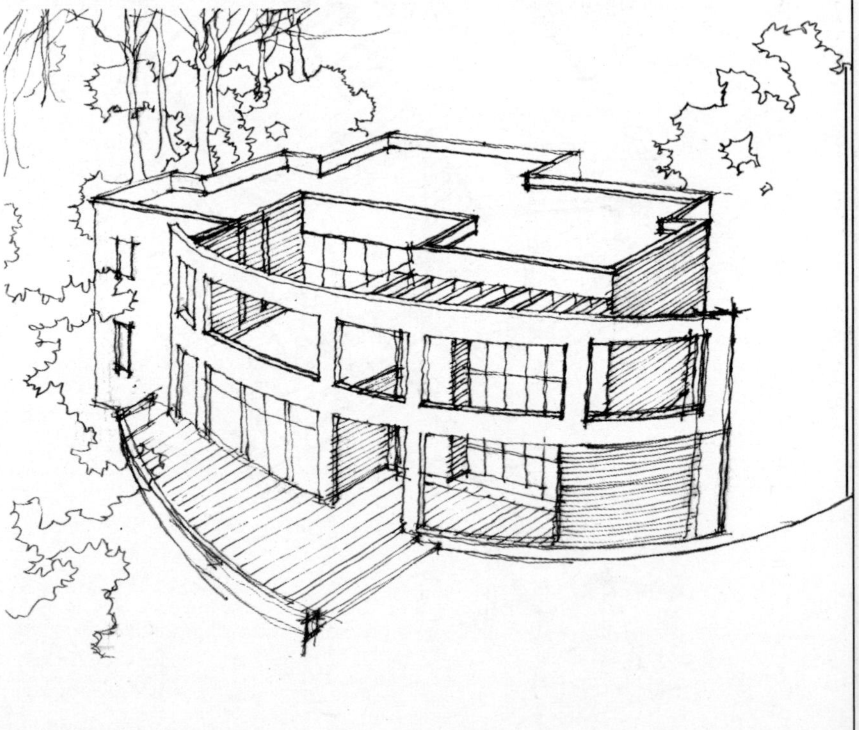

独院住宅设计点评

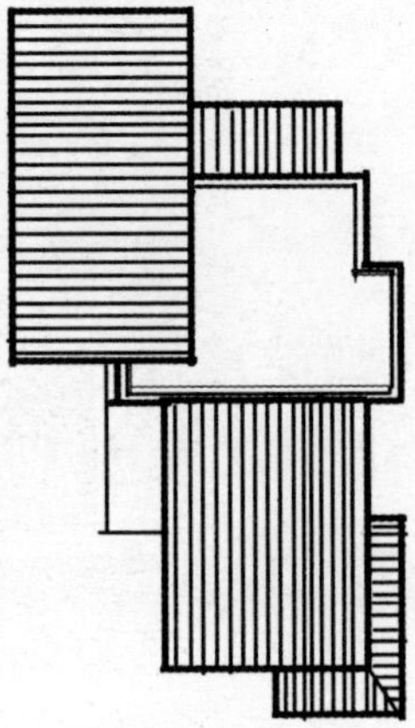

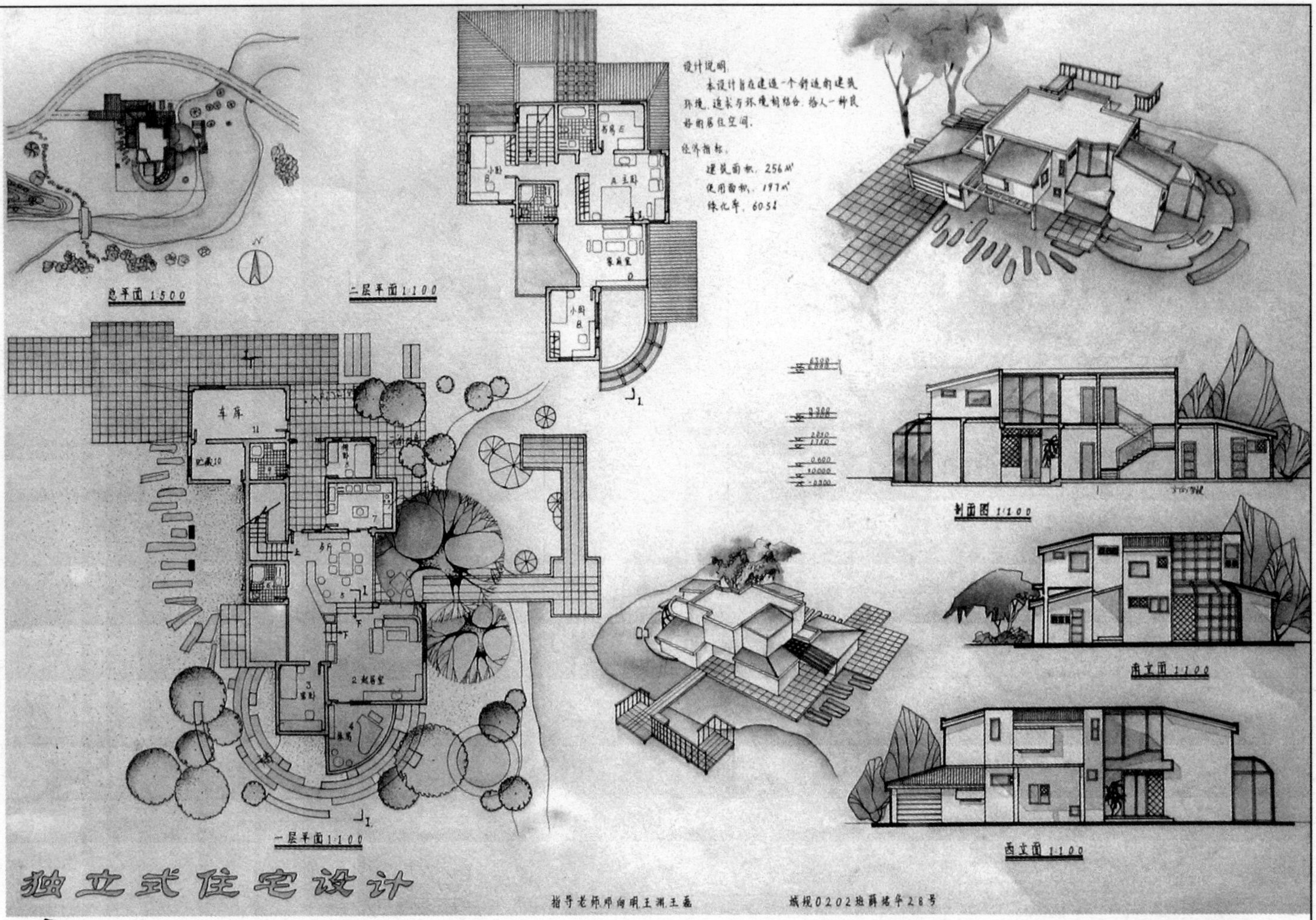

上面这份设计平面流线设计合理，功能分区明确，环境设计也比较得当，问题在建筑形体的塑造上，因设计手法还不够成熟，建筑坡顶的设计显得有些牵强，立面中各组成部分之间缺少内在的逻辑，鸟瞰图表现的建筑形体有堆砌感觉，下图是局部修改示意，简化形体，增强内在联系是关键。

独院住宅设计点评

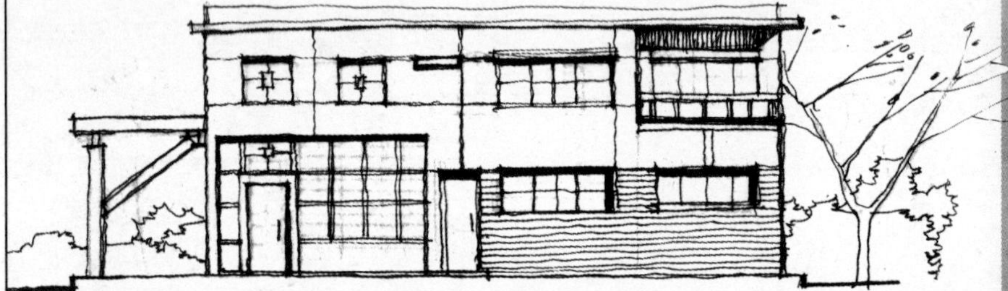

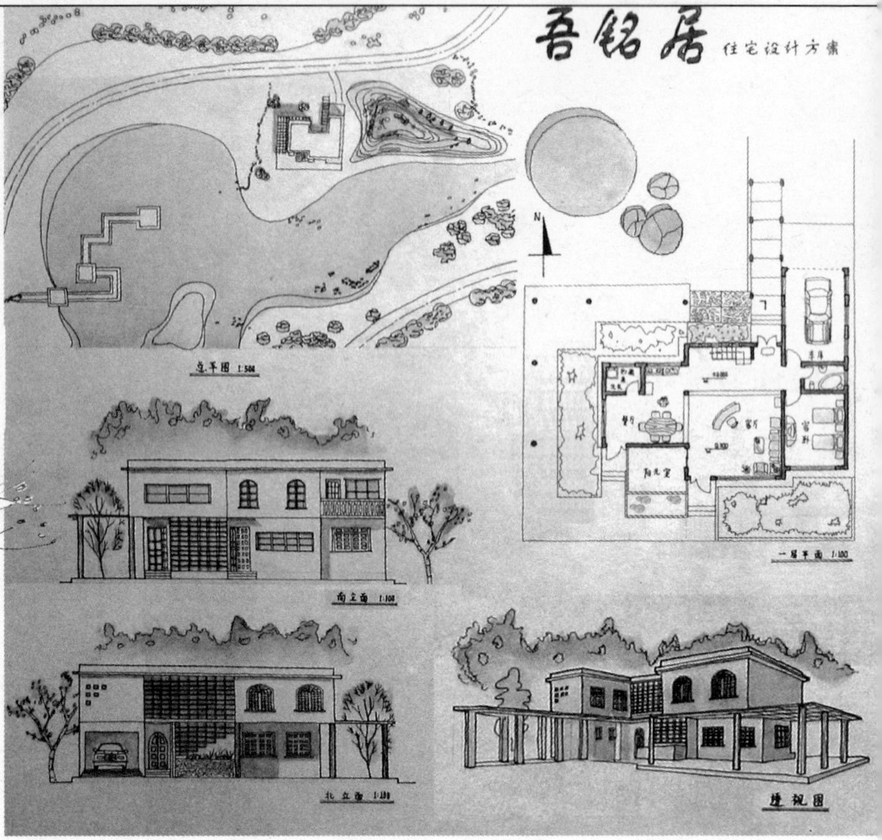

选这份设计为例是想说明一个问题，就是立面设计时选用的符号应统一在整体设计的概念中。原图的立面设计一是深度不够，另外就是缺乏整体概念，缺乏协调感。范例中采用不同的符号系统和协调手法进行设计，取得了不同的立面效果。练习从相同的平面出发推敲不同的立面效果，对提高设计能力很有好处。

平面绘制

总平面的表现内容包括：建筑与周围环境的关系，与道路的关系，建筑本身的构成建筑周围庭院或场地的设计特征，整体设计环境意向等。总的来说，总平面是对设计的综合阐述，应概念性的把握设计构想。下图比较好的表现了建设基地的特点，庭园、道路、建筑形态的关系。

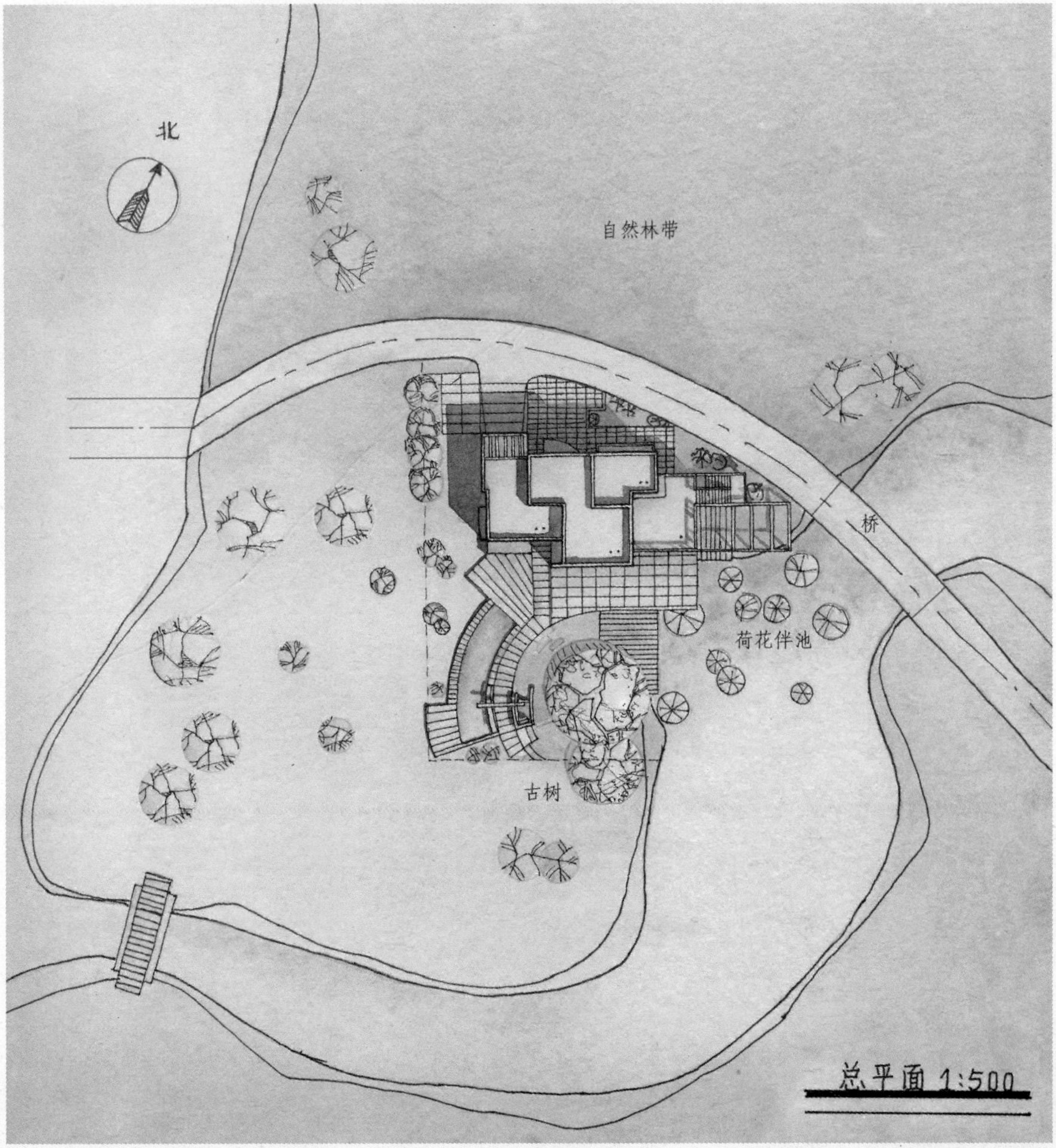

原设计总平面图　　经改进的总平面图

平面图绘制

建筑设计的总平面含有设计的重要信息，应给予充分的重视。

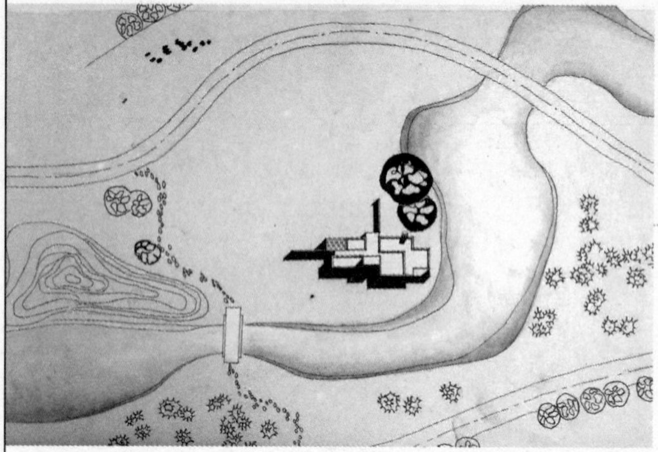

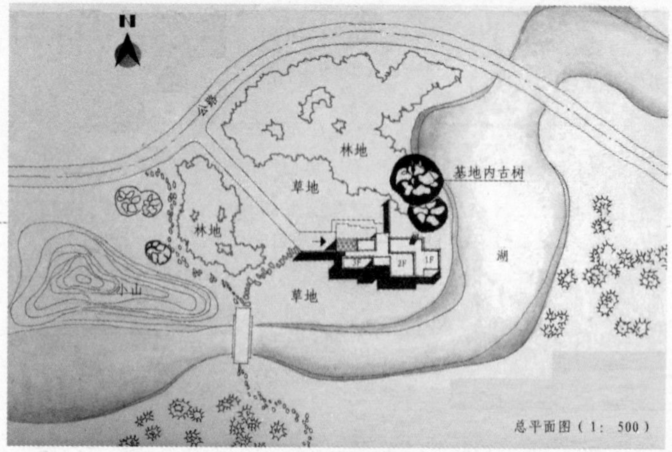

缺乏道路及环境设计

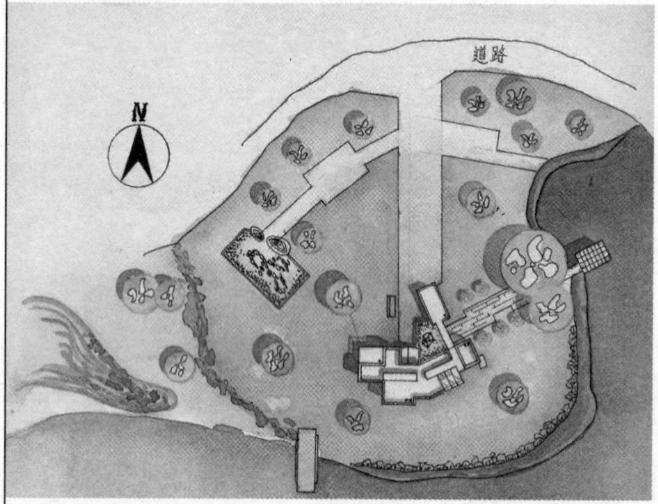

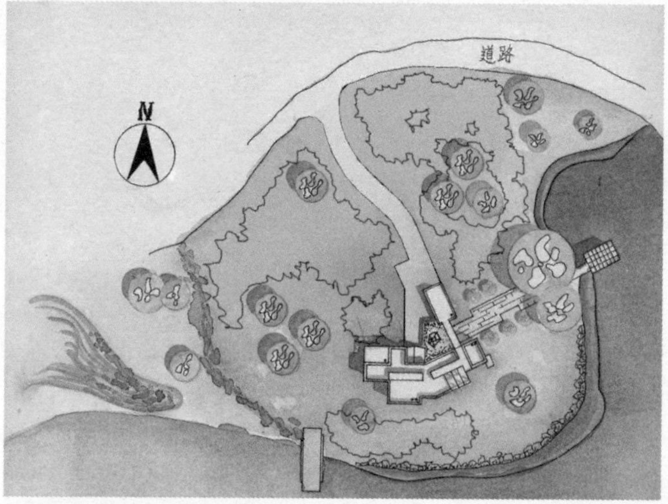

道路及环境设计不当

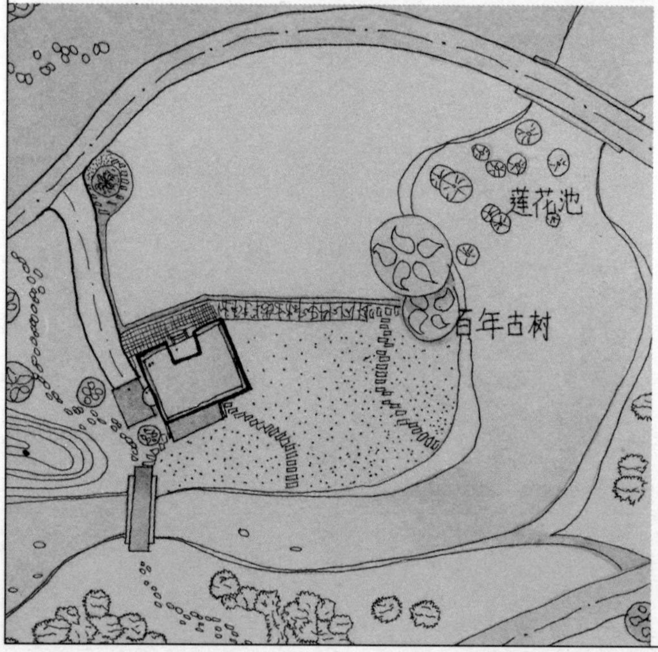

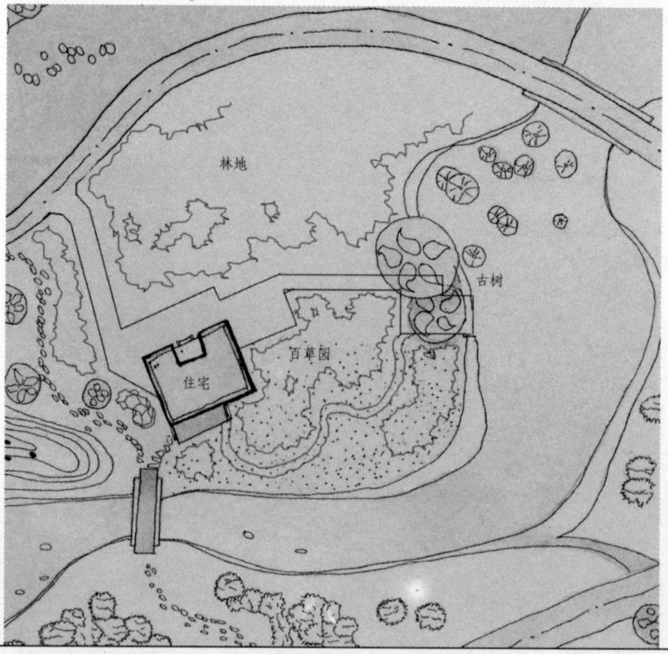

外环境设计缺少手法

平面绘制

右面这幅图问题较多，集中起来有以下几点：

1.建筑内外分界不清，线的所指不明。

2.交通设置不合理，比如楼梯重复，画法不正确。

3.平面深度不够，缺室内的基本布置。

4.房间名称采用标注数字索引的形式不利于别人看图。

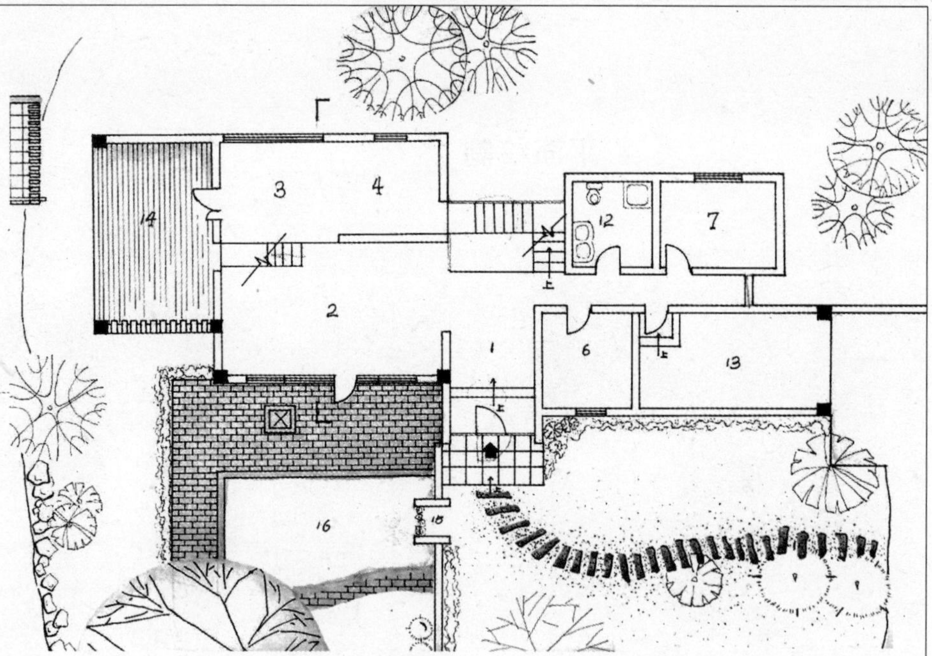

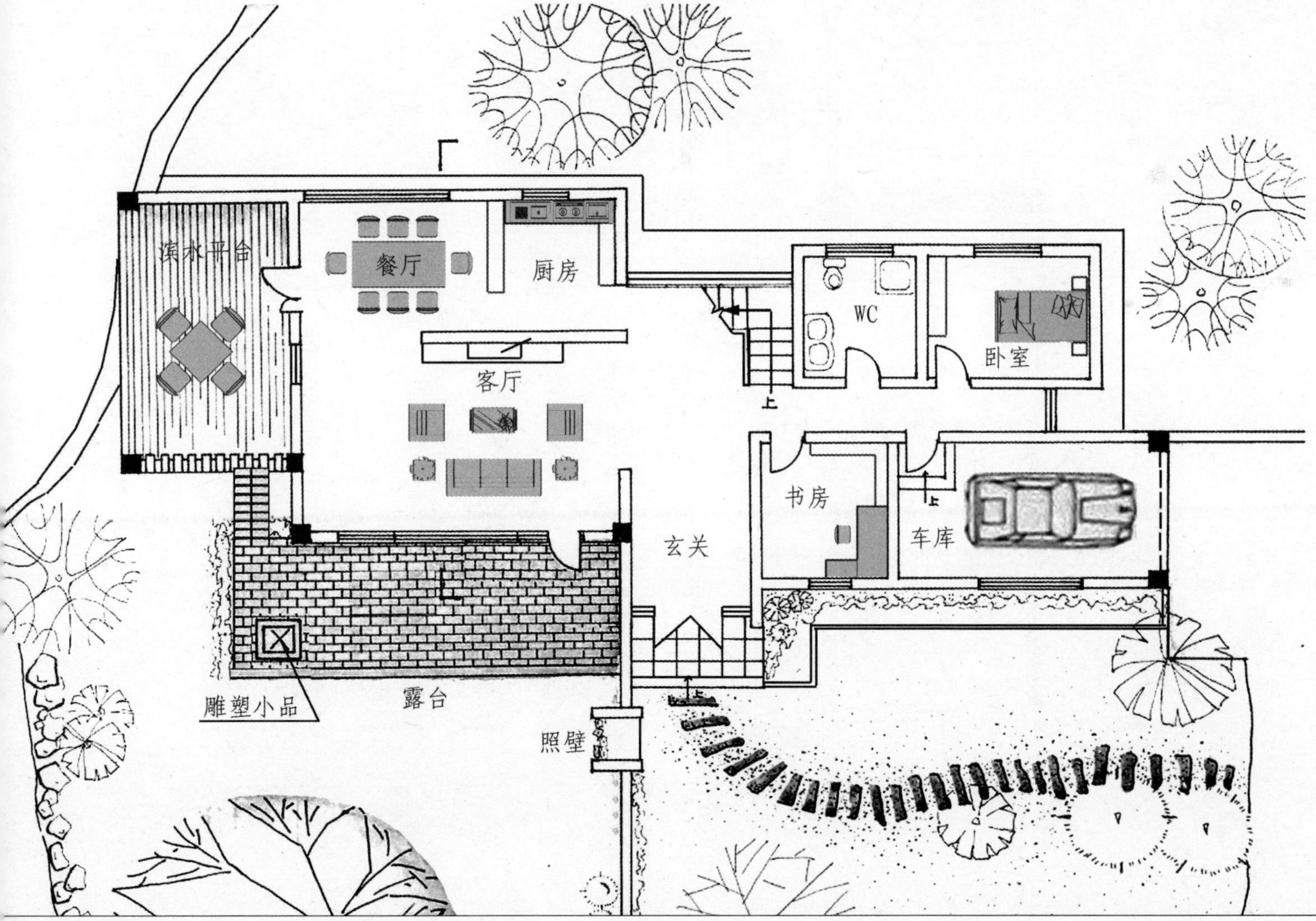

较完整的平面范例

平面绘制

建筑平面图在艺术表现上并不容易出效果，打动人的平面图必须建立在好的设计上，其次是尺度恰当，再加上独具匠心的艺术表现，三方面缺一不可。下面这幅作业不仅设计到位，表现和尺度的把握都很值得借鉴。

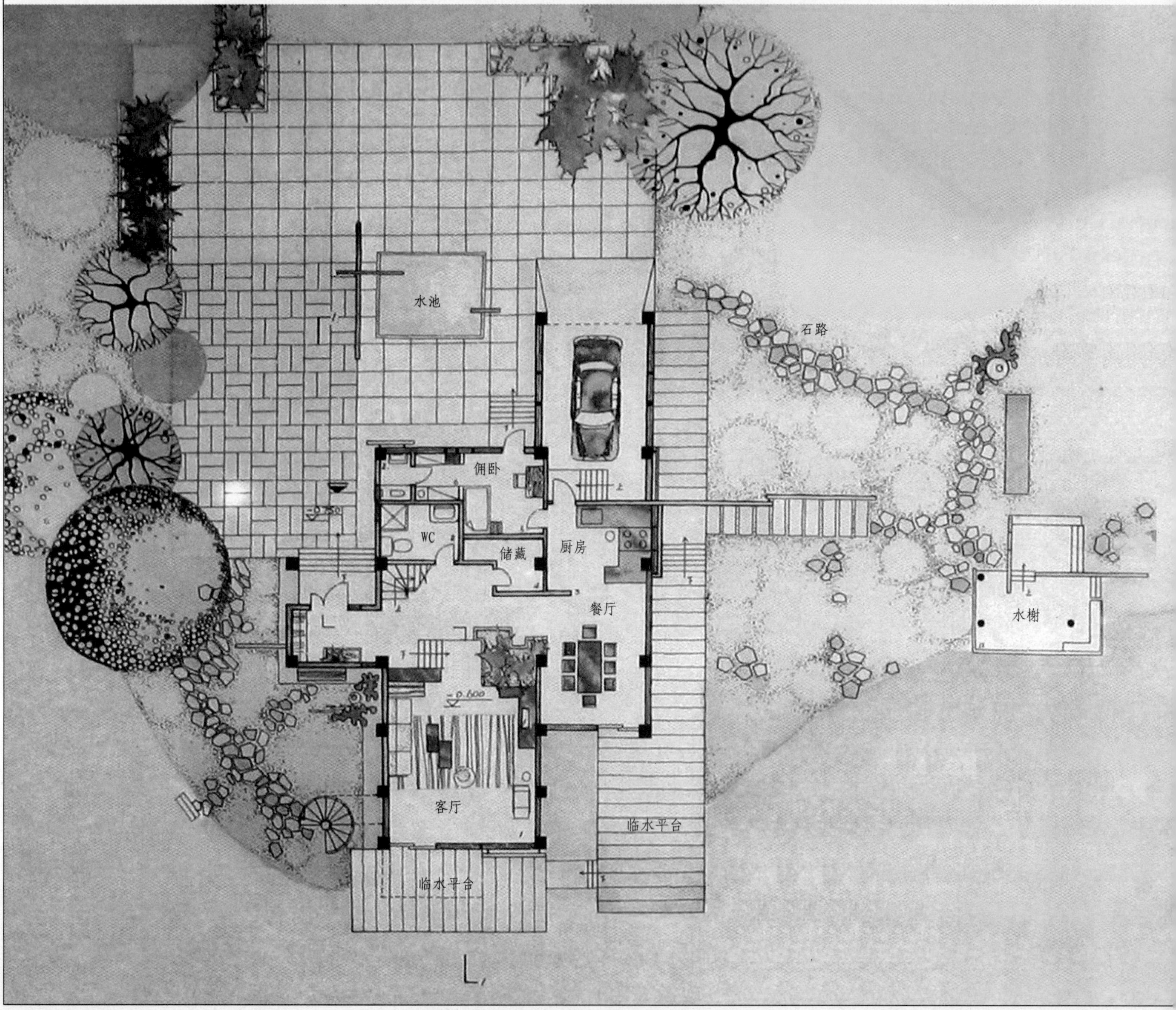

平面绘制

这是一幅富有表现力的平面图。绘制手法老练，有丰富的细节。外环境设计层次分明，植被图例明确，虽然方案设计的创新欠缺一些，但设计考虑的细腻周到，在很大程度上弥补了新意不足的弱点。

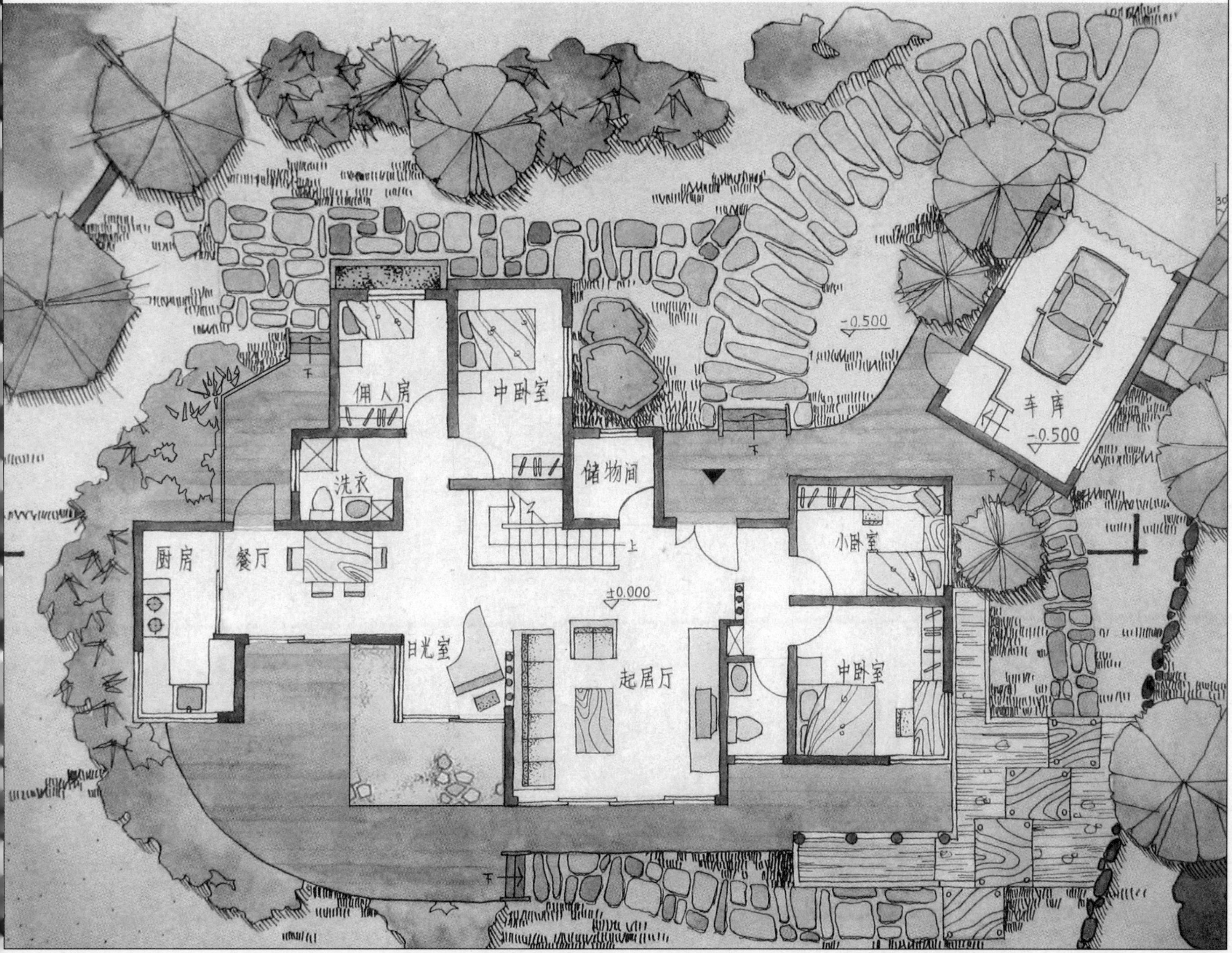

平面绘制

这幅平面图在内外，主次、配景绘制方面比较成功，内外有别的色调，不同的质感表现，使建筑的室内和室外界线明确。这种表现形式非常适合初学设计者使用，对表现建筑的一层平面也很适用。

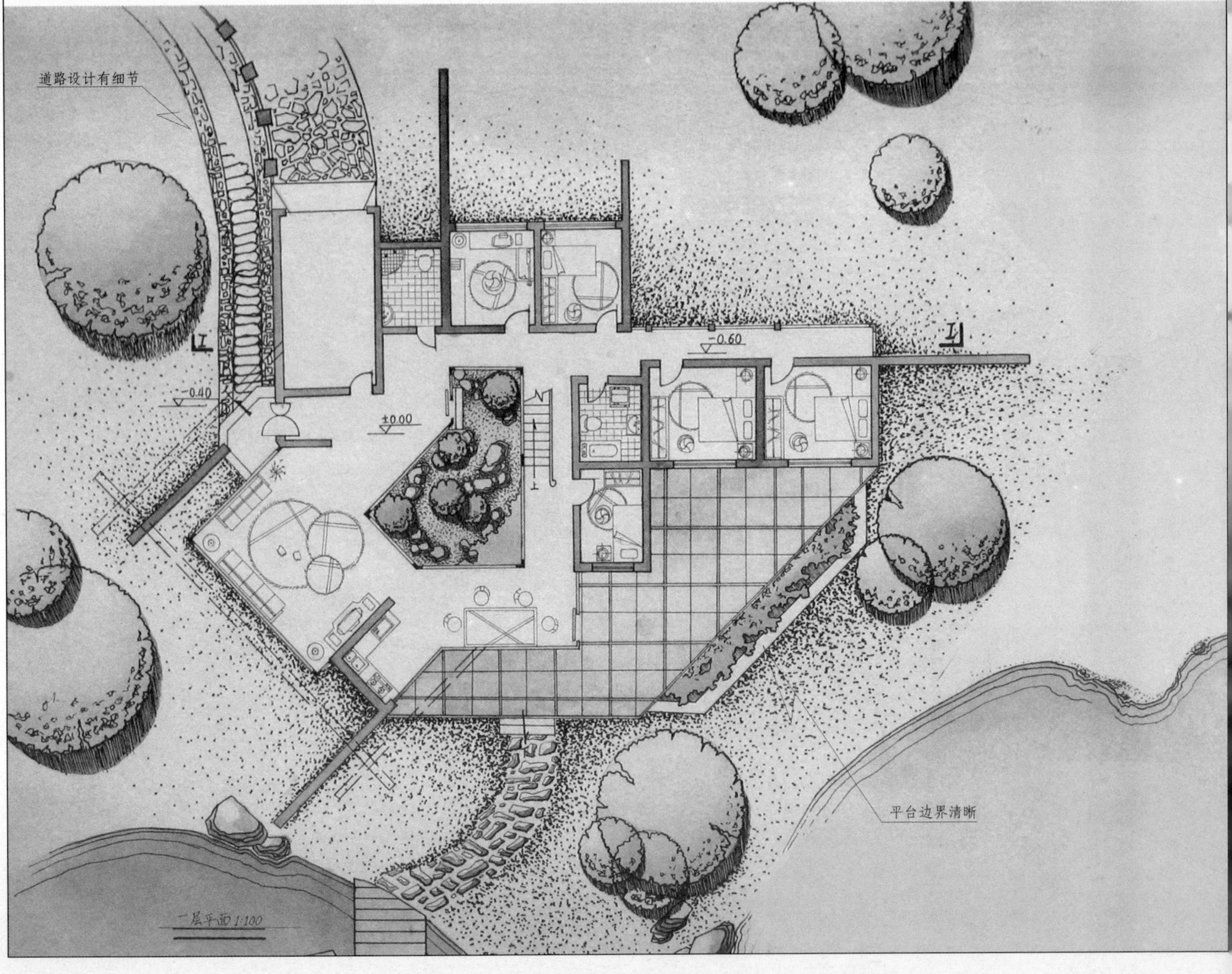

平面绘制

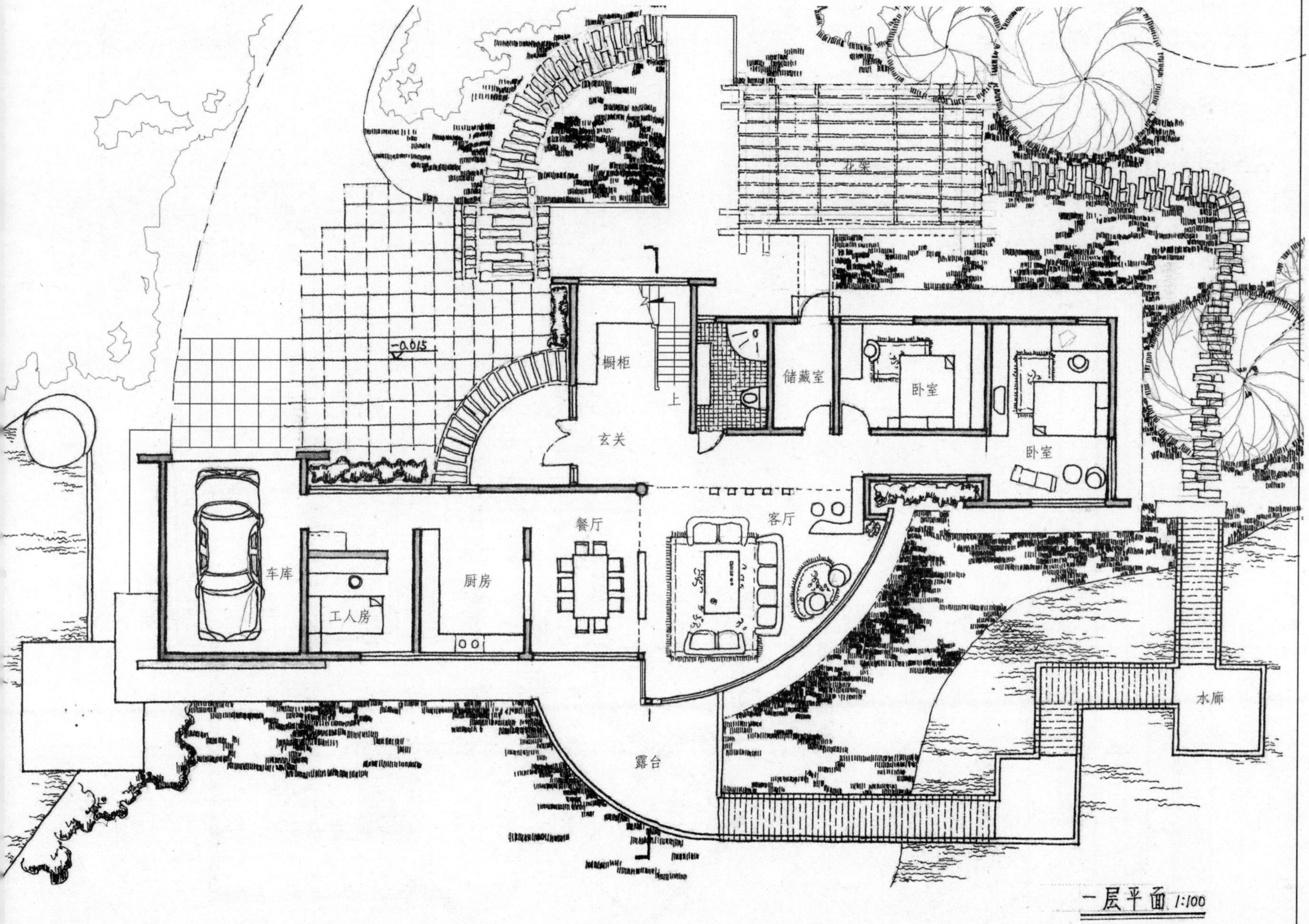

这张平面图绘制技巧值得借鉴，疏密得当，内容清晰是平面图绘制的基本要求。

平面绘制

建筑设计不仅仅是建筑本身，还包括与建筑相关环境的设计，二者相得益彰。很多设计作业给人感觉没有做完，很可能是环境设计不完整造成的。右面这份作业在完整性方面做得比较好，既有完整的建筑设计，外环境设计又比较到位。图面给人的感觉轻松，水到渠成，绘制简繁得当，配景选择适中，布局合理，空间塑造层次分明，这与设计者概念清楚很有关系。

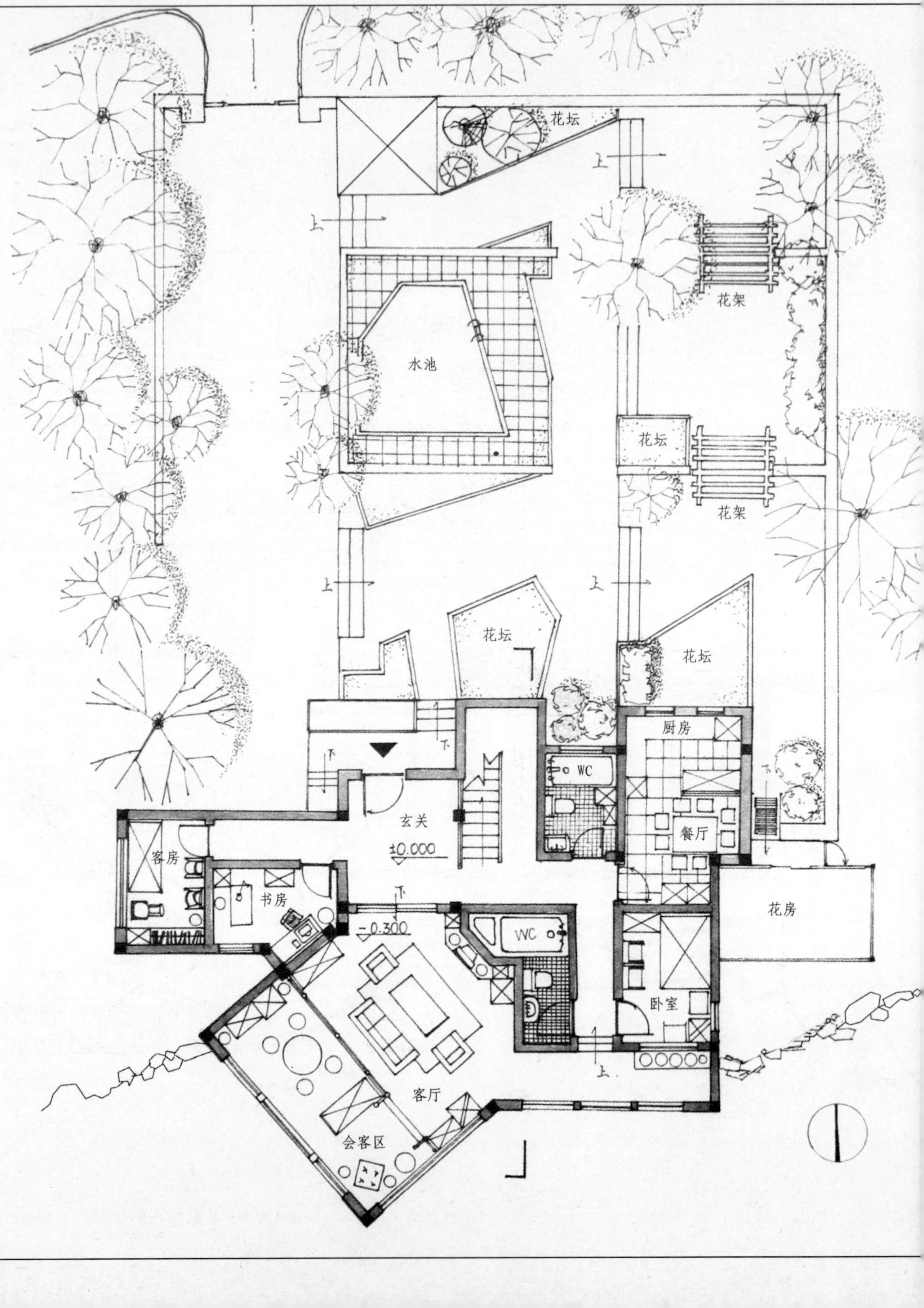

平面绘制

这幅小住宅平面图绘制方法比较明确，基地环境画的放松，用线比较淡雅，建筑重点绘制在加上墙体的阴影，使建筑内外有明显的区分，让人很容易理解设计的意图。

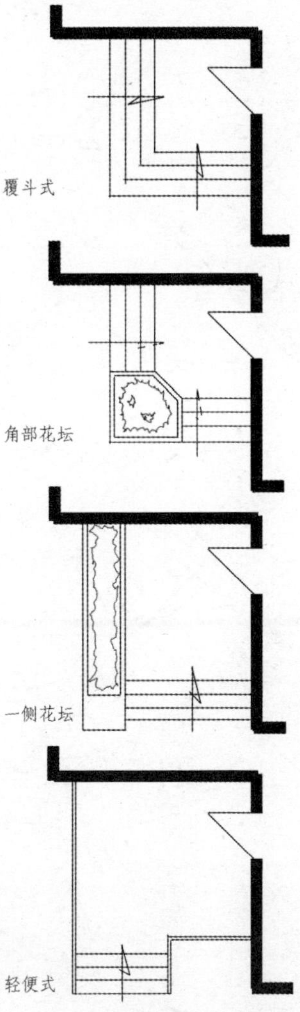

楼梯设计模式举例

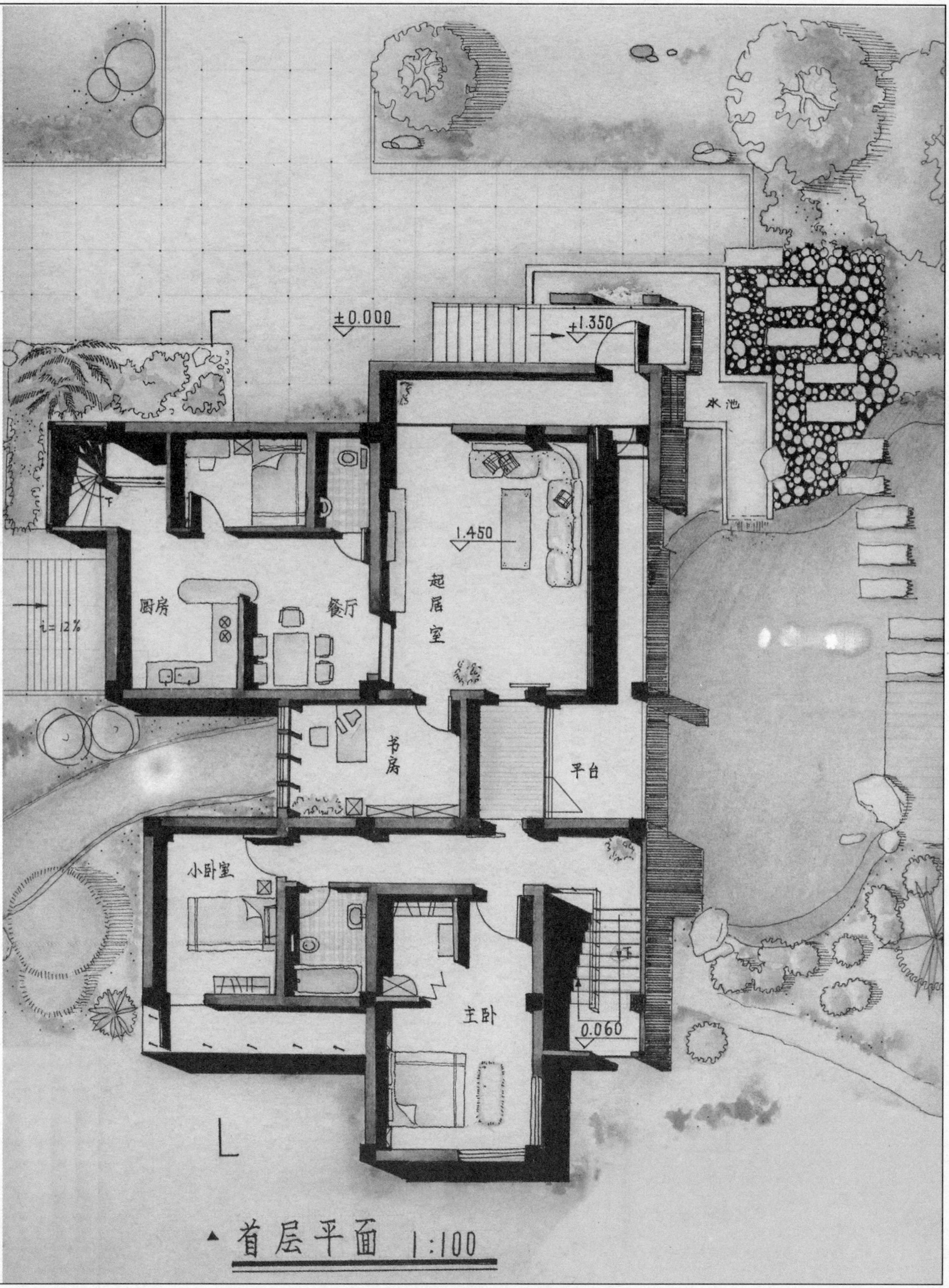

平面绘制

这张平面局部图在环境表达上很优秀。在环境层次、质感表现、交接关系都有很好的表现，尤其碎石路、卵石路的表现值得借鉴。

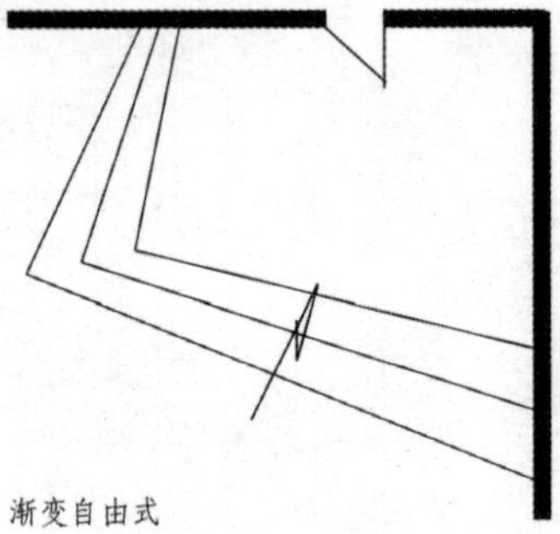

渐变自由式

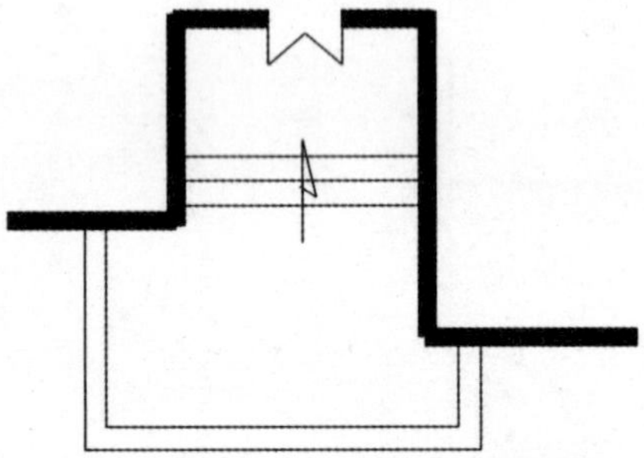

凹进式

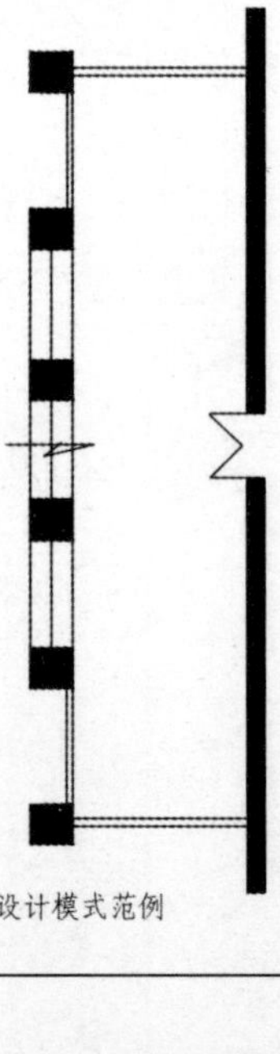

柱廊台阶

台阶设计模式范例

平面绘制

设计基础教育的目的在于开发学生的创作潜能，不光是鼓励在建筑设计上的创新，同时也鼓励学生在图纸表现方面进行一些尝试。本页节选的几幅图都带有明显的个人特点，局部外环境的表现力都比较强。

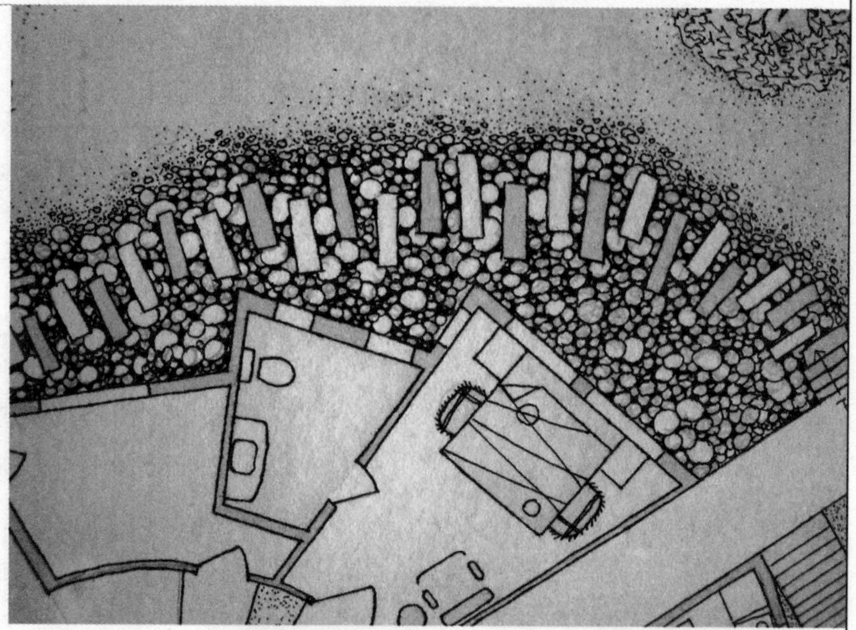

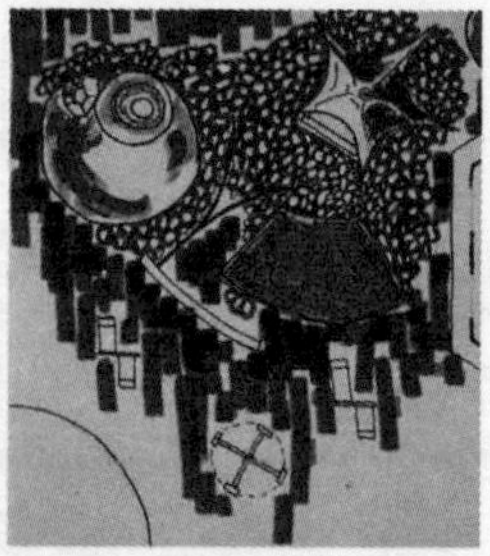

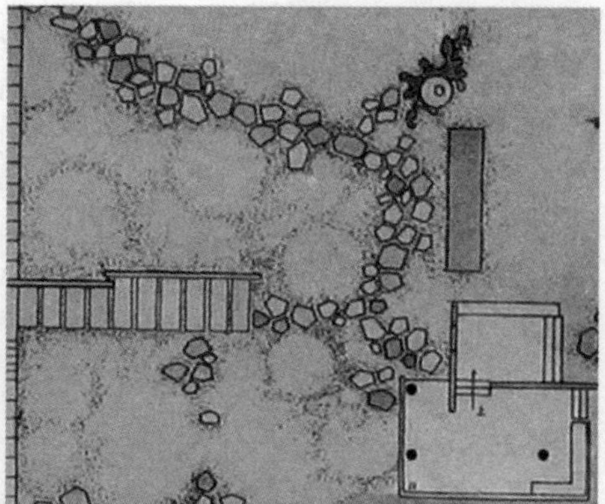

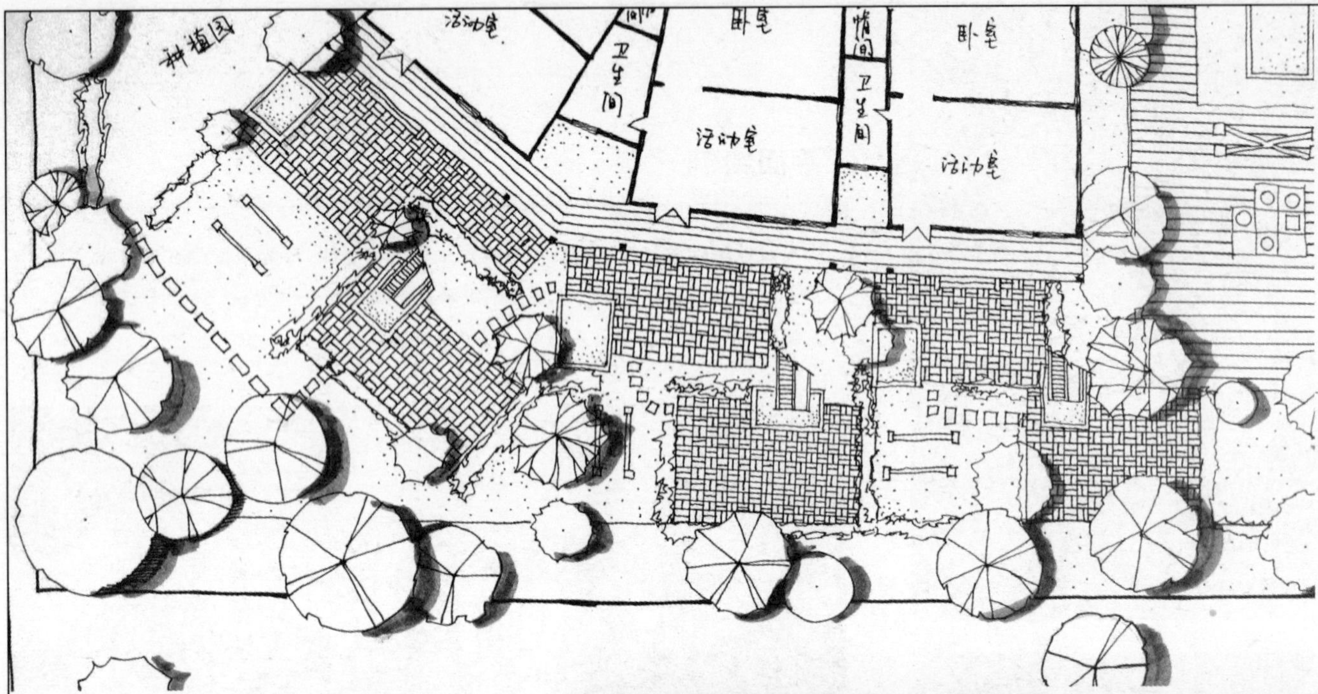

平面绘制

这两张幼儿园设计的局部平面在小环境的设计与表现方面做得比较好，尤其值得学习其树的画法。

建筑立面表达

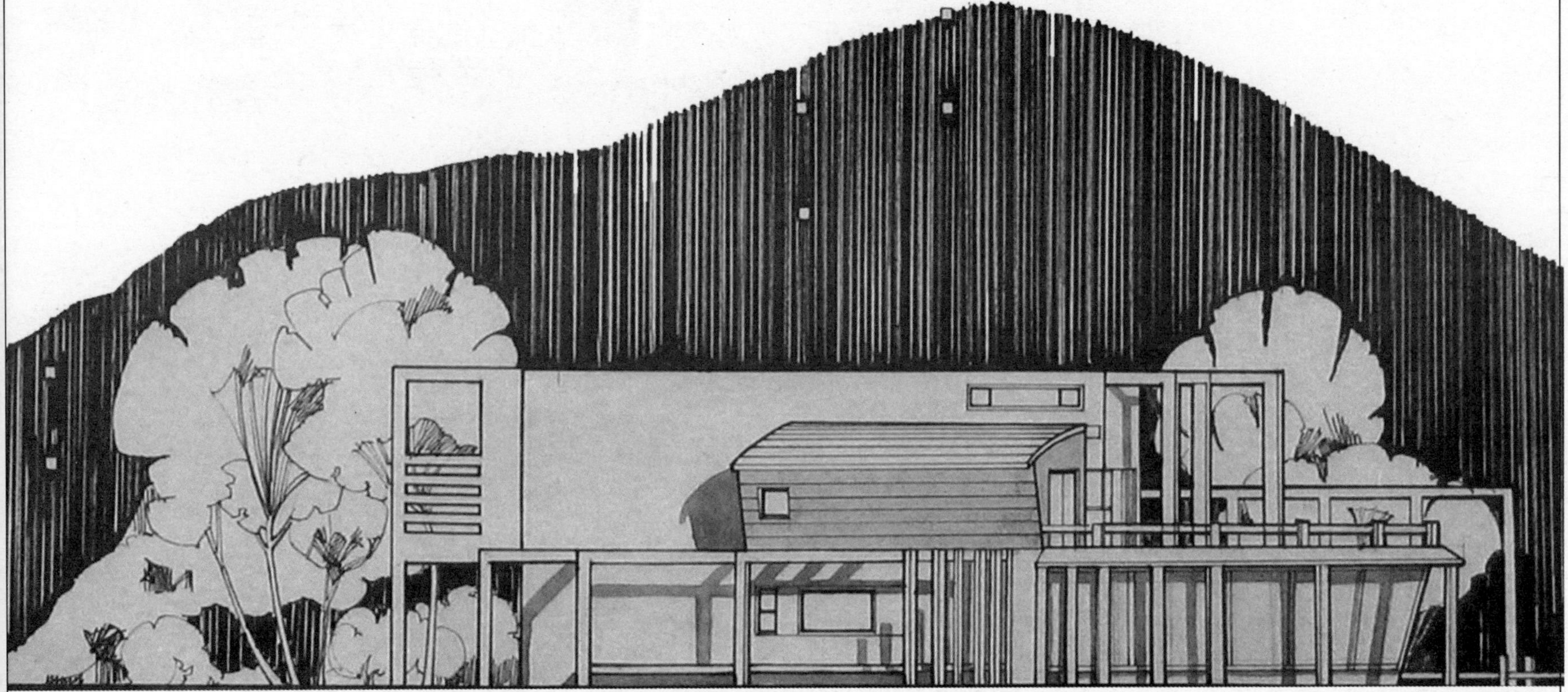

设重色渲染背景，拉开景深，非常有利于突出主体，配景树也处理的很好。

建筑立面表达

这两幅立面图在表现建筑的层次、材料运用方面完成的都比较好。上图画法较清淡，线的运用准确，配景选用得体，使画面显得很典雅。下图材质表现明确，突出了建筑的水平檐口设计，给人率真的感觉。

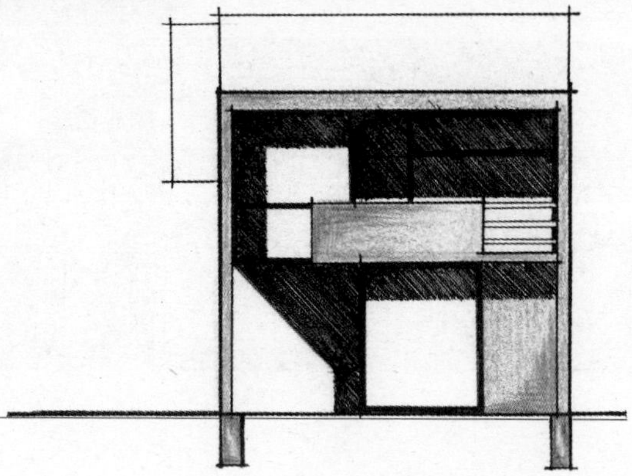

这份立面图采用强阴影的绘制手法，来表现建筑的构成关系和空间层次，显得干净利落，也充分体现了设计的内在特点。

建筑立面表达

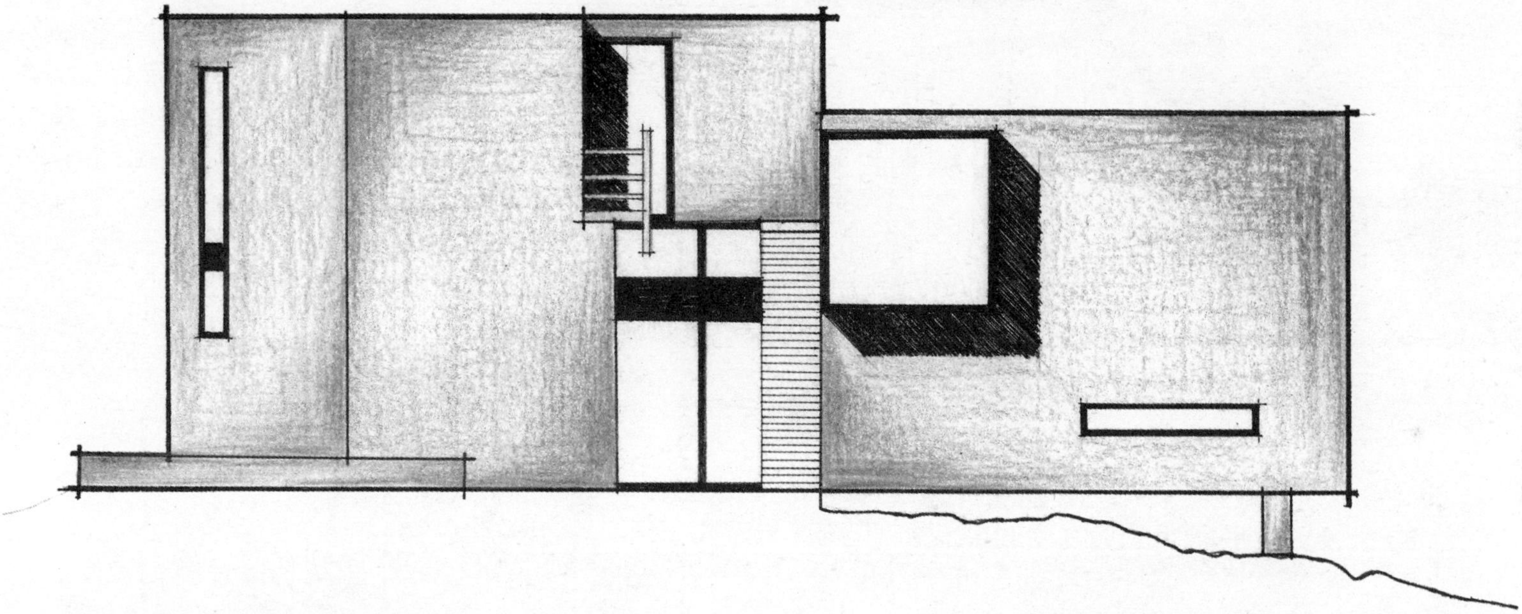

下面这张立面图用同一线型绘制，工整细腻，玻璃施灰色薄涂，显得很清爽。

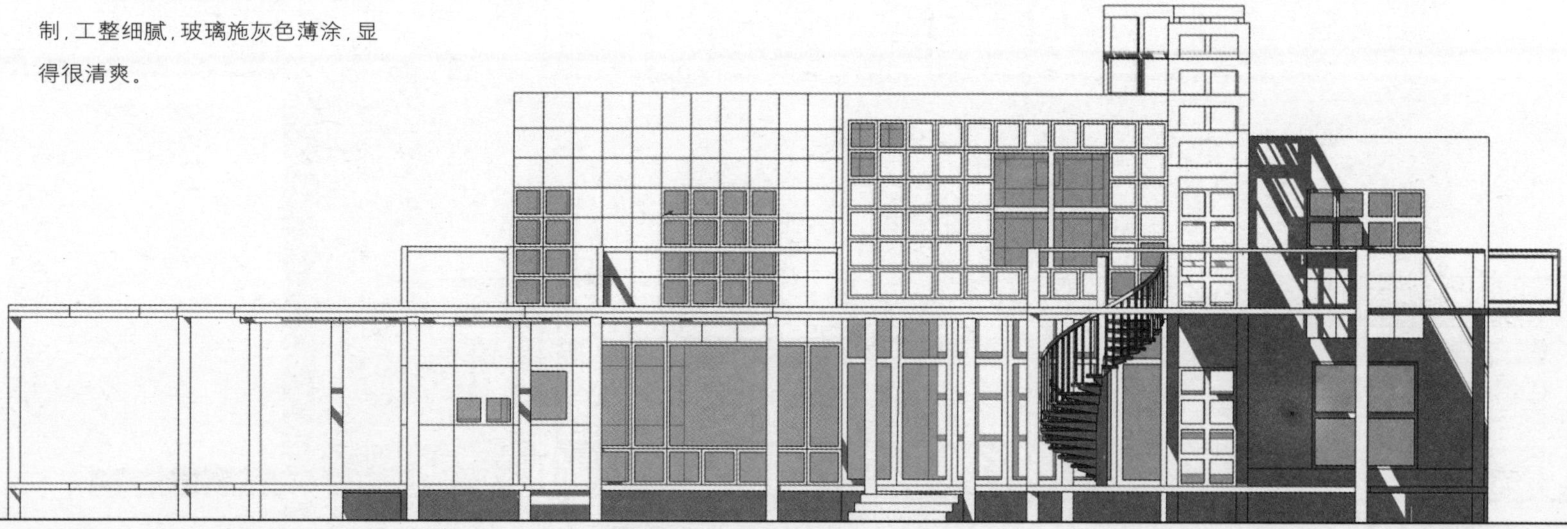

建筑立面表达

这两份立面图在表现材质上尽了力，效果不错。上图设计采用素混凝土和原木作为建筑材料，体现对比。下图设计突出毛石砌筑的坚实效果，在稳重的整体设计氛围中增加轻盈和纤细的体型变化。学生能在第一个设计中有意识的尝试运用材料的质感变化创作丰富的建筑形象，这是很好的现象，值得肯定。

建筑的立面绘制也应讲究章法，尤其是配景的选用要有利于表现建筑设计的内涵和特征。

右图学生绘制的立面图比较细腻，建筑的体量层次表现分明，但建筑配景的绘制还可以再斟酌和改善。

建筑立面表达

下面两幅图是改进的两种思路，一种是简化配景，突出建筑设计主体，这样如果处理得当，能取得干净利落的感觉。另一种就是根据设计的特点及立面绘制的情况选取适当的配景，使用枝条硬朗的前景树和概念化的背景树，加强立面的层次感，有助于表现设计的特征。

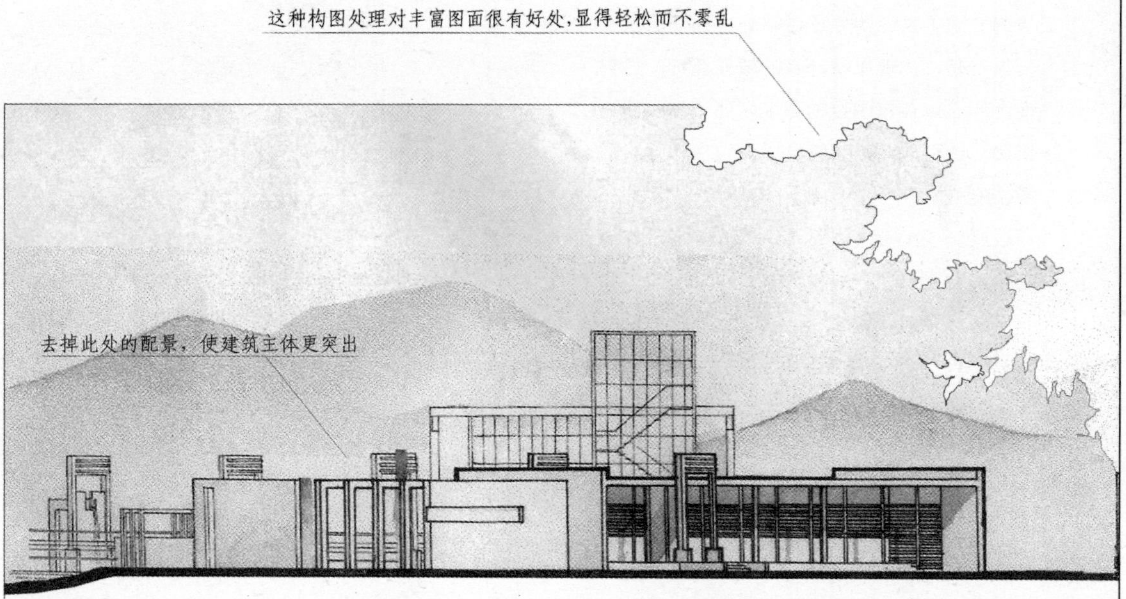

建筑立面表达

这幅立面突出的特点是建筑的形体、材质的表现。不论明处还是暗处，材质表现都一丝不苟，体现出设计者的敬业精神。这份设计作业也存在明显的不足之处，体块组合累赘，造型与功能有脱节之处（例如楼梯和塔楼的关系），设计手法还不够统一（例如屋顶坡度），这也是初学者最常见的毛病，需要在学习过程中逐渐的改进。

建筑立面表达

右图立面在表现体量关系、构成关系都是值得肯定的，线型的运用也合理。只是因设计的深度不够，略显苍白。立面设计不仅要表现出明确的体现构成，也应有材质的表现，尤其对于小型建筑来说，材料的运用、立面的划分就更显得重要，因为这是取得合理尺度的保证。

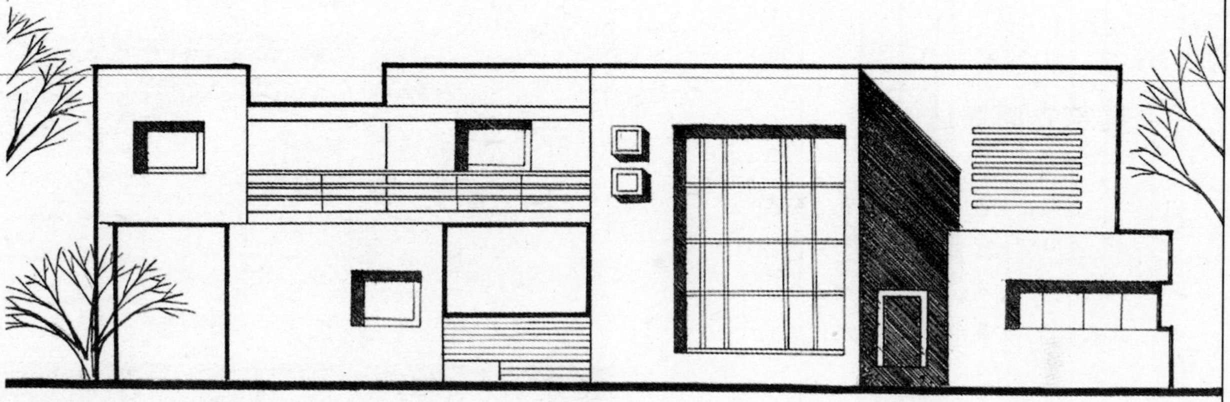

下面的范例在原立面的基础上进行了更深一步的设计，绘出了材质变化和线条的划分，材质对比能更好的体现体块的构成关系。应该提请注意的是，建筑立面上的划分线和建造工艺有很大关系，工艺要求决定着划分线的尺度。

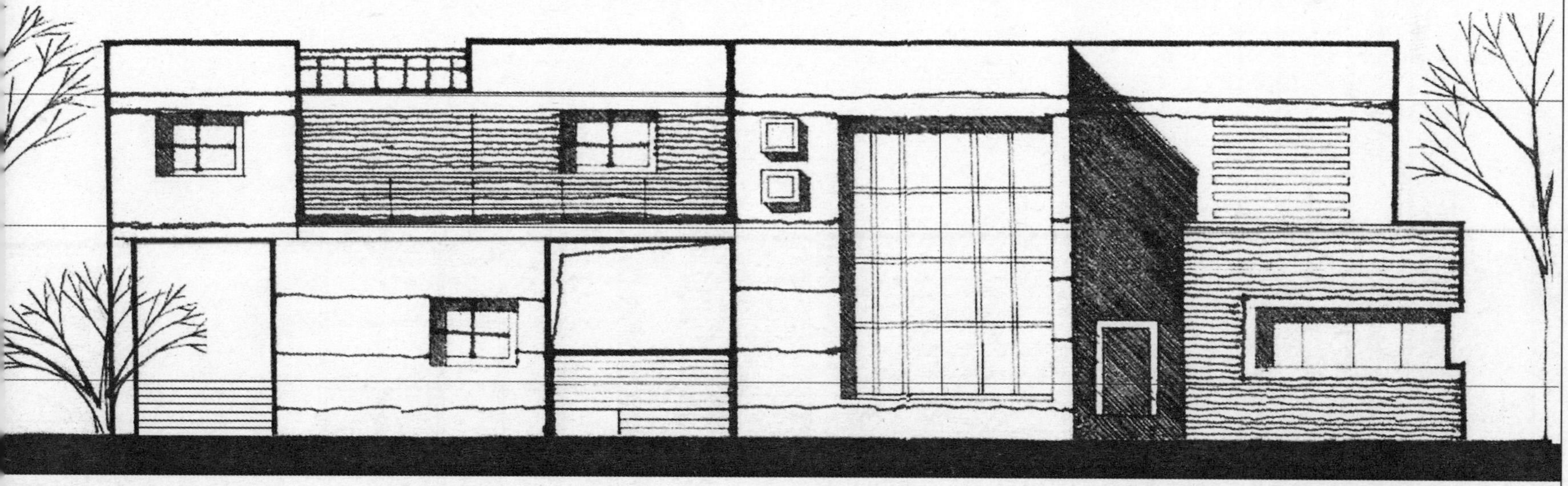

建筑立面表达

立面表现也应注意层次和透视感的表现。这份学生作业绘制地立面具有很强的透视效果，富有戏剧性，增强了方案的艺术感染力。配景的绘制还有待提高。

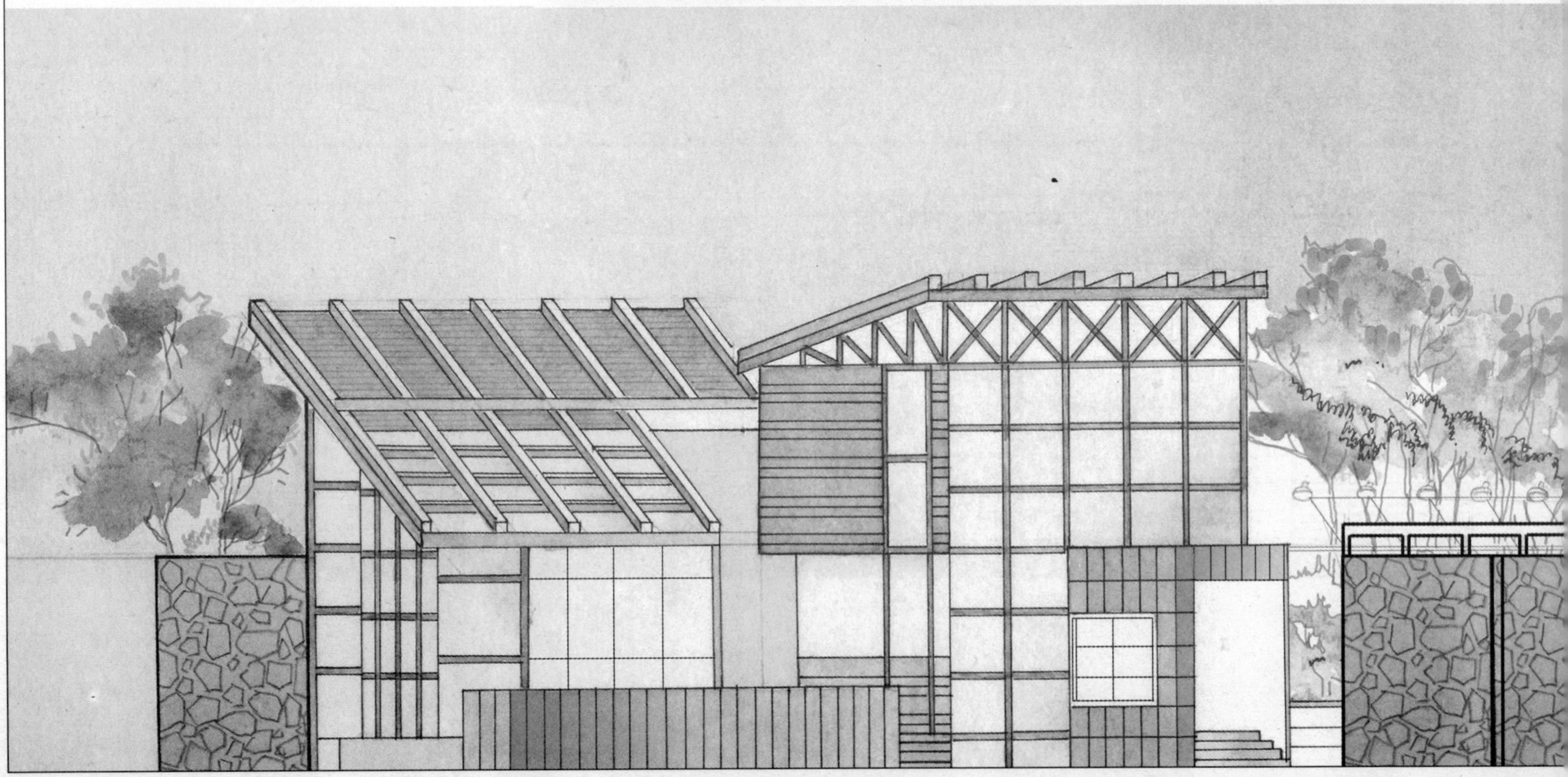

建筑立面表达

这份作业的立面绘制非常新颖，视觉冲击力很强，给人留下了深刻的印象，图面中线的运用很有章法，建筑的体块关系全部用明暗区分，显示出该学生深厚的绘画基本功。

建筑立面表达

这是一幅传统渲染建筑画风格的立面表现图。基本功扎实，画面干净利落，属于写实的画法，构图非常严谨。格式化的配景画法既没有夺建筑主题，又烘托了建筑气氛。

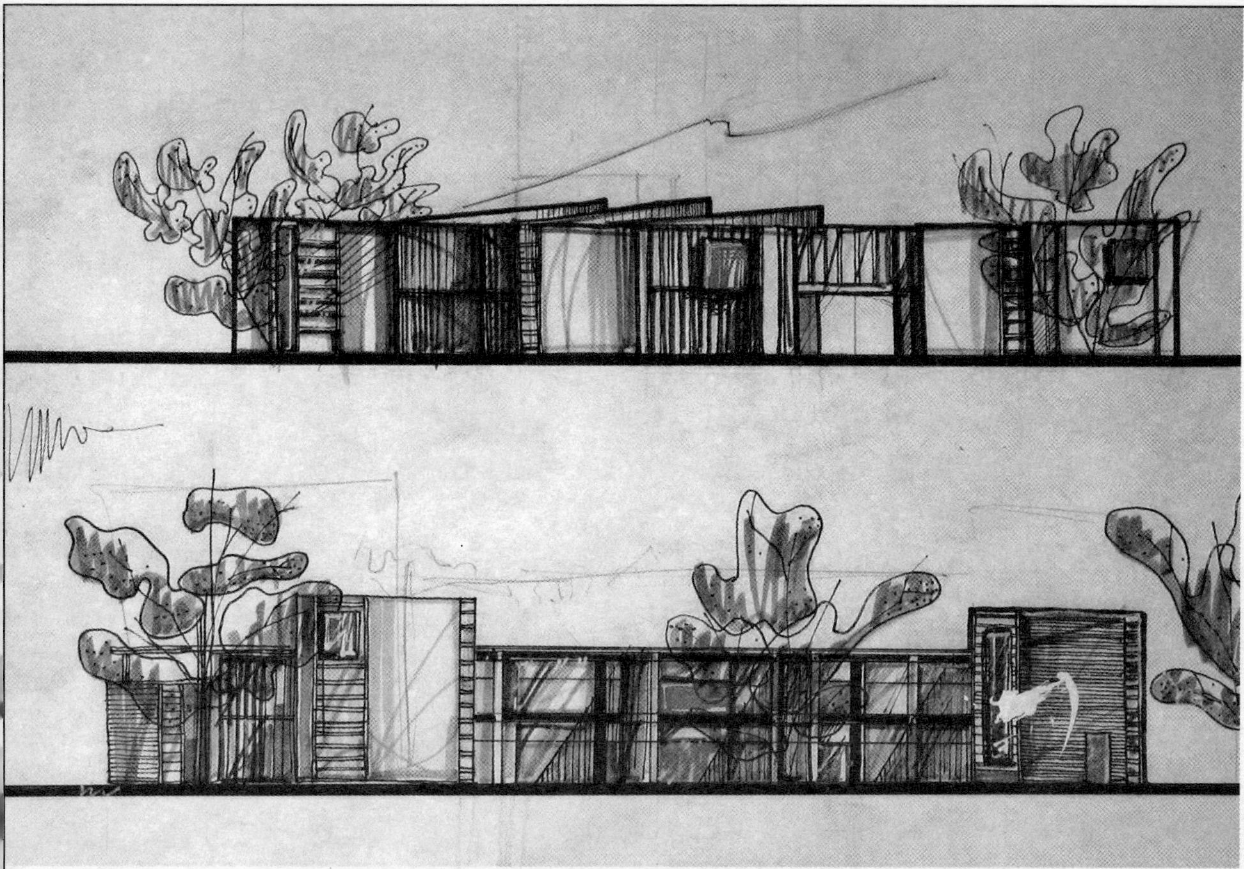

建筑立面表达

这是两份画法较有特色的立面图。左面的两张立面徒手绘制图，轻松洒脱，略施颜色，设计特点表现得比较明显。下面的立面图采用退韵渲染，显示了建筑在光线下的自然形象，绘制的较深入。

建筑立面表达

这张立面图绘制的清新典雅，用细密线条绘出阴影，增加了建筑的层次。

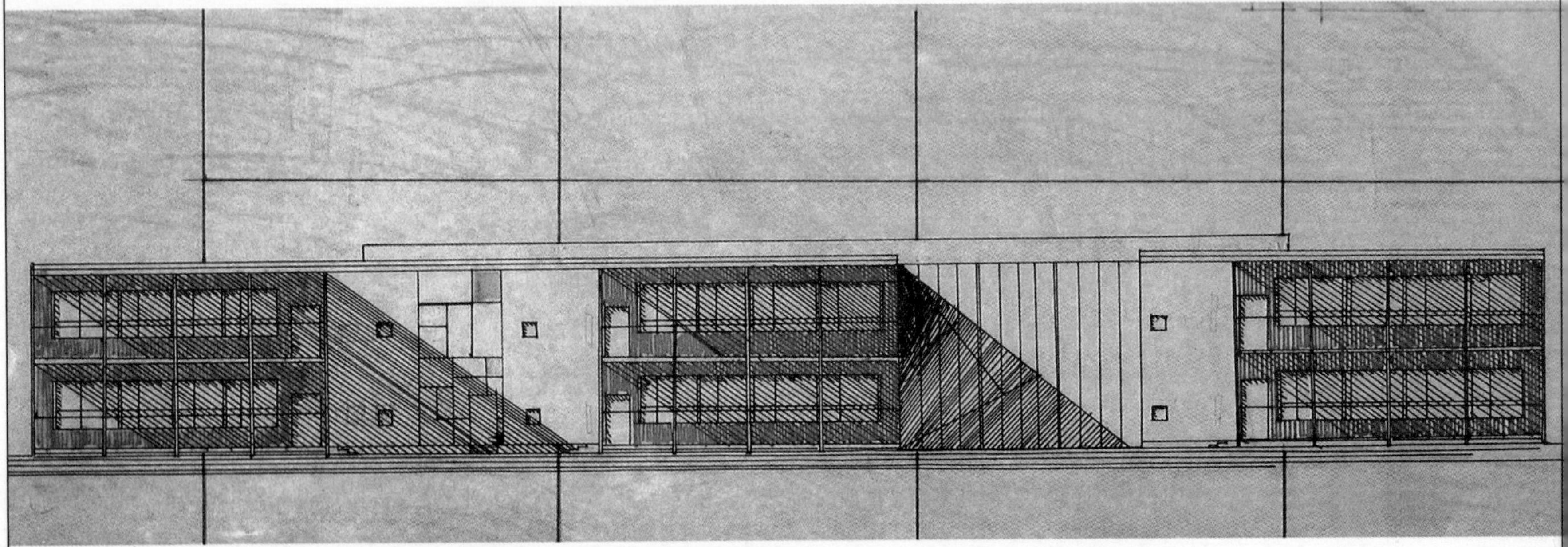

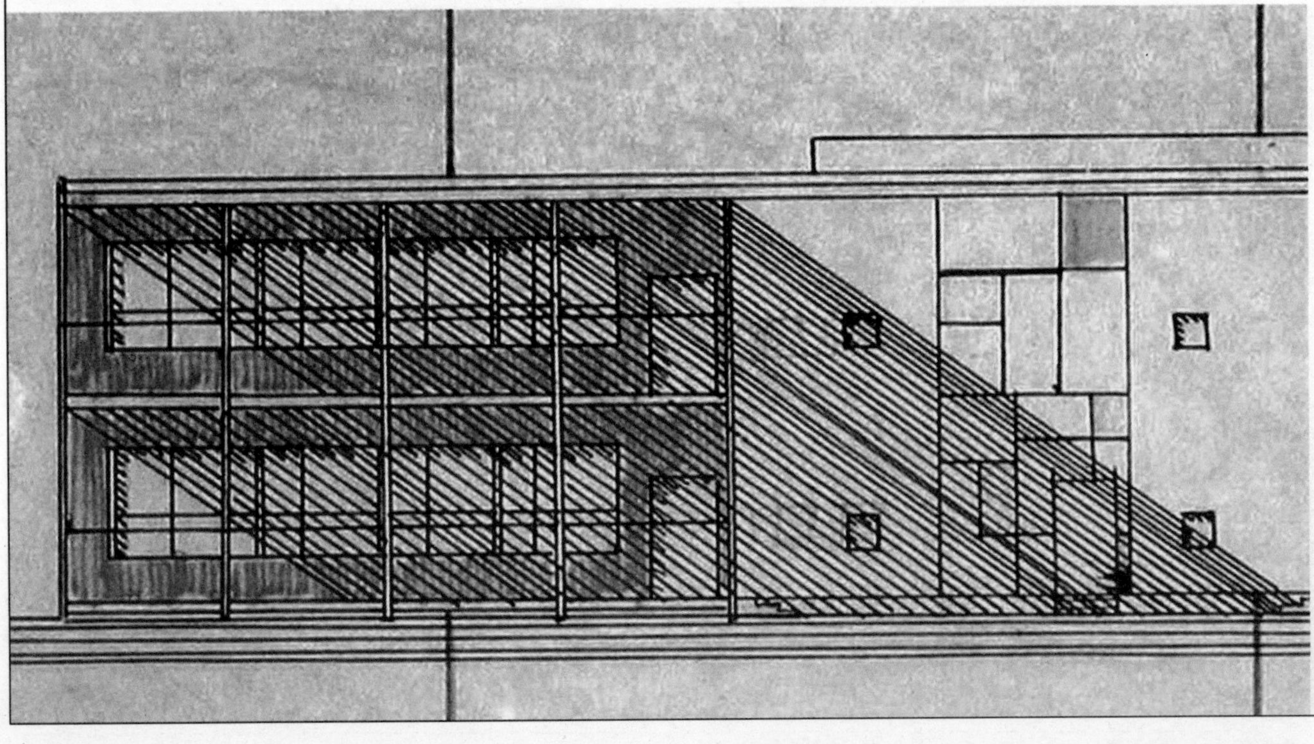

建筑表现

这幅透视表现图用钢笔线条表现建筑形体的明暗关系，造型准确，结实有力，基本功扎实，画面轻重恰当。建筑的质感表现比较有效。前景草地和水的处理也比较好。

建筑表现

这幅设计虽然欠缺深度，但透视图的表现形式却值得肯定。水彩画技法使画面透明，充满活力，寥寥数笔，把环境表现的也很好。

局部

建筑表现

这是一幅较成功的设计透视图，画面丰满细腻，富有表现力，黑白线条透视图是表现建筑设计的一种重要手段，如果运用得当，会取得很好的艺术感染力。本图中配景绘制层次分明，概括得当，前景、中景、背景作用明确、起到了烘托建筑氛围的目的。

建筑表现

上图的透视表现不论是在方案的特点表现上还是绘图的艺术效果上，都有可圈可点之处。黑白退晕的处理增强了方案的力度，只是在地面的处理上显得草率，功力不足，这也是很多学生易犯的毛病。

下图范例是一种简单易行的处理地面办法，通过构图，形成概念化的地面。

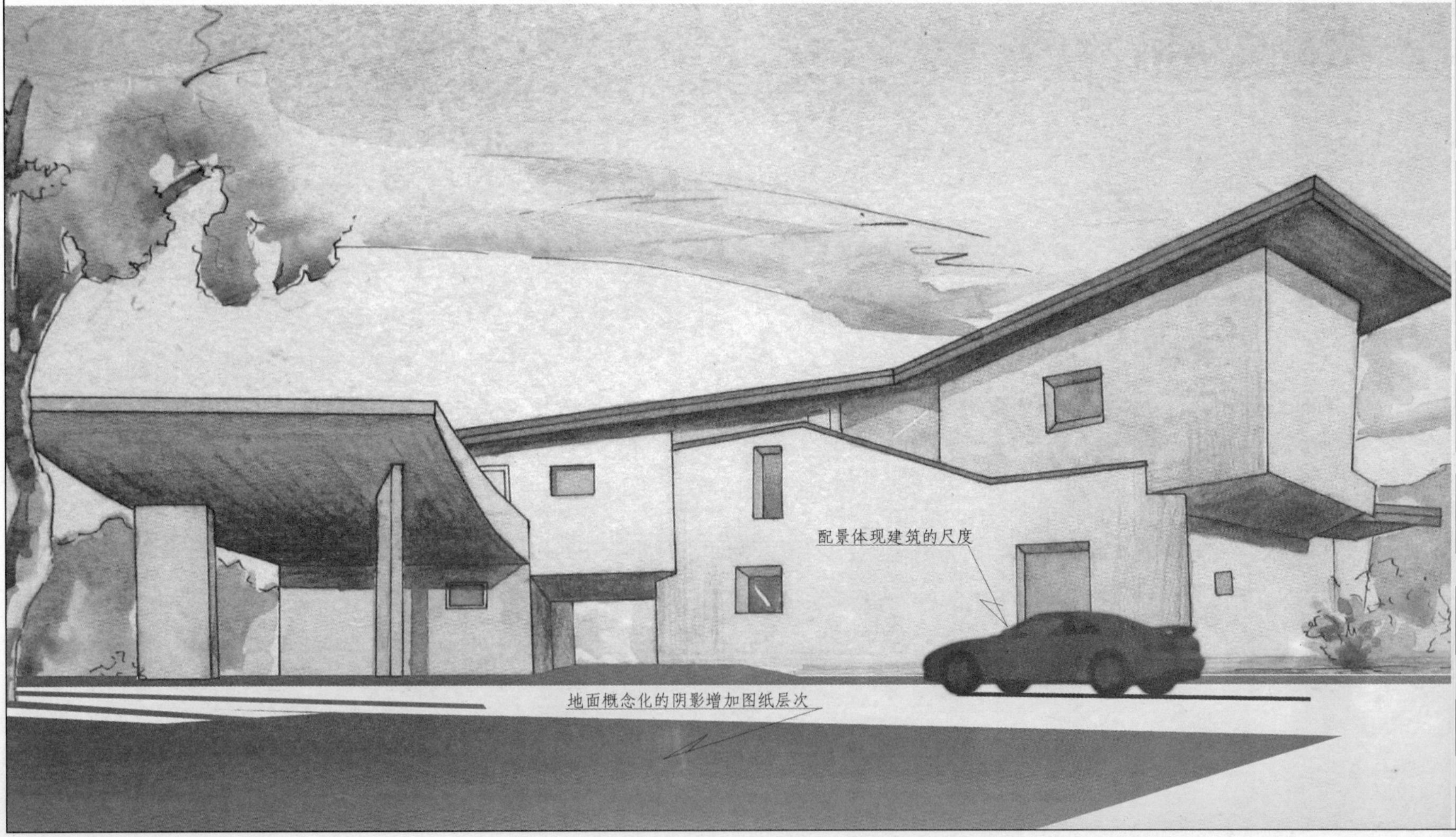

建筑表现

设计人试图通过在墙面上增加凹凸肌理来增加建筑的丰富性和质感效果，这是一种可行的设计。但问题在于，开窗形式和位置好象与肌理的设计形成了冲突，透视显现的效果并不和谐。

下图是解决此种问题的一种范例，建筑的窗与墙共同构成了墙面的肌理效果，增强了构成的内在规律性。

透视图不仅要表现建筑本身的形体关系，而且要表现出环境的空间感，透视图的配景画法多种多样，但前景、中景、背景与建筑的关系大致是一样的，本页下图示范了如何布置建筑配景来增加空间层次，使画面生动起来。

建筑表现

建筑形体的变化与推敲

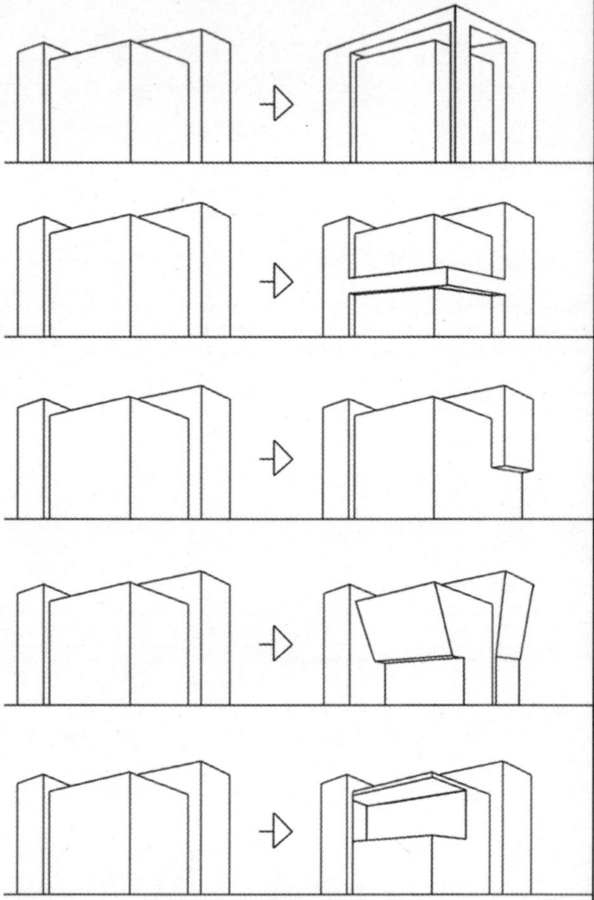

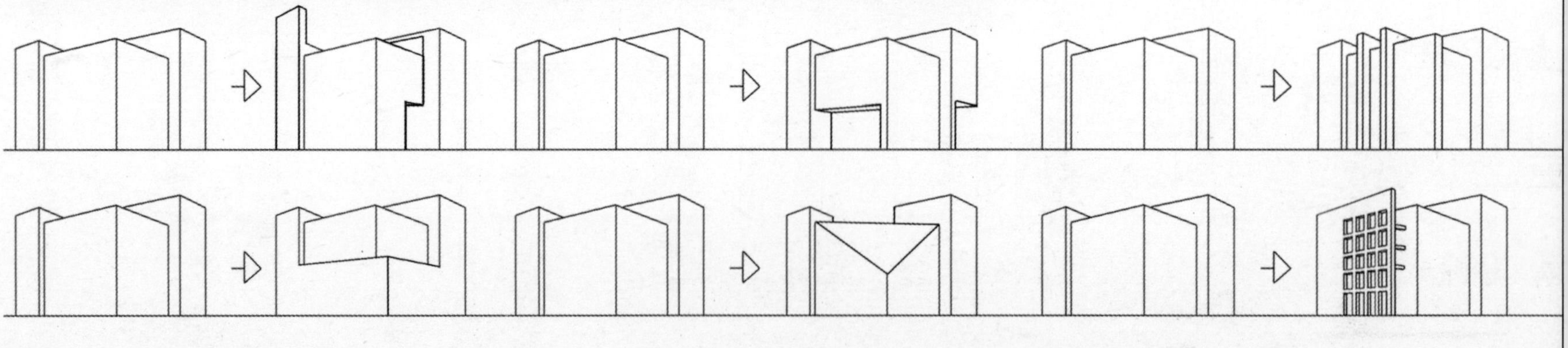

建筑表现 这是幼儿园设计的透视图，绘制方法比较有特色，用细线构画建筑体形轮廓，排线表示建筑的暗面和阴影。显示出硬朗明确的效果。

建筑表现

这幅学生作品透视角度的选取和用色都夸张大胆，画面显得轻松舒展，配景绘制也极富戏剧性。有力地烘托出了方案造型的特点。另外值得肯定的是构图的独到创意，天空的画法为画面增色不少。地面的绘制不够硬朗，缺乏空间感。

建筑表现

这张设计的局部透视图，空间表现意图明确，较准确的反映出了空间设计的特色，用色也比较巧妙。综合起来有如下绘制特点：1.利用结构线描表现空间；2.利用照片拼贴表现设计意匠；3.强烈的退晕设色增强了空间透视感。

建筑表现

本面选登的幼儿园设计透视草图，细笔勾线，准确描绘建筑形体，略施颜色，给人轻松活泼的感觉。

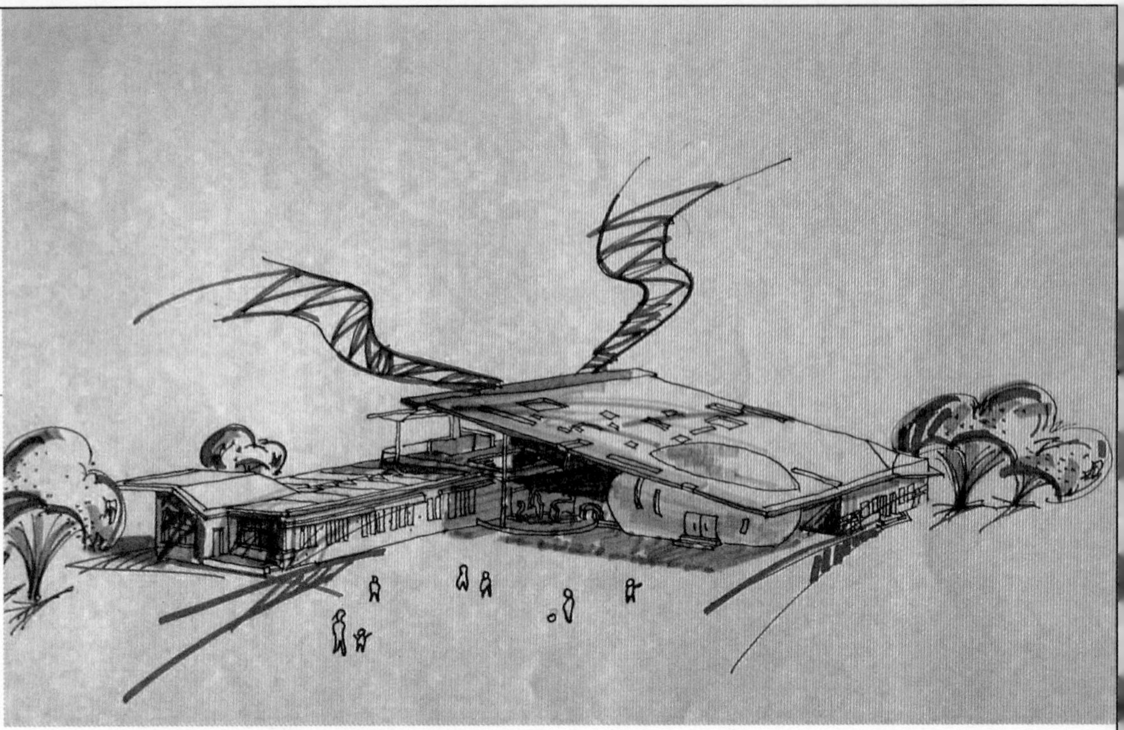

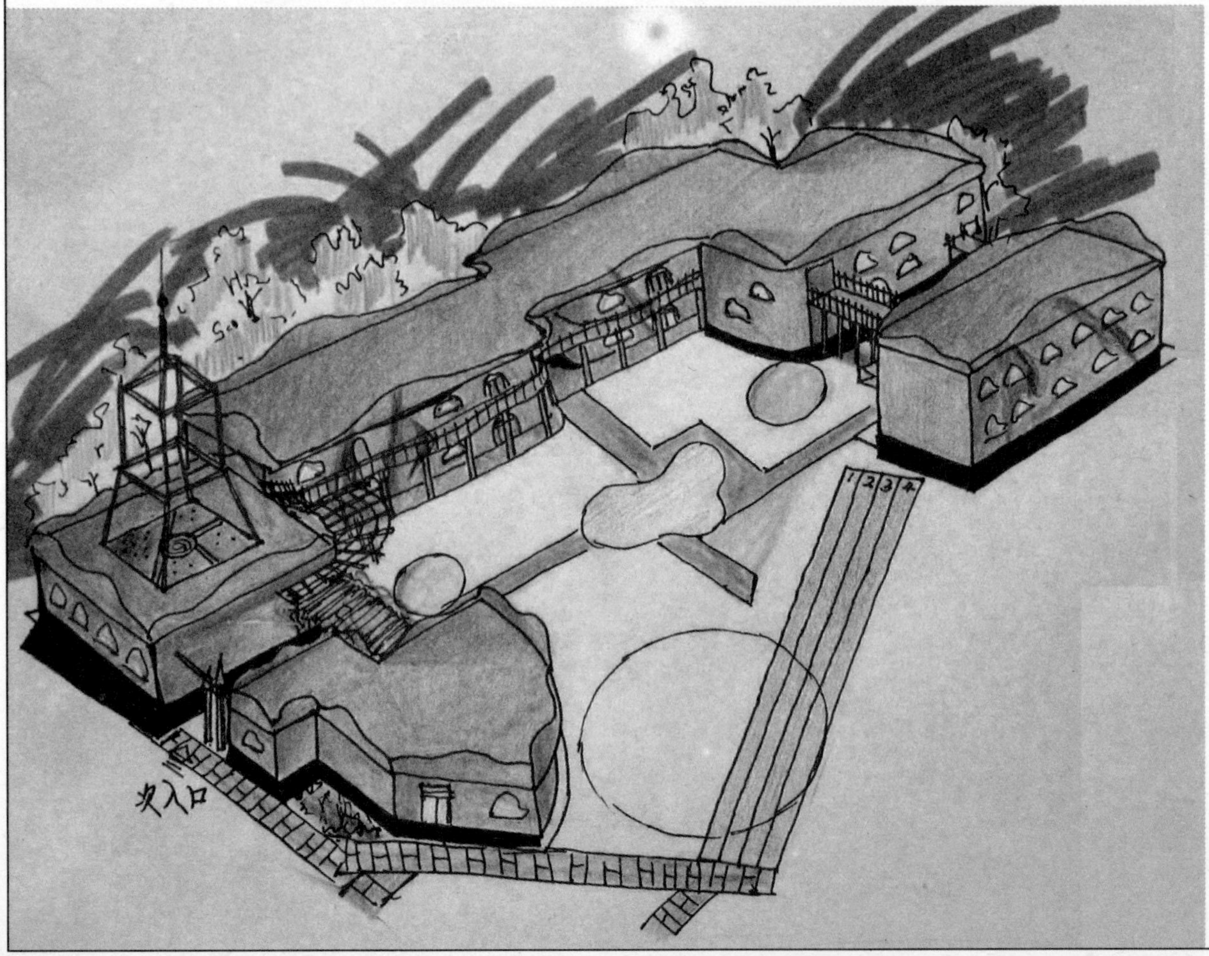

建筑表现

这是一份为幼儿园设计绘制的透视图，设计有明显高迪的建筑风格。姑且不说建筑设计的好坏，单看表现图纸还是有较明显的个性，画法、用色以及配置都充满了纯真，与幼儿园的建筑性质是吻合的。

建筑表现

这份作业在设计上有所创新，在表现上运用了夸张戏剧化的表现形式，显得很新颖。虽然在建筑设计中求实是最基本的要求，但在一些兴趣点上适当夸张则能使方案更有表现力，也更能体现出方案的特点。

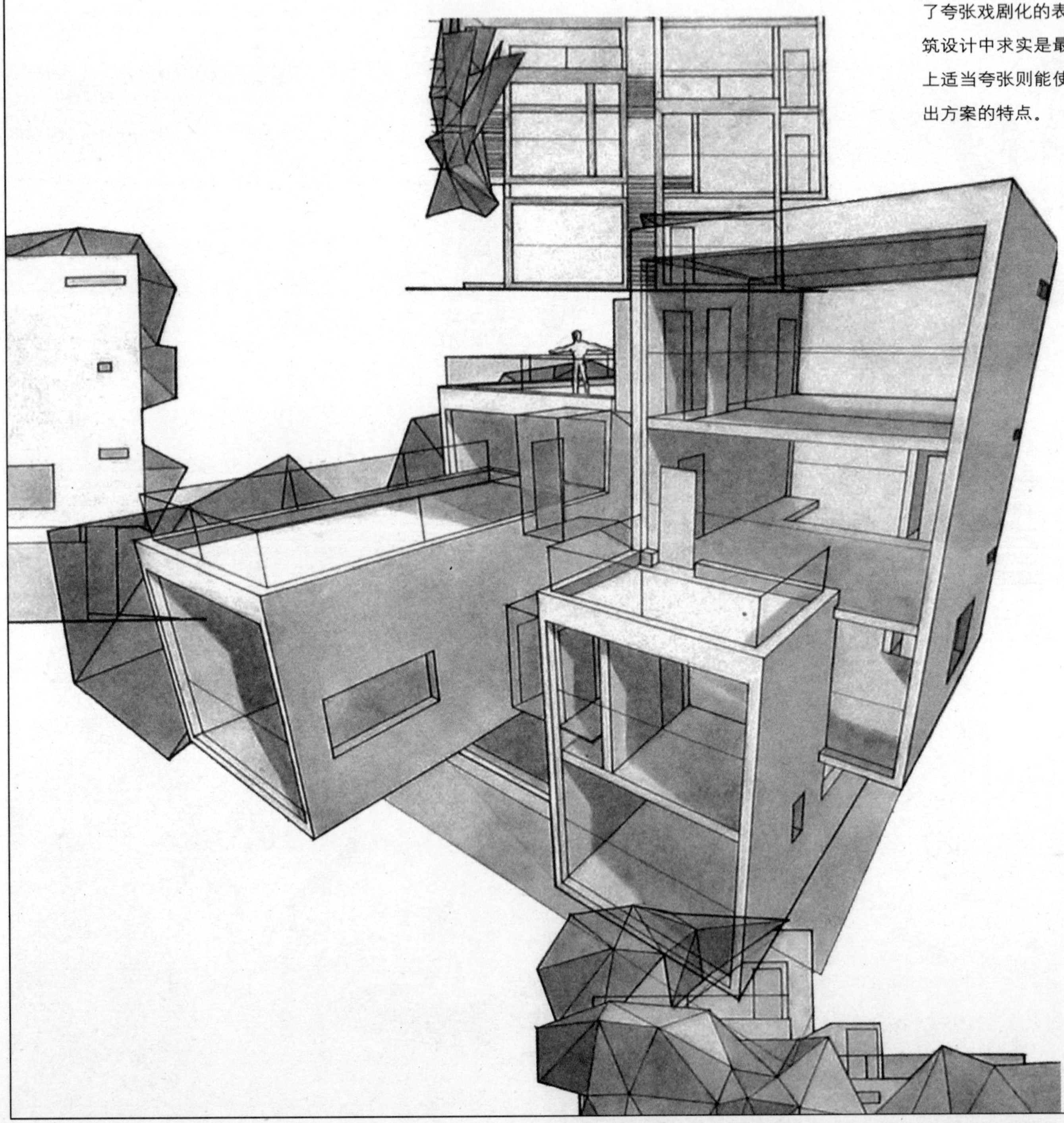

建筑表现

把不同的设计思路迅速的记录下来，放在一起进行比较分析，以取得满意的结果是设计师优化设计常用的手段。下图是学生在二草阶段做的建筑体型多方案比较，图纸线条流畅，表达清楚，体现出设计者扎实的基本功和体型处理能力。

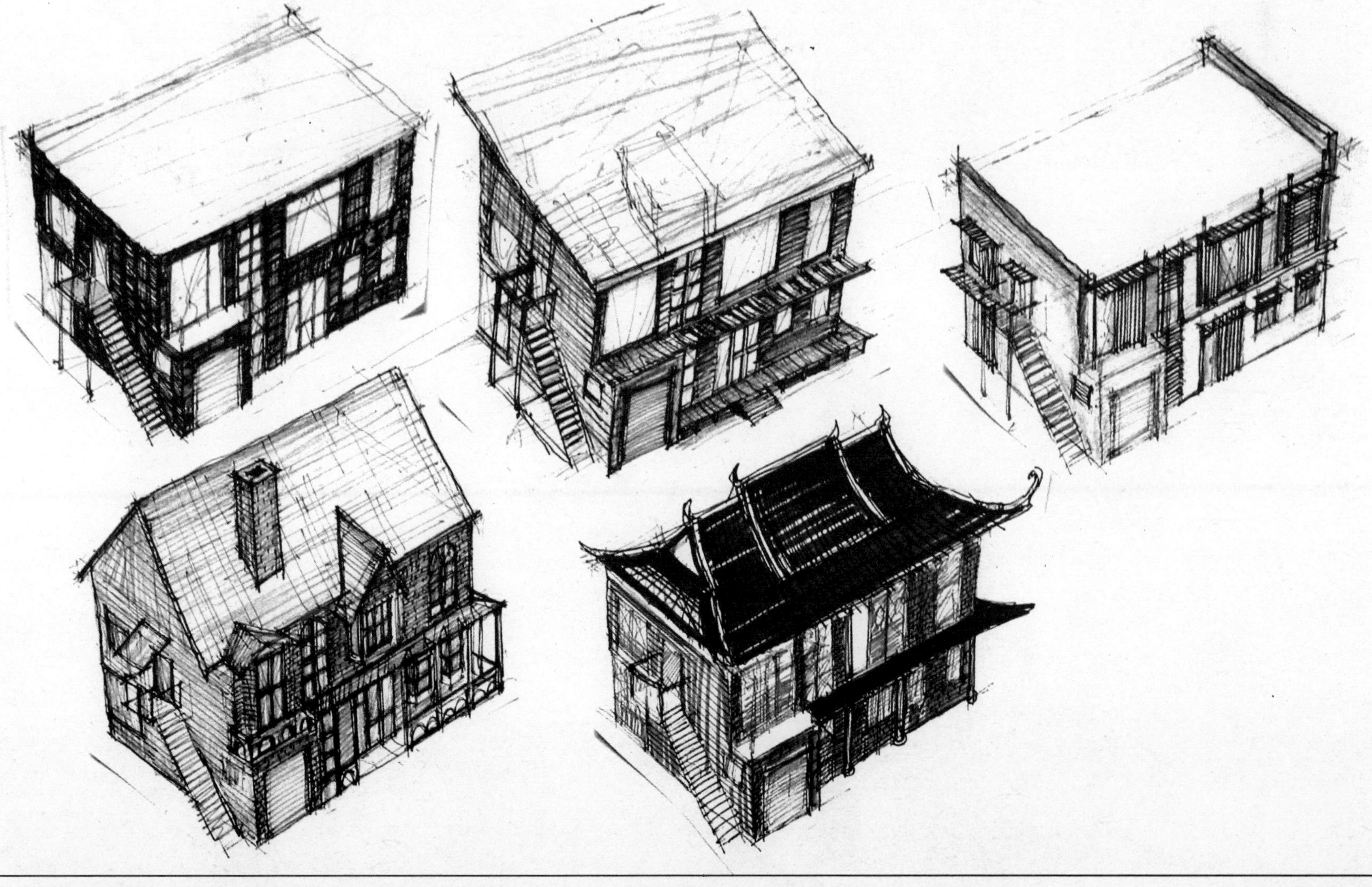

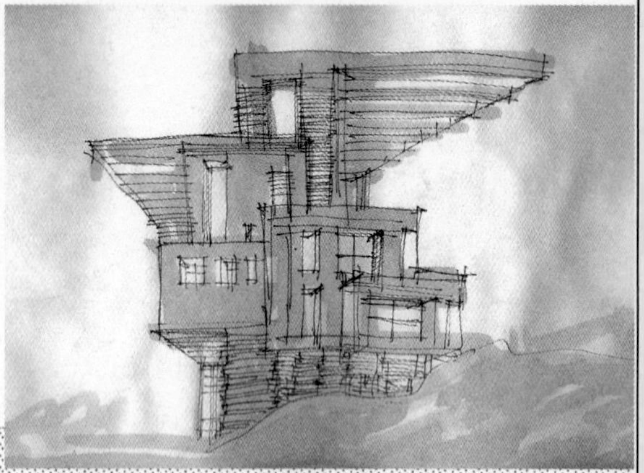

建筑表现

下图是某学生在独院住宅设计阶段所做造型研究草图，充分发挥主观能动性，对建筑形式进行自由臆想可以充分调动设计的创造力。这种形式的训练可结组进行训练，几个同学在一起共同讨论，分析多种可能性，效果更好。当然建筑的平面组合训练也可以采用这种方法。

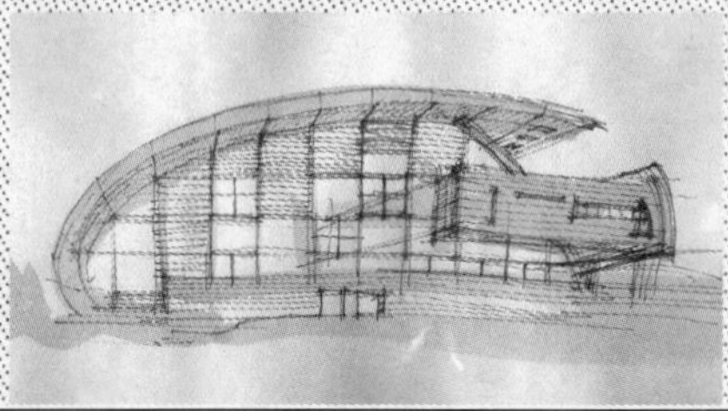

轴侧图是表现整体设计构思的简便手段，它含有大量的设计信息，完整的轴侧图应明确建筑的体量构成、道路关系、绿化情况等相关内容。

左图中的轴侧图建筑体量表现的明确，但缺少道路和环境的设计，给人未完成的感觉，配景也缺乏主次，有待进一步深化。

建筑表现

右图是教师进行辅导的范例，在建筑入口处补画上设计的相关内容：道路和前场地，使建筑和基地之间形成内在的联系。对建筑配景进行一些必要的修改，来改善原图层次不足的问题。

建筑表现

建筑鸟瞰图的表达方式多种多样，有写实性的，如左下图；也可以是概念化的，如右上图。视点也要根据具体情况而定，绘制方法有渲染和线描两种，不管是哪种表现形式，都要以最大限度地提供设计信息为目标，并且充分反映设计特点。

建筑表现

这张轴侧图给人印象颇为深刻，其视角选择和绘制方法都充满匠心，丰富的体型似在不经意间呈现的，而绘制方法又有东方式的韵味。

建筑表现

本页选出的三份透视图有一个共同的特点，都有很强的空间感。前两幅以建筑为构图主角，通过巧妙的布置配景，使建筑与环境融为一体，显得真实生动。后面一幅以空间作为描绘的重点，建筑是组成空间的要素，更能体现设计的匠心，值得学习和借鉴。

建筑表现

建筑设计的丰富性评价是以恰到好处为标准的，无限制的附加建筑构件和装饰是不可取的，但这正是初学者最易犯的错误。下图的设计就是一个典型例子，附加成分过多就违背了建筑设计的原则，也就是实用、经济、美观的原则。右上图经过提炼，保留了原设计的特点，减少不必要的附加物，使设计更完善和实用。

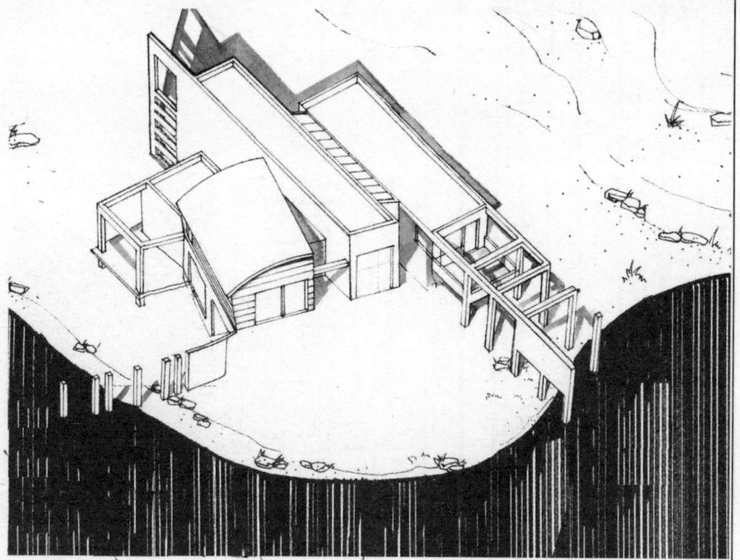

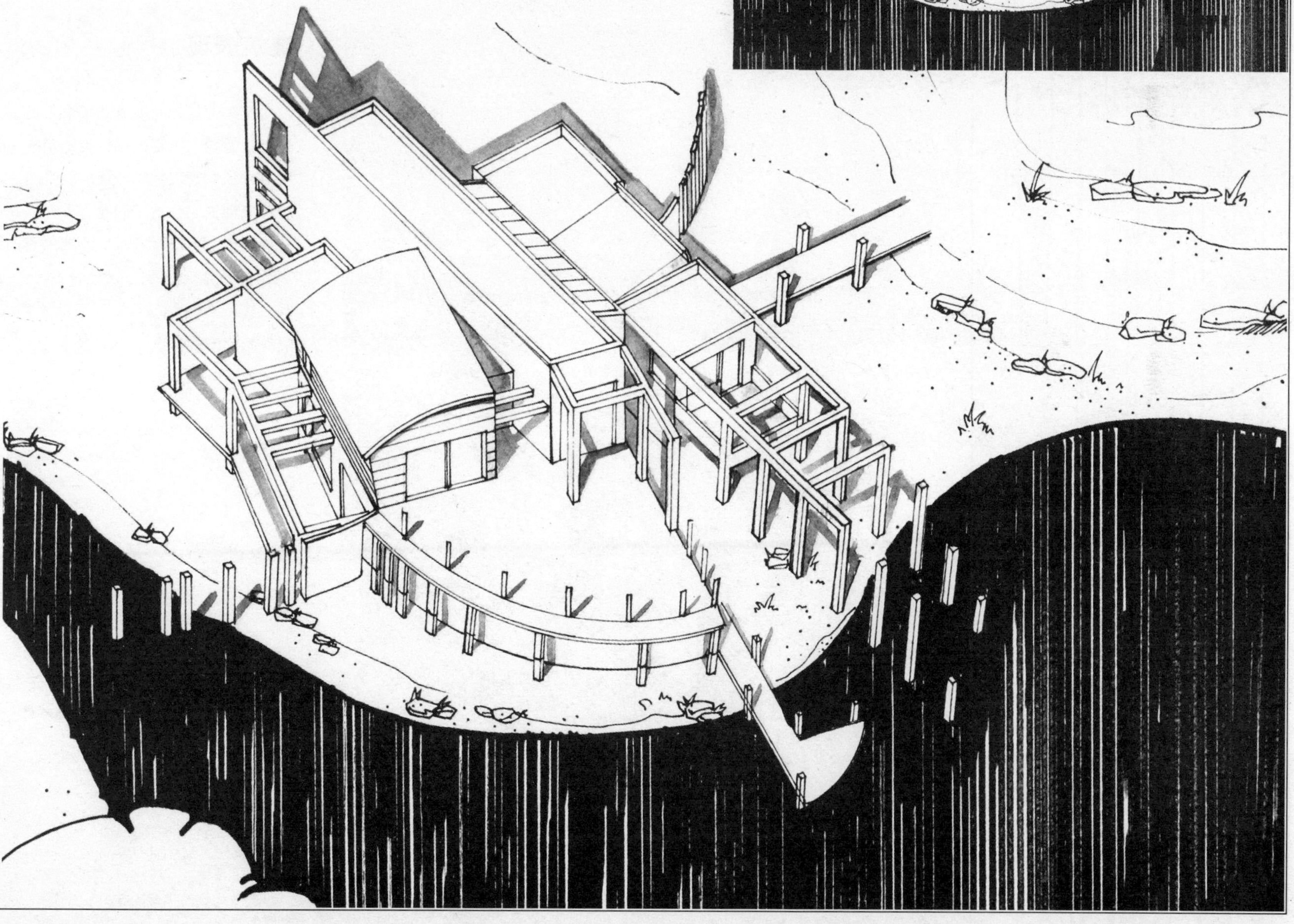

建筑表现

建筑透视图的视点选择对表现设计特点很重要，不同的设计可选用不同的视点来绘制透视图。左面的两张透视图就形象地说明了这一问题，上面的设计舒展利落，透视视点取远，绘制的透视图平远空旷，恰当表现了设计的主题。下图视点较近，透视变形强烈，有戏剧感，正好反映出方案特点。

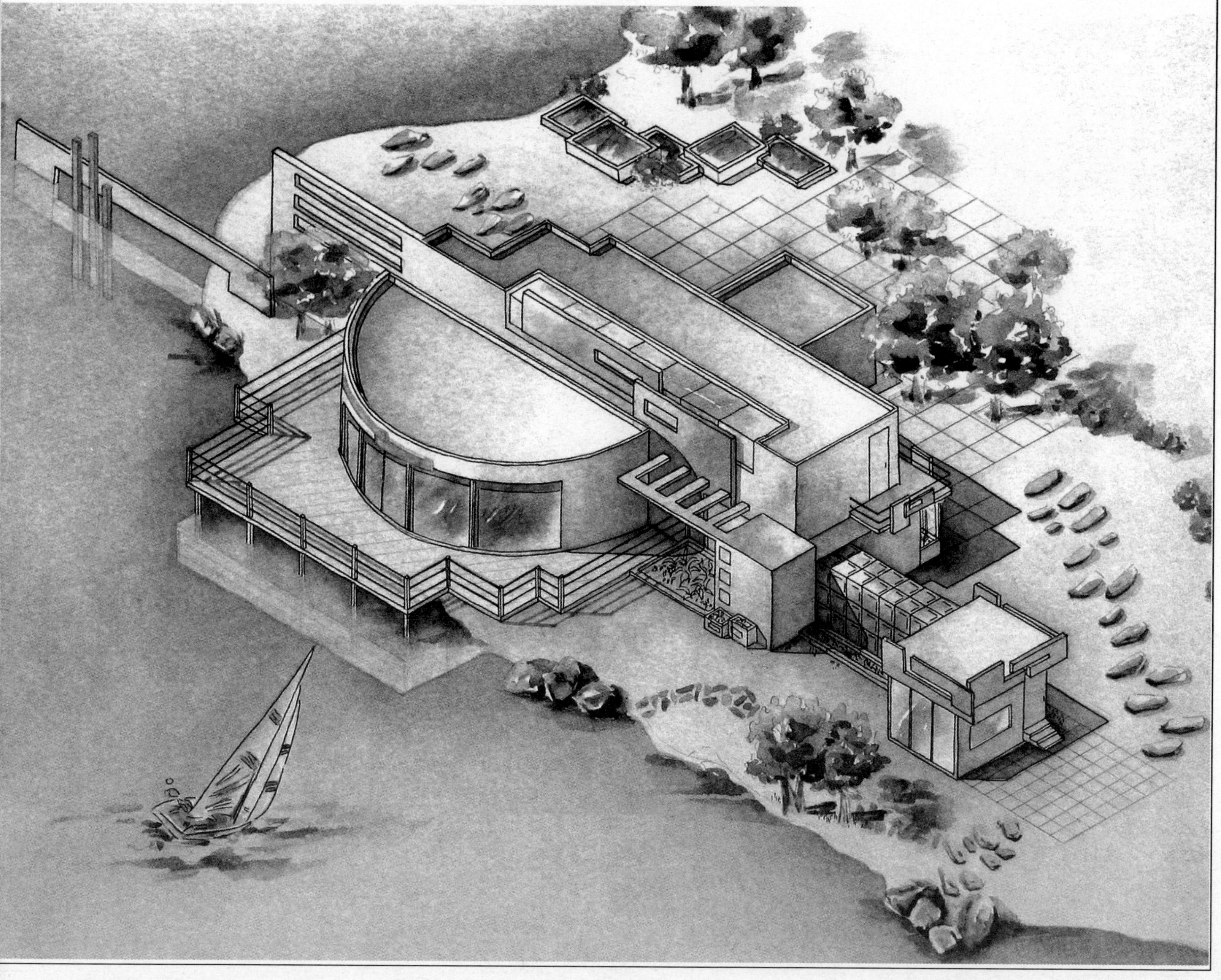

建筑表现

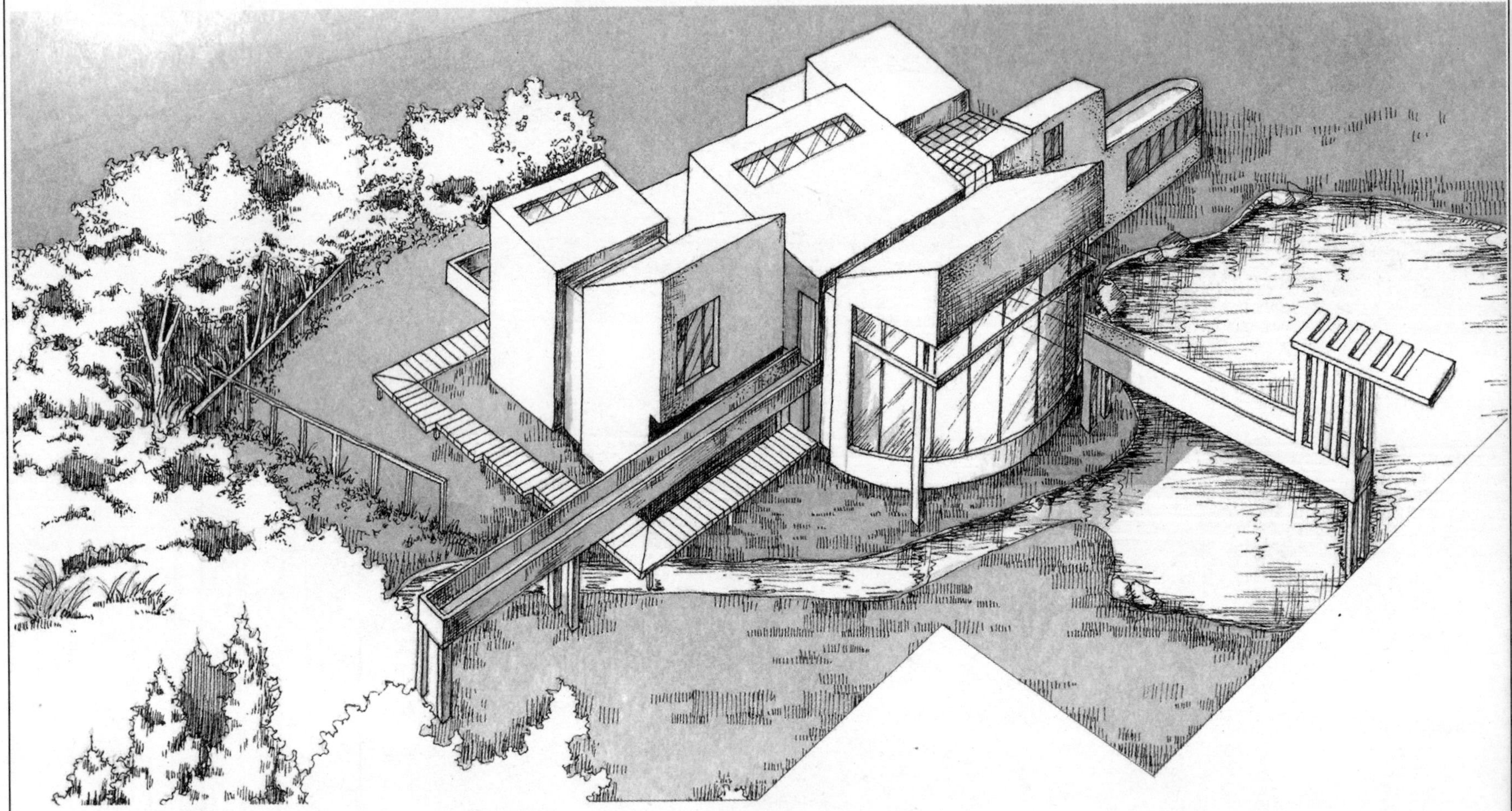

透视准确，明暗面处理合理，小笔触线条的运用熟练而又和谐，图下的留白处理较有特点。

方案综合表达

右面这份学生作业内容表达纷繁复杂，设计具有一定深度，每一部分都很完整，但是因为缺少整体构图概念，致使图面显得很拥挤，内容也显得拖沓，花了很多工夫没有取得好的效果。一般说来，图纸重点是表现设计，只要做到条理清晰易看易懂，都算符合要求，我们设想，如果把右图按左图示意的布局重新组合一下，是不是更清晰，更好读懂。

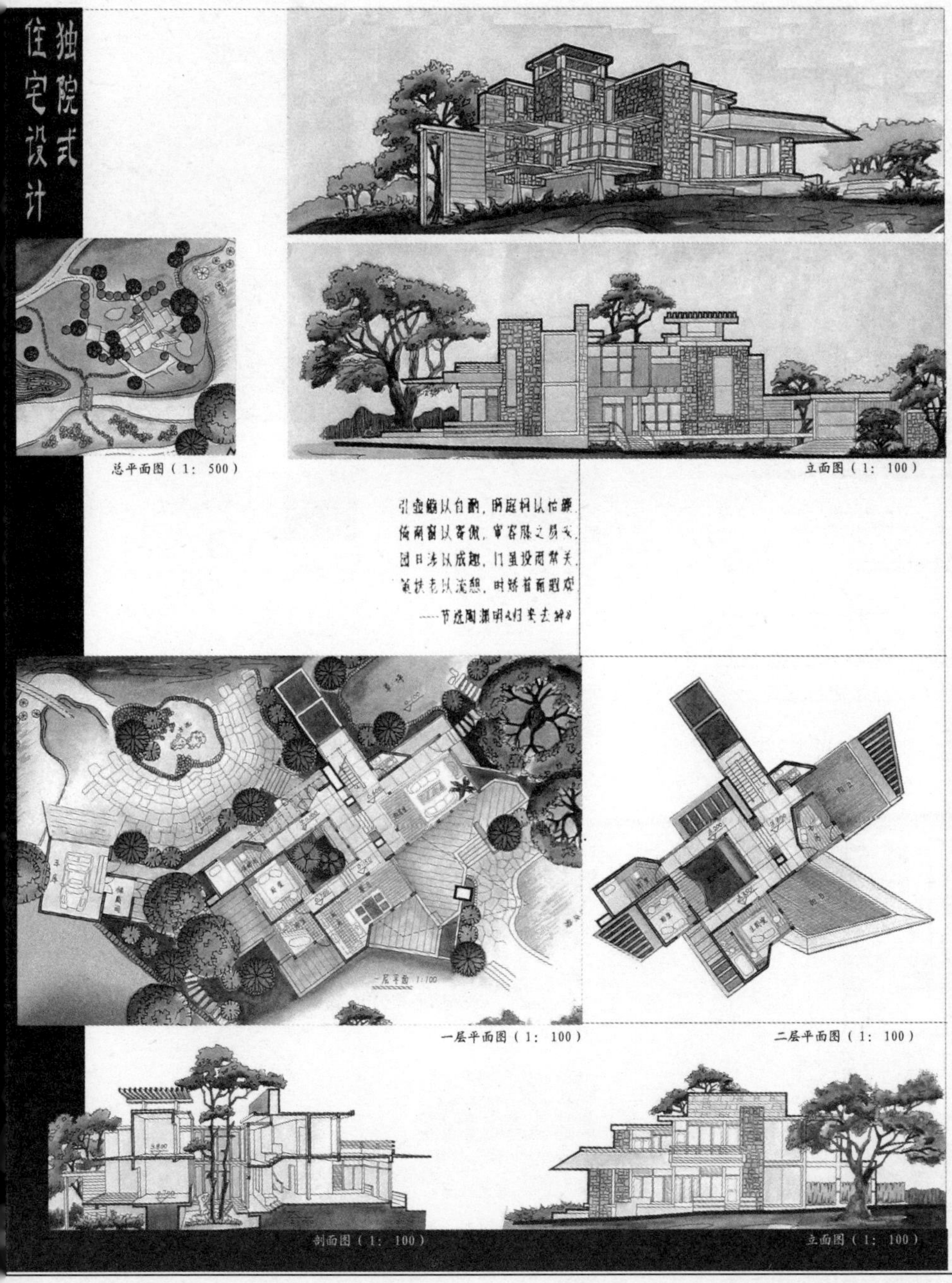

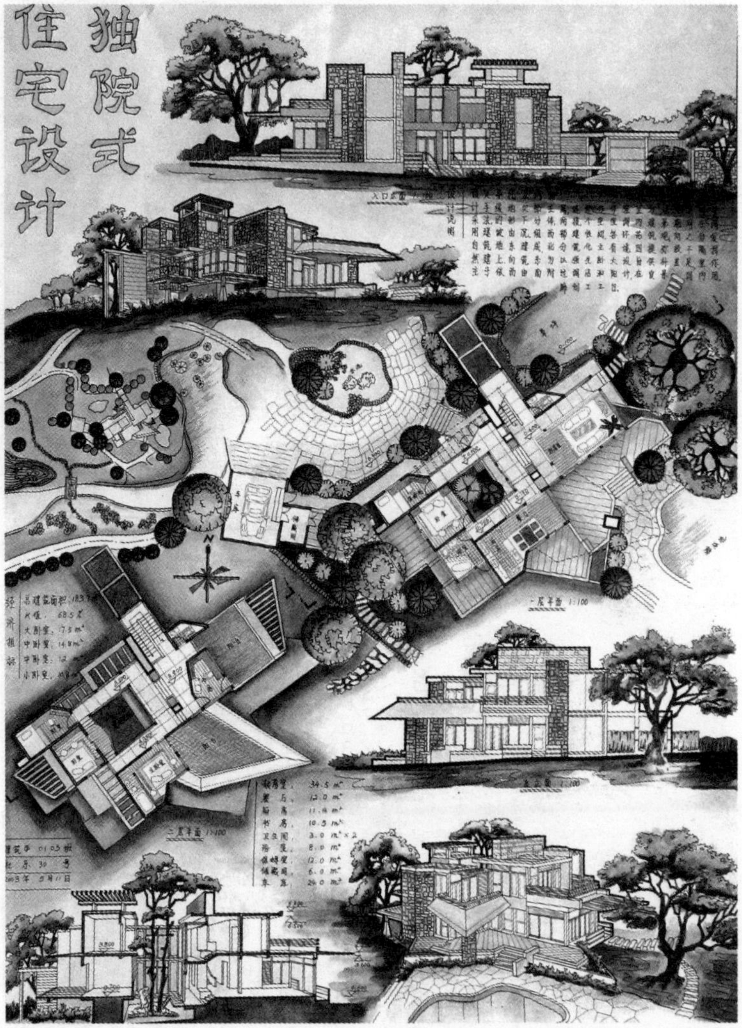

方案综合表达

设计者试图通过强化水体在构图中的作用来突出设计特点，但因把握不当导致了图面主次不明，层次不清，图纸缺乏内容而又显得非常拥挤。我们常说的设计构图是指适当构图以取得设计各部分之间的逻辑性，引导别人按你设定的逻辑去读图，而不是唯画面而构图。下图是对右图的矫正范例，既保留了一定的水体作为视觉中心，又突出了平、立、剖面图的中心地位。

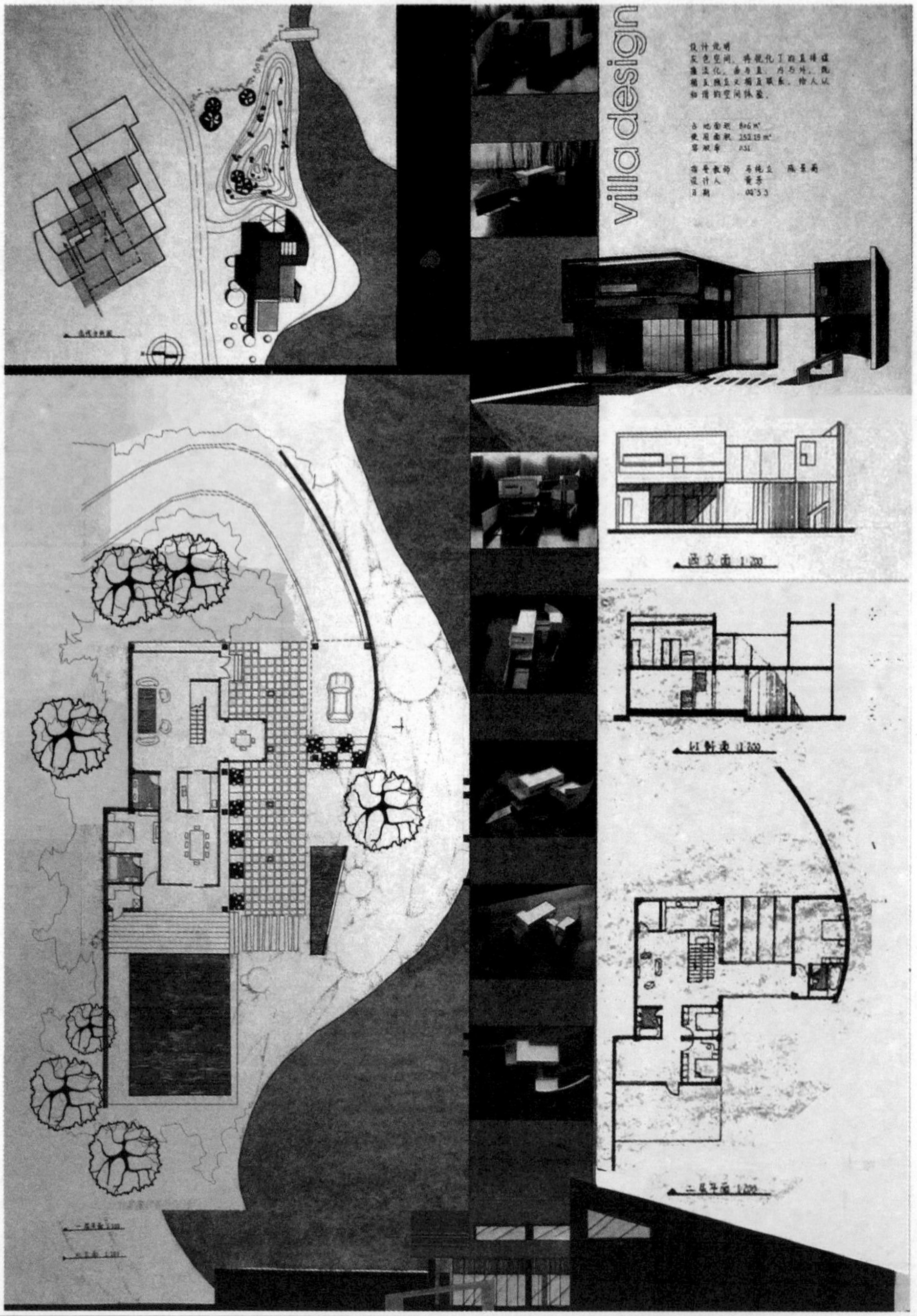

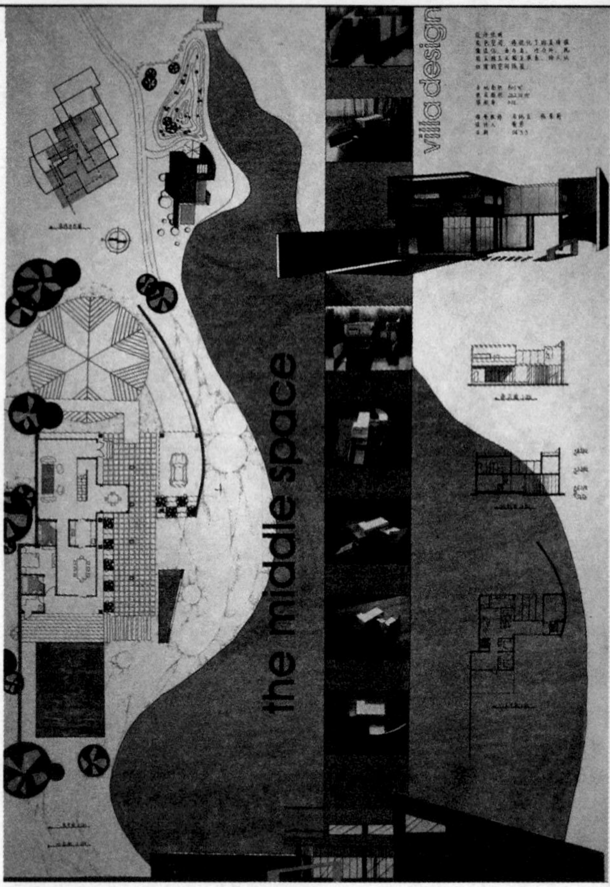

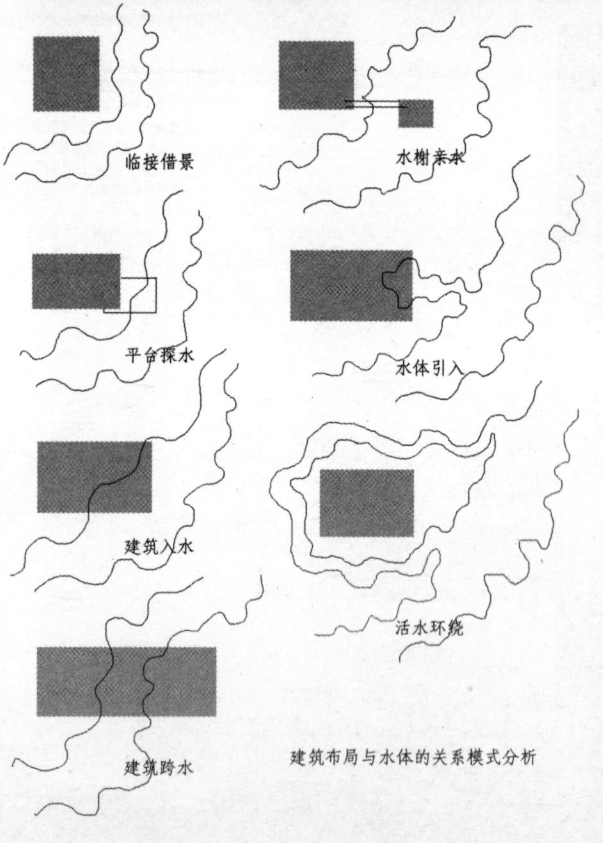

建筑布局与水体的关系模式分析

方案综合表达

这份设计作业完成情况较好，设计构思具有条理性，平面和造型处理手法统一。图纸构图有一定章法，能通过有意识的引导图形强化设计概念，是值得肯定的，原图稍显零乱，设计的主要部分因和底纹重合显得不够突出，影响了观看效果。建议去掉斜向的文字底纹，突出建筑平面，使设计的主要部分成为图纸的构成中心，有些不关紧要的设计细节也可以不要，以使图面更简洁明确。

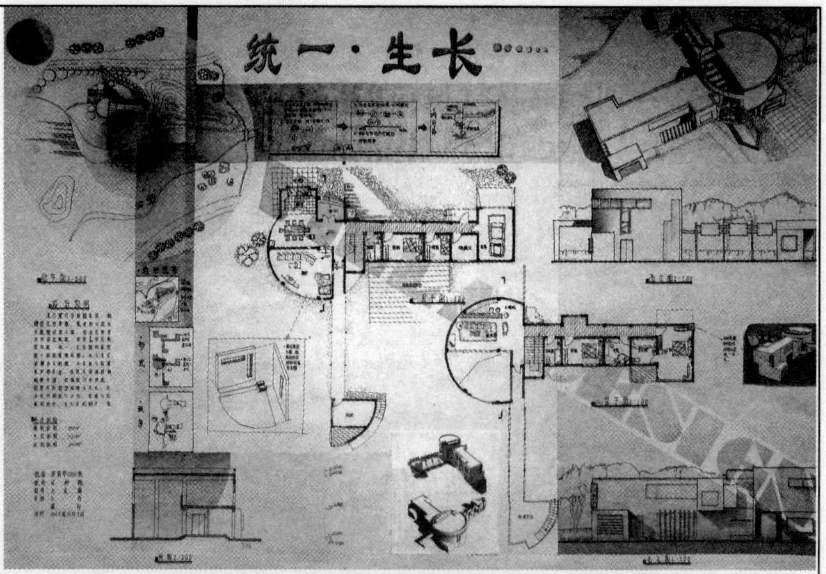

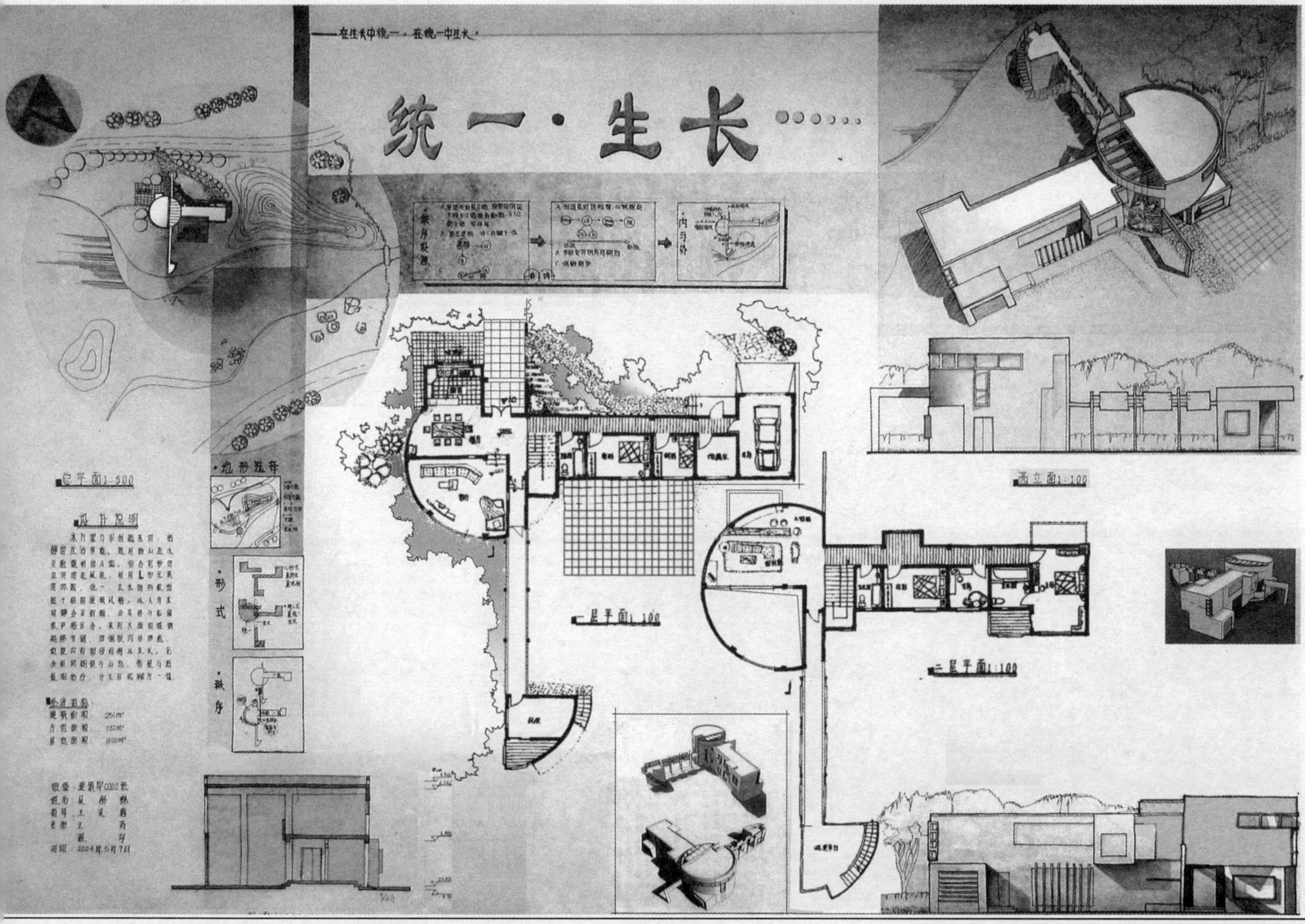

方案综合表达

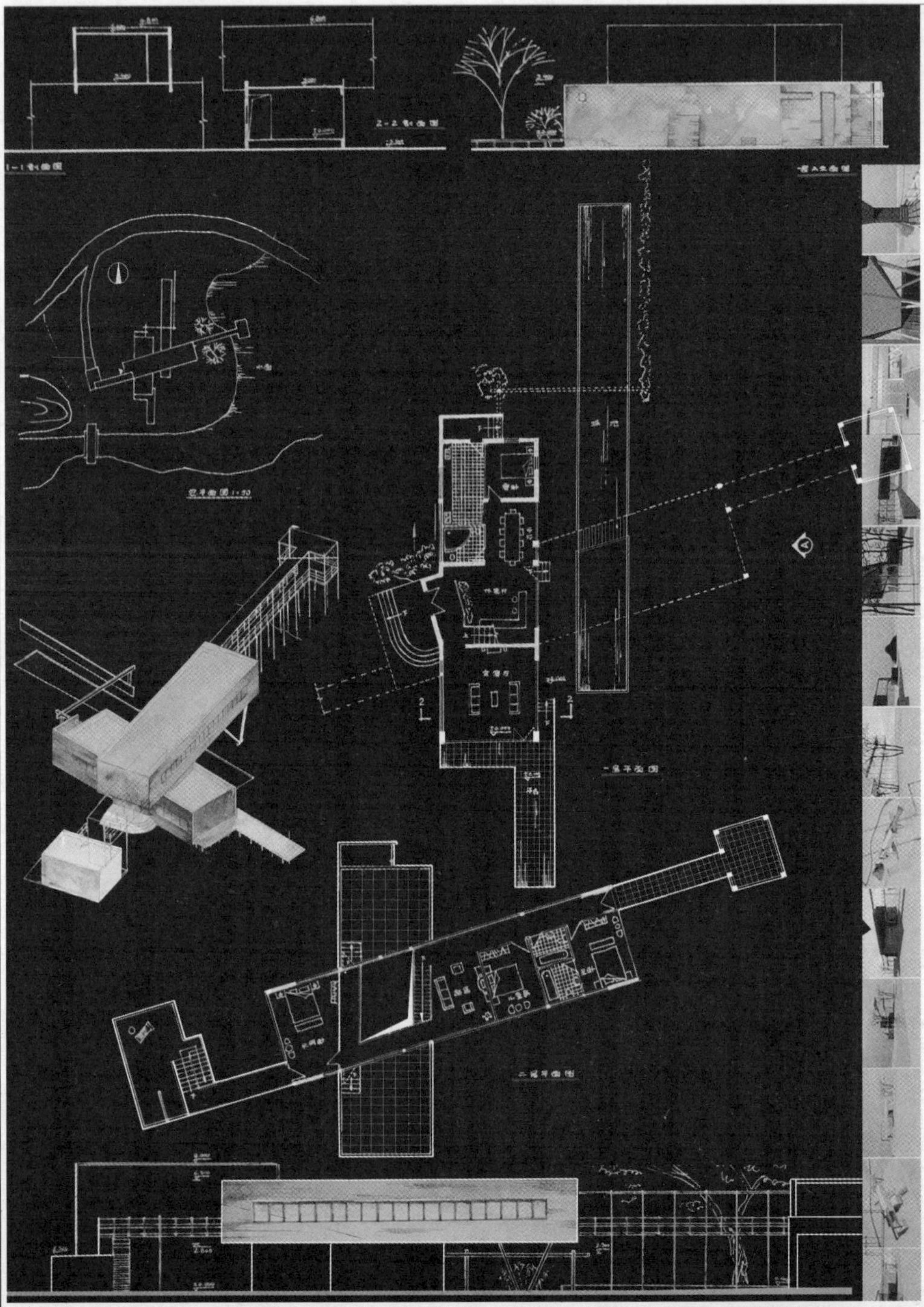

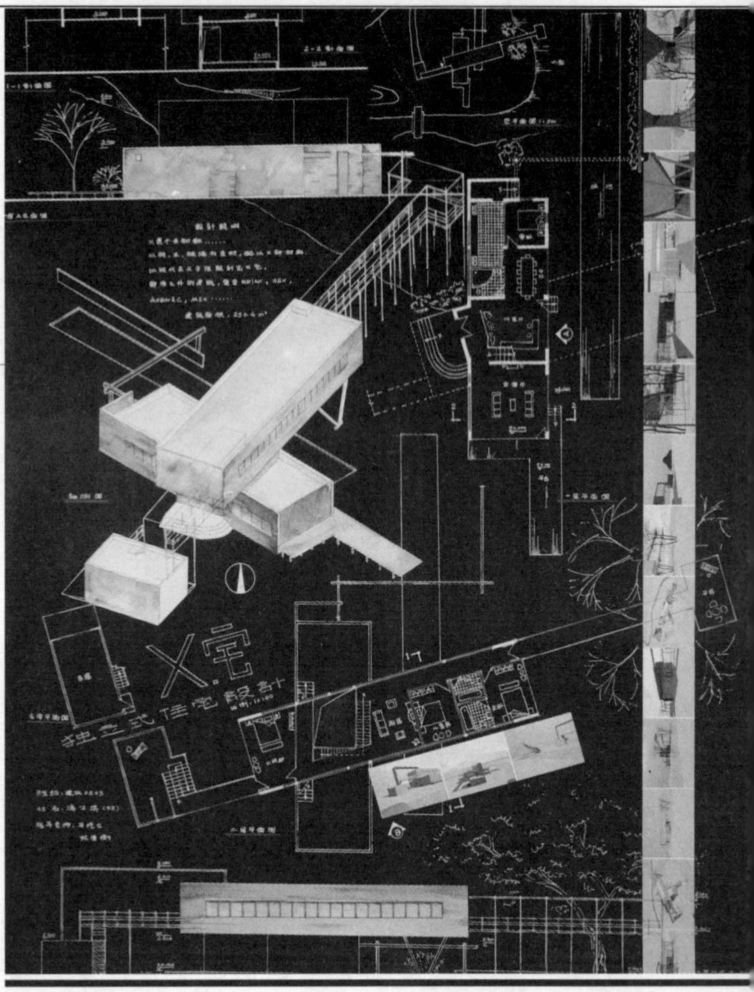

右图设计概念新颖，空间层次丰富，设计手法统一，显示了设计对建筑空间逻辑具有很强的把握能力。图面采用强对比的礼堂效果来体现设计特点也比较合适。但是由于图纸中各设计内容间多有穿叉重叠，使内容显得不够利索，看图的人要理解起来非常吃力，实际上设计图纸是比较忌讳内容交叉绘制的，如果对右图加以整理，去处交叉，去掉多余的部分，会显得更清楚更容易理解，绘制起来也更省力。